環境規劃與管理
系統原理、工具與應用

Environmental Planning and Management
System Theory, Tools and Applications

陳鶴文 著

五南圖書出版公司 印行

自　序

　　「環境規劃與管理」是一門跨領域、整合性課程，它涵蓋了經濟、社會與環境等不同領域的內涵，進行環境規劃與管理時，除需具備環境科學與工程的基礎知識外，更必須涉略經濟、社會、行政、法律、管理、統計以及計算機科學等領域的知識，因為涵蓋面廣，初學者不容易深入了解環境規劃與管理的精神與內涵，其原因是缺乏永續經營與系統思維的核心概念，知其然而不知其所以然，陷入了點狀的思考陷阱。

　　系統思維是一種整體性、動態性的思維模式，它考慮系統單元之間的關聯、互動與回饋機制，系統思考可以協助我們發現問題的根本，看見問題的更多可能性，讓我們在面對複雜系統時看穿問題的表象，避免在決策過程中受困於自己的領域範圍（Territoriality）。為了使讀者了解如何將經濟、行政、法律與管理等不同學科知識融入環境規劃與管理的架構之中，本書以系統理論為核心，介紹系統性的管理思維、系統性的評估、規劃、管理、控制與績效評估方法，使讀者在面對動態而複雜的環境管理問題，可以清楚的掌握環境問題的核心、擬定解決問題的程序與步驟以及選擇適合的工具進行決策分析與管理。

　　本書之撰寫主要是配合環境規劃與管理相關課程設計，共分成八個章節，前三章說明系統理論的基本內涵以及永續環境系統的精神與原則，第四章至第六章介紹環境規劃與管理常用的分析與管理工具，

最後兩章介紹系統工程設計與綜合性的系統績效評估方法，讀者可以選擇合適的章節進行閱讀。惟環境規劃與管理涉及領域甚廣，新知獨見出版甚繁，讀者可依據本書架構補以相關書籍，豐富環境規劃與管理的知識內涵並掌握環境規劃與管理的未來趨勢。編印匆促，疏漏難免，尚祈各界先進不吝指正為幸。

目　錄

第一章　系統分析原理

第一節　緒論

在 1968 年貝塔朗菲（Von Bertalanffy）所發表的《一般系統理論：基礎、發展和應用（General System Theory-Foundations, Development, Applications）》一書中已可窺見系統理論的基本雛型，由於運籌學（Operations research）、資訊科學（Information science）等各種基礎科學的快速發展，七十年代後系統概念已被具體化並廣泛的應用於各類的工程技術開發及系統管理問題上。一般系統論創始人貝塔朗菲，將系統理論區分成狹義系統論與廣義系統論兩部分，其中，狹義系統論著重對系統理論本身的分析研究，而廣義系統論則涵蓋了科學、技術與哲學面向的討論。

1. 系統哲學

包括系統的本體論（Ontology）、認識論（Epistemology）、價值論（Axiology）等方面的內容。主要利用這些哲學理論的內涵，來建立起系統理論的基礎。除此之外，理哲學以及管理哲學等哲學內容也是建立起系統思維（System thinking）的重要基礎。

2. 系統科學

是指從系統的角度來觀察研究客觀的世界，並藉由分析、歸納複雜系統的演化規律，以達成建立、管理和控制複雜系統為目的的科學。它著重於研究系統的要素（或元素）、結構和系統的行為（性

質）方面的研究，以及探討各種系統仿真（Simulation）、優化（Optimization）、控制的理論和方法（如運籌學、統計學、人工智慧、環境資訊學、知識管理、控制理論）。

3. 系統分析

是指利用系統哲學精神、系統科學方法來解決複雜環境系統的一種科學。一般而言，環境問題是一個涵蓋了經濟、社會、生態環境的複雜巨系統（Complex system），在這樣的環境系統中，組成元素的數量與種類可能非常龐大而具多樣性，若在彼此之間的作用機制不清楚且系統結構又呈現多層次的複雜結構關係時，是不可能透過簡單的分析方法從微觀描述來推斷系統的宏觀行為。而系統分析的目的就是運用系統哲學的概念以及系統科學的方法與理論，以系統性、程序性的方式分析環境問題的階層關係以及元素之間的互動關聯，了解系統行為的特徵以解決系統規劃、設計、建造、操作、管理、維護的問題。

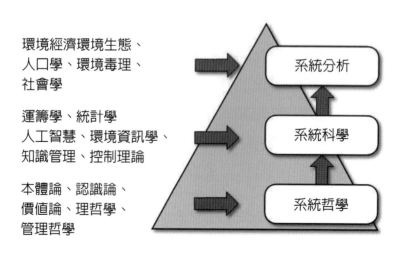

環境經濟環境生態、人口學、環境毒理、社會學 → 系統分析

運籌學、統計學、人工智慧、環境資訊學、知識管理、控制理論 → 系統科學

本體論、認識論、價值論、理哲學、管理哲學 → 系統哲學

圖 1.1　系統分析的基本思維

環境系統工程是研究環境系統規劃、設計與管理之技術科學，環境系統分析側重於環境規劃之課題，並且特別重視數學模型或數量方法。它以追求探討環境品質變化之規律、汙染物對人體及生態之衝擊、環境工程技術以及環境經濟、政策與法律等為依據，綜合運用系統論、控制論及訊息論之方法，採用現代電子計算機之技術，對環境問題進行宏觀面之解析，以謀求系統優化之可行方案。因此，系統工程（Systems engineering）是一門新興之綜合性科學，是以宏觀之角度、科技整合之方式，對特定系統進行規劃、設計、操作、管理與控制之研究，使其獲得最佳的整體效益。進行系統分析時需要具有三種基本能力：

(1) 運用系統概念的能力：包括劃分系統、鑑別系統特徵、關聯及作用的能力，以及在考慮內、外系統的互動因素下，具有將活動結果轉化成系統設計與決策應用的能力。如：廢水處理技術、下水道系統與河川、湖泊等汙染問題之系統特性。

(2) 運用系統工程方法和技術的能力：包括以各種數學為基礎或以計算機科學為基礎之各種方法與技術。如：系統分析、運籌學、統計分析和應用計算機科學分析技術。

(3) 具有各種自然科學與社會科學等環境科學的基礎知識。如：環境經濟、環境生態、環境毒理、社會學、人口學等之背景知識。

因此，系統工程是一門將龐大而複雜之問題，綜合運用各種科技知識與管理方法，進行尋找最佳解決方案之科學。因此，在進行系統分析時，需注意跨領域整合團隊的建立、定性研究與定量研究相輔相成以及研究部門與決策部門需有充分之溝通等三個要項。以下便針對

系統分析的程序與內涵進行說明：

第二節　系統科學的內涵

一、系統之定義

　　韋氏辭典將系統定義為：「由一群相關聯的個體所組成的整體或有機體，它將一群事實、原則、規則等加以分類並安排成一個具有一般性與順序性的格式，以顯示出連結各元件的一種邏輯性」。亦即系統是由多個物件為了某一個功能目的所組織而成的有機體，在這個有機體內，這些物件會組成一個特定的關聯架構，並進行交互作用，透過分工與合作、協同與結抗作用完成特定的功能或行為，系統中的物件都是唯一且不可分割的實體，而且每一個系統都是另一個較大系統或上位系統的子系統。如果將人體視為一個系統，則人體內的器官與組織是系統內的元件（Element），在這人體系統內，不同的器官與組織因為共同的目的組成了不同功能的子系統（如肌肉系統、骨骼系統、內臟系統、心血管系統、淋巴系統、神經系統），這些子系統互相制約、也協同合作，同一器官與組織可能同時存在於不同的子系統內扮演著不同的角色。因此，從系統論的觀點而言，問題通常是系統內不同元件共同作用後的結果，「好的決策者不會頭痛醫頭腳痛醫腳，而是找出病源，並予以診治」，這正是系統觀點的體現。一個完整的系統包含以下的特徵：

1. 完整性

　　組成系統之各個子系統或單元雖各具不同之功能，甚至是不完善的或片面的功能，然而由於其他子系統或單元之搭配，使整體系統呈現一種整體性之功能。

2. 關聯性

　　系統內之各個子系統或單元間必須有特定之關聯存在，相互地結合在一起，形成一個系統。

3. 目標性

　　系統之功能必定是為了特定之目標而設計的，不論是自然系統或人造系統。

4. 階層性

　　每個系統之內部各子系統或單元間皆包含某種程度或形式之隸屬關係，此種層次結構同時也駕馭著各種能量、質量及訊息之交流互動關係。

5. 適應性

　　任一系統必須具備環境之適應能力，系統之環境提供了系統諸多之資源及約束，系統在此條件下發揮出應用之機能，當資源與約束改變時，系統之結構或功能亦需隨時調整。

二、系統的分類

　　在自然中之系統可以劃分為以下幾種：

1. 按組成部分之屬性，可以分為自然系統、人造系統與複合系統。

(1) 自然系統：由自然界之各種物質組成，例如生態系統、大氣系統、海洋系統等。

(2) 人造系統：人類社會為了某種需求而建立起來之系統，例如給水系統、下水道系統、灌溉系統等。

(3) 複合系統：人類社會為自然界之規律進行了解所建立之系統，及介於自然系統與人造系統之間的系統稱為複合系統，例如氣象預報系統、環境監測系統等。

2. 按型態上來分，系統可分為實體系統與概念系統

(1) 實體系統：組成部分為物質實體，例如機械系統。

(2) 概念系統：由概念、原則、制度等非物質所組成，例如法律系統、教育系統。

3. 按所處之狀態：系統可分為靜態系統與動態系統。

(1) 靜態系統：不隨時間而變化之系統，又稱為穩態系統。

(2) 動態系統：隨時間而變化之系統，及系統之狀態變動是時間之函數。真實世界中大部分為動態系統。

4. 按系統與環境之互動關係可分為開放系統與封閉系統。

(1) 開放系統：系統與外界環境發生能量、質量或訊息之交流。

(2) 封閉系統：系統與外界環境隔絕。

真實世界中大部分為開放系統。

5. 按照系統內變量之關係可以分成線性系統與非線性系統。

(1) 線性系統：系統內變量之互動關係為線性時稱之。

(2) 非線性系統：系統內變量之互動關係為非線性時稱之。

真實世界中大部分為非線性系統。

6. 按系統之規模可分為小型系統、中型系統、大型系統及超大型系統。

以上之分類為單方面之考量，一個真實世界中之系統型態可能是上述各種分類交叉而成，例如：某個汙染控制系統可能是一個複合系統、動態系統及開放系統。

三、系統的組成

　　系統可以是一個實體，也可以是一個抽象的概念，現實世界中存在著各式各樣的系統，可能是一個實體的系統，也可能只是一個抽象的概念系統，但任何的系統都包含以下幾個要素：

1. 系統功能與系統目標

　　系統是為了達成一個既定目標而組成的物件集合，系統的功能與目標決定了系統邊界、系統物件、物件的系統結構以及物件之間的關聯。系統功能代表這群系統物件分工合作後的結果，也代表著系統與外部環境之間的相互作用，當系統的邊界條件（外部環境條件）與輸入改變時，系統行為會隨之改變，並影響著外部環境或外部環境中的其他系統。

2. 系統邊界

　　透過系統邊界的設定，管理者可以將系統劃分成內部與外部環境兩大部分，這個邊界既可以是真實存在的，也可以是假想出來的，系統與其環境可以在邊界進行物質、功、熱或其它形式能量的傳遞，而一些無法成為系統輸入或是輸出的外部環境條件則可能成為系統的制

約或限制條件。依據熱力學（Thermodynamics）的定義，系統邊界所允許的傳遞類型（物質、工具與能量）可以將系統區分成孤立系統（Isolated System）、封閉系統（Closed system）、開放系統（Open system）以及半開放性（Semi-open system）的系統。系統的邊界大小受到系統功能與目標的影響，而邊界的大小則直接決定了系統的組成、複雜度以及後續評估機制的選擇。例如：進行生命週期評估與環境影響評估作業時，必須在確定評估目的後進行範疇界定，而範疇界定的第一個步驟便是確認系統的邊界，值得注意的是系統邊界不一定是實體化的邊界，有時它是一個虛擬的、概念性的邊界。

3. 系統元件

系統元件（Element）指的是系統邊界範圍內，會影響系統整體行為的單元或子系統。一般而言，系統內的單元組成（元件與子系統）取決於系統的目的與邊界，而它們在系統內的角色以及它們所擔負的任務也受到系統目的與邊界的影響。以環境影響評估為例，系統單元指的是受開發行為影響的對象，以及可能影響開發行為運作的各項因素，同樣的系統單元可以是一個實體單位（如：水體與居民），也可以是一個抽象的概念（如：舒適度）。值得注意的是，對一個動態變化的系統而言，系統單元組成會隨著時間的變動而消失或增加，這是因為系統環境變遷所造成的，進行系統單元確認時需考慮系統的變動因素。

4. 系統關聯與系統架構

關聯與架構指的是系統單元（元件與子系統）之間的關聯以及由

各種關聯所形成的多維架構，這種多層次相互作用的特點，使得系統行為複雜而不容易預測，當系統中任何一個成員的功能產生變化時，這個變化常會以非線性的傳遞方式直接或間接地影響其他單元的功能與行為，有時因為複雜的因果關係以及大小不一的正、負回饋效應，這些影響會有延遲發生的現象。系統行為的變化有時是因為系統成員的改變，有時則是因為系統成員之間的關聯發生變化所造成。系統的關聯有時是一個動態的過程，這些關聯會在外界事件的驅動下出現、增強、減弱或消失。事件有時是由輸入或輸出所引起，有時則是因為外部環境變動造成邊界條件的變動所造成。

5. 系統輸入與系統輸出

　　系統元件利用輸入與輸出產生關聯，輸入與輸出的型態眾多，大致上分成能量、物質、訊息、金錢、時間與人力等各項資源。輸入通常是系統的驅動力，引發系統內部的各項交互作用，輸出則是系統內部各種元件交互作用後的結果，它代表著系統的整體特性與行為，系統單元透過輸入與輸出進行彼此之間的溝通，產生了協同與拮抗作用，讓系統處於一個動態而穩定的狀態。

四、系統的運作

　　系統理論利用輸入（Input）、系統實體以及輸出（Output）的關係來描述系統行為。其中，系統輸入可以是具體的物質、能量或訊息，也可以是抽象的概念（如：機會、威脅和文化），只要是會影響系統運作的因素都可以被視為系統的投入。系統理論認為系統的結構與環境決定了系統的功能，這些功能可以透過系統的輸入及輸出來表

達，當系統的結構發生變化時，系統的功能便發生變化並表現在系統輸出上。

一個系統的行為跟最初的決策目的有關，如何成功的描述一個系統的行為是系統規劃與管理的關鍵，通常我們可以利用系統的特徵（Characteristics）、特性（Properties）以及元件的屬性（Attributes）來描述一個系統。例如：在移動性汙染源的量測系統中，為了描述這些移動汙染源在不同環境條件下的排放量，我們可以記錄移動性汙染源的移動速度、位置、加速度與車道坡度，這些用來描述移動性汙染源的現狀資料被稱為狀態變數（State variables）。若系統是一個隨時間變化的動態系統時，則這些狀態變數在某個時間範圍內的量測組合，則被稱做是該時間下的系統狀態（State of the system）。對於一個動態系統而言，每一時刻的狀態變數可被用來描述一個系統在特定時刻下的系統狀態，而系統狀態隨著時間產生的變化則可被稱為系統行為。因此如果我們量測的對象是一台移動中的移動汙染源，則該移動汙染源的系統狀態將隨時間改變，這種隨時間改變的系統狀態便反映出量測對象的系統行為。

狀態變數的變動有時是因為系統輸入的改變所造成，有時則是因為系統元件之間相互影響的結果，若能掌握這些變動關係，便可掌握系統輸出的變化進行系統控制。這些用來作為元件或子系統溝通的變數，很多是決策者無法掌控的，這些無法掌控的變數稱做非控制變數（Uncontrollable variables）或觀測變數（Measurable variables）。相對的，可由決策者進行調控的變數則稱為可控制變數，這些變數的目的是用來監測或控制系統的行為之用，對於決策者來說這些可控制變數是最重要的。擬定方案或策略的目的就是改變這些可控制變數或是

調整系統內的互動機制,讓系統的輸出(或績效)產生變化。

　　圖 1.2(a) 為基本的輸入與輸出(或稱投入與產出)模型,模型中的實體系統可以是地球環境系統,一個國家、一個區域或是一個工廠,也可以是一個處理程序或是一個邏輯判斷的過程。一個複雜的系統通常同時會具有多個輸入與多個輸出,此時的系統模型便可以圖 1.2(b) 表示之。圖 1.2(c) 是一種具有層級性投入產出模型,在系統中

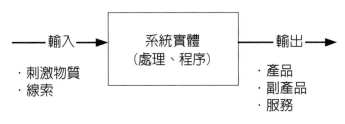

(a) 基本投入產出模型

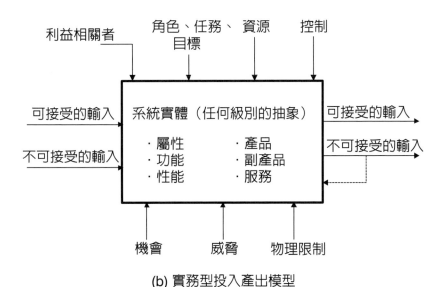

(b) 實務型投入產出模型

圖 1.2　系統架構圖

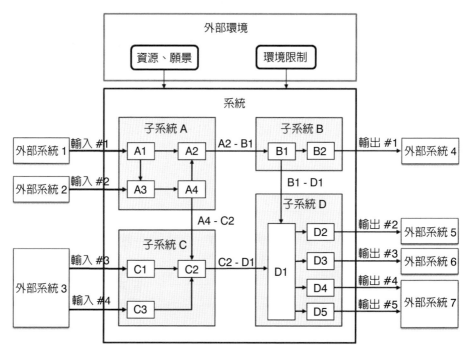

(c) 層級性投入產出模型

圖 1.2（續）

存在數個子系統，而子系統之間也存在著各種不同的互動關係。因此若將複雜的現實世界或問題系統化，則每一個程序都會有不同的輸入和輸出。一個程序的輸出可能是後續不同程序的輸入，輸出和輸入可能是文件、可能是資訊、可能是能量或物質，也可以是邏輯的判斷。而這些輸入和輸出便成為系統中不同處理程序的聯繫者，為了發揮系統的功能，系統分析講求分工合作，也就是在分工前先討論程序之間的合作，也就是在確認程序單元的合作關係後，讓每一個程序單元各自分工執行自己的任務，之後再進行系統的整併以發揮系統該有的功能。

　　事實上，系統內的單元組成不一定可以很明確的被定義出來，對於這種結構不明確的系統，我們常用顏色來表示它的結構清晰度，對於一個內部組成與關聯結構不明確的系統，可稱之為黑箱（Black box）系統（如圖 1.3(a) 所示）。對於這樣的系統，決策者無法透過系統運作機制的了解，解構系統行為並加以管理與控制。但系統行為的特徵仍會隱含在輸出和輸入之間的變動關聯上，因此決策者可以透過對輸出訊號的解析來理解或預測這類系統的變化。如灰色系統理論便認為系統輸出的訊號隱含系統的行為特徵，透過輸出訊號的掌握，決策者便可以有效地預測或控制系統的運作。當資訊量與知識量增加時，決策者逐漸了解系統內的元件（Elements）、關聯（Relation-

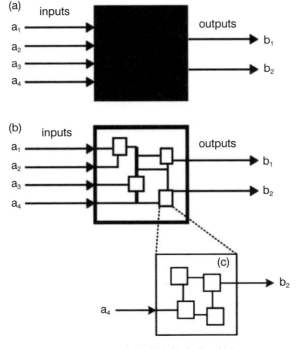

圖 1.3　黑箱系統與白化系統

ships）與互動關係時，不明確的黑箱系統會逐漸轉變成一個確定性系統（Deterministic system）（如圖 1.3(b) 所示），這過程也稱為過白化過程（如資訊量的增加或對系統行為的理解）。對於決策者來說，確定性的系統結構有助於決策者利用因果分析進行系統的控制與管理。但事實上，當問題的尺度（Scale）愈大、涵蓋的系統（如環境系統、經濟系統與社會系統）愈多，系統呈現黑色系統的機會愈高，決策分析時所面臨的不確定性與風險也會愈大，因此風險計算與不確性評估在不明確的環境系統顯得相當重要。

　　真實世界是一個瞬息萬變的系統，可被視為一個隨時間變化的動態系統。在這個動態系統中，系統內部的元件之間或系統與外部環境之間均會隨時不斷地交換物質、能量與訊息，使系統狀態和行為隨時空變化而不斷發展，以都市發展為例（如圖 1.4 所示）。都市的環境系統，隨著自然、社會與技術的發展而產生變化，例如臭氧層的破壞與溫室氣體的增加，改變了地球系統的能量與質量傳遞。都市地貌的改變使得生態系統、水循環系統產生變動，這種機能結構的變動使得都市環境系統像有機體一樣，有成長、飽和與衰退的現象。對於一個複雜的真實系統而言，具有以下的特性。

- 任何一個系統都是更大的系統的子系統。
- 每個系統都包含資源，本身卻是更大系統的資源。
- 沒有一個系統可以完全獨立而不受其他系統之影響。
- 系統具有唯一性，沒有任何兩個系統是完全相同。
- 系統並非一成不變，隨著輸入、組成及環境的改變，系統及輸出亦會改變。

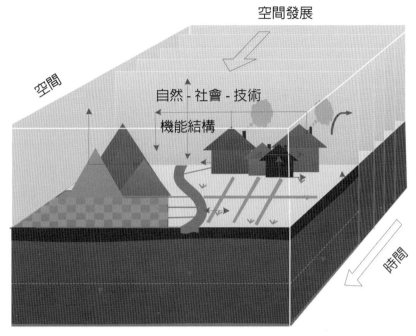

圖 1.4　環境系統的變動特徵

五、系統的控制原理

　　系統理論認為每一個時刻的系統輸入可被視為一組正在發生的事件，這些事件會誘發系統內的子系統與元件進行物質、能量與訊息的流動，在各種交互作用後表現出系統的行為。自然的環境系統抗拒或適應系統環境改變的能力，他們會透過回饋機制的方式調整系統結構與可控制的輸入，以維持系統的穩定平衡。但是這種回饋調整的能力是有極限的，當變化過大時，系統也可能因為無法承受這樣的變化壓力而產生崩解的現象。系統理論便以這樣的概念，以投入、系統、產出與回饋控制等四大機制（圖 1.5），進行環境系統的量測、分析、規劃、管理與控制的工作。

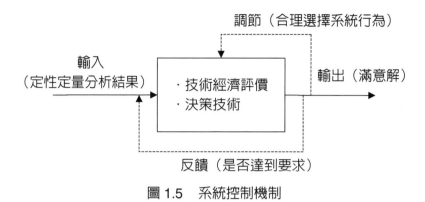

圖 1.5　系統控制機制

1. 系統輸入

　　是指各規劃與管理所必須的各項資訊。如在整個社會經濟系統的規劃工作中，會出現各種各樣的系統輸入，如能源、資源、資金、人力、技術與時間等生產要素。

2. 處理程序（系統）

　　包括評價技術、決策模型、處理程序、處理單元、邏輯判斷等分析單元。處理程序可以是一個單純的物件，也可以是一個複雜的系統（如經濟系統、社會系統、都市水循環系統等），一個不確定性很高的黑箱系統，也可以是一個機理明確的確定性系統。

3. 系統輸出

　　系統輸出是系統輸入與處理程序之綜合反應後的結果，經常也是決策管理的最終目的。它可能是品質狀況、處理效果以及成本效益，也可能是一個質性的結果。系統經常會有多個輸出，而這些輸出可做為系統行為評量和控制的依據。

4. 控制反饋

　　當決策者對於系統輸出的結果不甚滿意時，便可對系統進行控制反饋，直到取得滿意的輸出結果爲止，而這樣的過程便稱爲系統的控制反饋過程。如果是一個單目標的管理系統，則系統的輸出值可以直接作爲滿意度的判斷依據，若是一個多目標的管理問題，則綜合性的多目標（或多準則）評量技術，便必須被用來評量決策者對輸出的滿意程度。控制反饋的對象可以是系統輸入，也可以是系統結構。當系統結構不清楚或無法定義時，系統輸入是主要的回饋控制對象，亦即藉由資源投入的改變、外在環境的改良讓系統輸出發生變化。另一種回饋控制的方式，則是在系統投入不變的情況下，改變系統內的物件以及物件之間的關聯，以政策或行政管理的角度來看，就是改變系統的程序和規範讓系統輸出（如：品質與效率）提升。當然也可以同時對系統輸入與系統結構進行回饋控制。

亦即如果輸出系統輸出需要被改變（如：降低放流水量或改善放流水質），則決策者的**系統回饋控制的方式**有：

(1) 改變系統輸入

(2) 改變系統內各子系統或單元的效能

(3) 改變子系統或單元之間的關聯

(4) 改變系統結構的改變讓系統輸出符合決策者的要求

　　以都市水資源循環與利用系統爲例（如圖 1.6 所示），從物質循環的觀點，我們可以將這一個巨大系統，切分成自來水之供水、消耗、汙水之產生及收集、汙水處理、排水，以及循環再利用等子系統。每一個子系統都有各自的功能與屬性，因爲內、外部有能量與質量的流動，因此可將這個系統視爲一個開放性系統。在這個開放系統

中，藉由水的流動，將系統內的不同單元與子系統連結成一個巨大的都市水資源循環與利用系統。如果利用數學函數（如圖 1.6 中 Y=F(x, m)）來表示處理單元（或系統）、投入與產出關係，則一系列的函數組合可以用來說明這個都市水資源循環，與利用系統中水資源的流動狀況。如此可以預測當取水量發生變化時，系統輸出的變動狀況一旦發現系統的輸出超乎我們的期待而欲做改變時，便可利用回饋控制的機制改變系統輸入（如：改變取水量或水質），或是透過改變系統內的單元或結構來達成。系統結構的改變，在系統工程設計上是一種方案的選擇問題，亦即需考慮哪一個方案可以在最低的建設成本下達到最大的效果。在這個案例中，若此時有 A、B 兩個方案可做選擇，則我們可以將這兩個方案當成一個介入事件，並分別評估任何一個方案介入這個系統後，對產出的影響評估 A、B 兩個方案的優劣。這是一個典型的系統回饋控制的案例，而透過這種系統化的分析，將

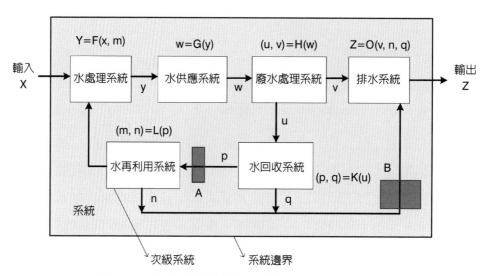

圖 1.6　都市水資源循環與利用系統之回饋控制

可協助決策者釐清問題並做有效的判斷。值得注意的是，大部分的自然系統面對環境變遷的壓力時，都具有自我調整（Self-regulation）的能力。所謂自我調整的能力是指生物體、族群或自然系統會依據自身的觀察以及對外在行為調適的經驗，修正、調整系統的連結與關聯強弱以適應外部變動的環境，但是當承受過大的外在壓力時，系統也可能在一夕之間崩潰。

第三節　系統的內涵與特徵

　　真實的世界是一個複雜的動態系統，面對這樣的複雜系統時，除了需要了解系統的組成外，也必須清楚系統的內涵、架構與特徵，才能進一步的解構現實的環境系統，將複雜問題概念化與模型化，主要的系統特徵可由下列五點進行說明：

一、系統的目標性

　　因為不同的管理目標以及不同的思維方式，不同的利害關係者在面對相同的環境問題（或環境系統）時，會對系統元件、關聯與結構有不同的理解。以圖 1.7 為例，如果圖 1.7(a) 是某一個環境問題的系統架構，但是對於具有不同決策目標的利害關係者來說，他們關心的或理解的系統架構也會因為系統目標的差異而有所不同。以圖 1.7(b) 與圖 1.7(c) 為例，利害關係者 A、B 會將自己認為不重要而功能屬性相似的單元整合成一個子系統，對於自己不在意的單元與輸出則忽略他們，因此雖然面對相同的問題，所建構出來的系統架構也會不同。輸入變數在某些系統中不再是輸入項，會轉變成系統的邊界條件（外

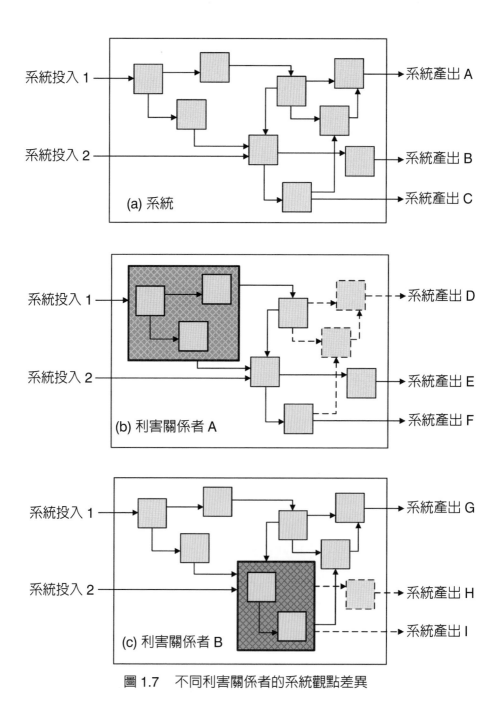

圖 1.7　不同利害關係者的系統觀點差異

部環境對系統的制約條件），而某些系統輸出（系統行為）則不再受到關注。

　　以鋸木機這樣一個實體系統為例，對一位切削工程師而言，鋸木機是一個用來將原料轉換為不同產品的系統（包括副產品和鋸木屑），他對鋸木機這個系統的目標是使工廠的設備及生產規則能有效運作，並建立一個有效率且安全的生產環境；而對鋸木機的擁有者而言，鋸木機是他用來投資、提升財務收入的系統；對管理者來說，切削機只是系統的一部分，它能用來切削原木，並利用最低的成本滿足市場的需求。因為目的的不同，工程師會注重機械運作的每個環節，包括設備的用途、運作的情況、安全性及每個小零件間互動的關係。系統的輸入及輸出是具體的（產品、原料），但也包含抽象的（運作規則、運作標準、瓶頸）。相較之下，擁有者對機械的興趣遠小於工程師，反而將工廠視為一個獲利的系統，他們採行整合而非單一的觀點，工廠是由數個相互依賴的子系統組成，各個子系統都需執行不同的任務卻又彼此關聯。他們主要關心子系統是否能有效的合作，以及公司總體的財務情況，擁有者認為系統的產出就是公司的獲利與否而非產品本身，系統的輸入項就是資金（具體的）與價格策略（抽象的）。管理者與工程師、擁有者有一些相同的觀點，他們關心產品在工程系統中的流動，但並非全然的。在工程學中，最佳營運策略及處理能力被視為抽象的輸入項。此外，管理者也關心財務系統的運作情況，了解各個生產階段中（從原木到產品）所有與財務有關的活動。簡言之，管理者掌握了系統的總體運作情況。表 1.1 利用幾個與系統有關的要素解釋工程師、擁有者與管理者間的關係。

表 1.1　目標與系統關係（Hans, 2005）

系統	工程師	擁有者	管理科學分析
將實體視為系統	研究設備的物理特性、管理產品、理解產品運作的規則與差異	評估投資後的產值與價值	研究不同樣板之成本以滿足不同需求
系統要素	• 建築物、土地、設備、車輛 • 操作者 • 土地上的原木 • 中間產品	• 子系統，如：原木採購、生產、倉管、銷售、行銷與財務 • 資金投資	• 處理子系統 • 中間產品的倉管
系統的行為者	• 切削操作 • 移動木材 • 將木材乾燥 • 庫存	• 原木採購 • 原木加工 • 原木庫存管理 • 原木銷售額 • 資本管控及評估	• 子系統的產品轉換 • 中間產品的庫存
各要素間的關係	• 目標時程 • 固定設備的位置 • 樣板的彈性組合	• 子系統的輸出項成為另一個子系統的輸入項 • 子系統間的溝通 • 財務觀點	• 子系統的輸出項成為另一個子系統的輸入項 • 樣板的彈性組合 • 財務觀點
環境（輸入項）	• 原木的種類 • 燃料供給 • 運作的速度及生產力 • 操作規則	• 資本 • 人為因素 • 產品需求 • 商事法 • 價格策略	• 原木的可行性 • 成本數據 • 運作的速度及容量 • 操作規則 • 產品需求
環境（輸出項）	• 成品 • 副產品（木屑、剩餘木材） • 加工能力 • 瓶頸 • 使用設備／設備生產力	預測： • 淨利 • 現金流 • 投資報酬 • 市場配額	預測總營運成本以符合消費者需求
系統的運作	• 原木成為產品及生產過程的統計	財富及生產力在時間軸上的變化	將產品能力、原木的價值、消費者需求轉換成總成本

二、系統的完整性

　　組成系統的子系統或單元通常具有不同的功能和目的，從整體系統的角度來看，這些子系統或單元的功能經常是不完整或是片面的，甚至不容易發現它們與整體系統行為之間的關係，然而透過子系統、單元的搭配與組合，便可展現出整體系統的行為特徵。系統理論講求分工與合作，不同的子系統各自分工，有各自存在的目的、負責不同的任務，也有不同的產出，子系統（或元件）之間利用輸入與輸出進行溝通協調、制約與合作。系統中的元件可以同時存在於不同的子系統內，同時擔負不同的任務（如圖 1.8 所示），這些系統元件不一定是實體性的組成，它也可以是一種概念性的東西，像是抽象性的資訊轉換、成本效益，亦或是決策的邏輯判斷。

　　以人體系統為例，人體系統由消化系統（Digestive system）、內分泌系統（Endocrine system）、神經系統（Nervous system）、運動系統（Locomotion system）、骨骼系統（Skeletal system）、肌肉系統（Muscular system）、生殖系統（Reproductive system）、呼吸系統（Respiratory system）、泌尿系統（Urinary system）等子系統所組成。不同子系統為了生存這個共同的目標，擔負不同的功能和角色，並彼此合作、制約。而同一個器官可能同時是不同的子系統的元件，並負責不同的任務，因此當某一個器官產生功能性障礙時，疾病的表徵除了反映在該器官外，也會反映在其他器官上。因此，中國人常說遇到問題不能「頭痛醫頭、腳痛醫腳」，就是一種系統的概念，因為任何的病徵除了器官本身可能發生問題外，也很可能是不同子系統共同作用後的結果。因此除以治標方式解決器官的功能性障礙外，也需

從治本的角度找出眞正的肇因。如同人體一樣，環境問題（如：水汙染）的發生可能是汙染防治設備這類的技術性問題，也有可能是市場失靈等經濟問題所造成，但大部分的環境問題通常都是社會、環境與經濟因素等複合式因素共同造成。這也說明，解決環境問題時必須考慮環境問題的複雜性特徵，也就是說在定義問題時必須考慮系統組成的完整性。若只針對複雜系統的任一子系統進行問題分析，往往只能找到治標的方法而無法找到治本的方法，對於像環境管理這種跨領域的決策管理系統，系統的完整性便顯得非常重要。爲了建立一個完整性的系統架構，必須納入不同的決策觀點，共同針對系統的完整性進行討論分析，並確認合適的系統結構。

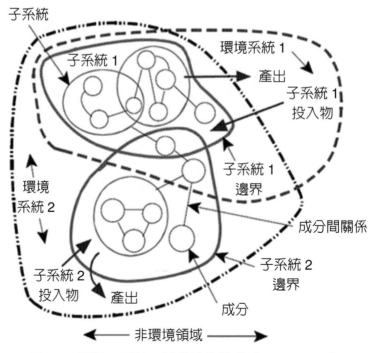

圖 1.8　環境、系統、子系統的組成（Hans, 2005）

三、系統的關聯性

　　系統內的實體或虛擬元件透過特定關聯相互地結合在一起而形成一個系統，系統內不同組成（物件或子系統）之間的關聯，會因為事件（Events）的觸發產生不同而作動、造成不同的訊息傳遞方式以及不同的系統行為。一般而言，一個靜態系統中的組成是固定不變的，而關聯則是隨著外在事件的變動而產生變化的，因此在一個事件中，某些物件或子系統會因為不受事件驅動而失去作用，而某些事件或子系統則受到該事件的刺激強化了自身的功能，以及它與其他物件和子系統之間的關聯，但在其他事件下又可能產生另外一個新的關聯組合。例如：汙染源和受體之間的關係，因為特定的風向而形成關聯，但在風向改變時，這個關聯的關係可能消失、關聯強度也可能發生改變。對於一個動態系統而言，系統的組成則會隨時間而產生變化。系統理論裡，系統關聯可以以投入與產出進行連結（例如：實體 A 的輸出為實體 B 的輸入）。圖 1.9 是幾個常見的系統關聯表達方式。

　　系統關聯圖是展示系統物件關連的一種視覺化展示方法，物件之間的關聯可以以不同的線段形式與箭頭符號來表示物件之間的因果關聯。例如以實線代表物件之間的直接關係（如圖 1.9(a)）、以虛線代表物件之間的間接關係（如圖 1.9(b)）。物件之間的關聯常會因為事件的不同而發生變化，例如一個被視為非點汙染源的農場，它跟水庫汙染負荷量之間的關係會因為降雨事件中的沖刷機制而產生關聯，但在非降雨的期間中，它們之間的關聯是不存在的，這類的關聯便可以圖 1.9(c) 的方式展現之。關聯可以是互動的，也可以是單方向的因果關係，圖 1.9(c) 中物件 A1 與物件 A2 對物件 A 的影響是一種因果關

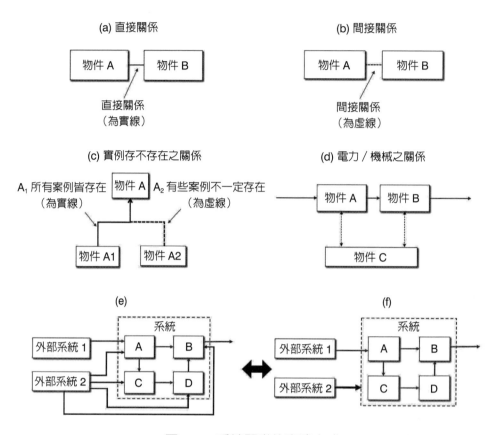

圖 1.9　系統關聯的表達方式

聯，也就是說物件 A1 與物件 A2 的輸出會影響到物件 A 的產出。圖 1.9 (d) 中的物件 C 與物件 A、B 之間的關係，則是一種互動的關係。若某一個物件會對系統中的所有物件產生影響，則該物件可被視爲系統的外部物件（如圖 1.9 (e) 與圖 1.9 (f) 所示）。此外，系統元件之間的關聯可以利用正、負回饋這種因果關聯的方式來表示之（如圖 1.10 所示）。這種因果關聯可以是簡單的數值關係、邏輯關係，也可以是以微分方程爲基礎的動態函數關係。系統元件之間的關係有直接

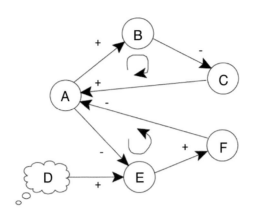

圖 1.10　系統物件的正、負回饋關係

關係（如圖 1.10 中 A 對 B 的正影響）、間接關係（如圖 1.10 中 A-B-C
中 A 對 C 的影響）以及回饋關係〔如圖 1.10 中 A-B-C-A 以及 A-E-F-A
這樣的反饋迴路（Feedback loops）〕，因為訊息的傳遞需要時間，
因此系統常發生時間延遲（Time delay）的現象。

　　所謂系統延遲（Response lags in systems）是指控制訊號下達與
真正發揮效果之間的時間差，系統延遲有運輸延遲（Transport lag）
及指數延遲（Exponential lag）兩大類型。當水通過運河且逐漸流入
水力發電廠時，通常需要幾分鐘或是幾小時的時間才能在水管內產生
壓力，帶動渦輪運作，這種延滯的過程稱為運輸延遲，經常發生在工
廠及商業行為中。例如，當工廠產量增加時，必定會增加大量的時間
進行生產，所以從工廠將產品運往市場的時間勢必延遲且增長，甚至
產品被送往暢貨中心的時間也會延後。第二種延滯稱為指數延遲，是
指即使控制訊號發揮立即效用，但因為尺度性的關係，控制訊號無法
得到立即的效果，以燃氣爐的溫度為例，當人為調升燃氣爐的溫度
時，仍需花幾分鐘的時間使爐溫達到預計的目標溫度。這種延遲現象

特別容易發生大尺度的環境系統，這些涉及社會、經濟、健康風險的環境管理議題特別需要考慮系統反饋與時間延遲效應，否則如圖 1.11 所示，解決了現有的環境問題，卻可能在不久的將來產生更大的問題。

Drawing by Lewin; © 1976 The New Yorker Magazine, Inc.

圖 1.11　系統策略的延遲與回饋效應

（資料來源：https://systemsview.wordpress.com/2010/06/28/4/）

四、系統的層級特性

系統理論認爲系統之內必包含更小的系統，系統也必被包含在更大的系統之中（如圖 1.12 所示），以圖 1.12 的環境次系統爲例，次系統內部包含了微系統，自己又是環境子系統與環境系統的子系統。一般而言，系統中具有共同功能目的的元件便可組合成一個子系統，而系統之間的界線則可稱爲系統邊界，因爲每一個系統的內部成員之間必包含某種程度或形式之隸屬關係，這種隸屬關係會影響各種能量、質量及訊息的傳遞。

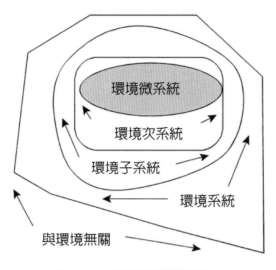

圖 1.12 系統的層級關係

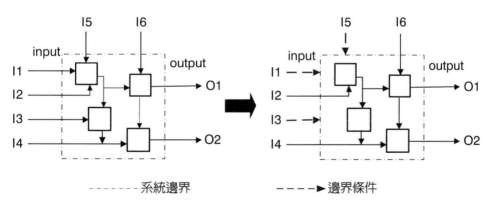

圖 1.13 系統邊界與外部環境

透過系統邊界的設定，可以將系統劃分內部與外部環境，並透過系統的輸入與輸出與外部環境進行能量、質量與訊息的交換。對於一個系統而言，會影響系統的因素若都能轉化成系統的輸入，則在掌握所有

的系統關聯之後，便能管理與預測系統的行為，但如果無法作為系統的輸入，則這些因素可被視為系統的邊界條件，對系統的行為產生約束和限制（如圖 1.13 所示）。

為了了解這些邊界條件對系統的影響，決策者會設定各種邊界條件的組合以測試各種組合對系統行為的影響，這種組合便稱為情境分析。因此，情境分析的目的便是觀察系統在不同外部條件下的邊界條件對系統結果的影響，如果系統中有三個外部的邊界條件，每一個外部條件各有 i、j 與 k 種組合，則情境便有 i×j×k 種組合。但為了節省分析的時間，情境分析主要有三種狀況：基本狀況、最好狀況以及最差情況，以溫室效應與氣溫變化預測為例，決策者便會利用情境分析的方式來評估這項問題，討論不同情境下溫室變化的趨勢。情境的設定會影響系統分析的結果，然而對於一個複雜的系統問題，情境的設定並不容易，必須考慮到問題的完整性與變動性等特性，因此在情境分析前，必須先執行如下的情境規劃程序以擬定正確、合理的決策情境：

1. 確認問題的目標、設定系統的邊界。
2. 了解外部環境變化時，不同利害關係人受到的衝擊變化，以及他們對外部環境變化的敏感度。
3. 找出關鍵的外部環境因素，包括：政治、法令、產業、經濟、社會、科技等因素。
4. 預測外部環境因素的可能變動，找出重要且不可預期的因素，並檢視不同因素之間是否具有關連性，適時篩選、整併外部環境因素。
5. 分析外部環境因素的可能變化區間，如：時間與空間範圍以及

資源與法令的變動範圍。

6. 根據事件的特性，確認這些外部環境因素是否出現，將可能對環境產生影響的變數進行組合情境。

7. 就每一種情境，思考資源配置或策略的選項，以及這些策略在每一種情境下對系統行為可能造成的結果。

五、系統的尺度特性

系統邊界會決定系統元件的組成，也會決定系統的複雜度以及後續評估機制的選擇。一般而言，決策者可以利用各種不同的要素來劃設系統邊界，但在環境規劃與管理的問題中，空間與時間尺度是劃設系統邊界時最常考慮的因素。圖 1.14 說明一個大系統通常會有較大的時間與空間尺度，而隨著尺度的增加，系統的物件數量以及物件關聯也會顯得更為複雜，此時系統的延遲現象、複雜度以及完整性的要求（需考慮不同的問題面向）也會增加。若以圖 1.14 中的焦點層級作為研究對象，則位於較高層級的物件會以控制變項、強制函數或邊界條件的方式影響焦點層級的運作，而較低層級的系統（焦點層級中的子系統）則常以系統參數或是一個物件單元的方式在焦點層級中協同運作。同樣的物件在不同尺度系統中，經常會扮演完全不同的角色。因此，系統尺度的選擇除了會直接影響系統的結構外，建模工具以及所需資訊也會不同。因此尺度的選擇是系統分析中非常重要的一環，而系統尺度的選擇則取決於問題的決策目標。

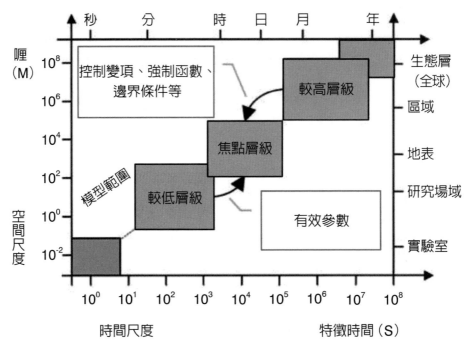

圖 1.14　時間與空間尺度的關聯（Ralf, 2003）

　　對於土壤汙染的環境問題而言，不同的決策者會有不同的決策目標，例如政府單位想要知道汙染貢獻者以作為後續求償與管理的依據；受汙染的對象想要了解汙染物的種類與空間分布，了解災損情況以及後續整治所需要的成本；工程師想要知道汙染物在土壤中的傳輸狀況，以作為後續選擇整治工法與施工的參考；科學家想要了解汙染物在土壤中的反應機制，以了解土壤特性、植物根圈生態系以及陽離子交換能力（Cation exchange capacity, CEC）對汙染物流布的影響。決策目標的差異，使得不同的利害關係者（Stakeholder）在分析同樣的環境問題時，採取了不同的系統尺度與不同的系統邊界，而在這種

狀況下，便產生了不同的物件組成、系統關聯以及系統結構。圖 1.15 展示了四個不同尺度大小的環境系統，其中 A、B、C、D 分別代表大尺度、中尺度、小尺度和微型尺度的環境系統，B 系統是大尺度系統 A 中的子系統，而中尺度的系統 B 則包含更小的環境系統 C 與 D。系統 A～D 是一種代表性的系統層級關係，在這個層級關係中，B、C、D 可視爲系統 A 的子系統，此時系統 A 中的部分物件會轉化成外部環境的限制條件，以直接或間接方式制約 B 系統內的成員，透過這種方式形成層層制約的系統結構。

因此在這個土壤汙染的案例中，如果決策目標是想確認汙染貢獻者，則決策者可以選擇大尺度的環境系統；若是決策目標是希望知道汙染物的空間分布，則可選擇中尺度的環境問題；當決策者在意汙染物在土層中的移動狀況，則可選擇小尺度系統；但是當決策想要了解土壤的物化特性對汙染物吸附行爲的影響時，則應選擇微型尺度系統。一旦確認決策目標與系統邊界後，系統的物件與關聯才依據決策目標一一確認，但是可以確認的是決策目標與系統邊界的不同，會有不同的系統組成與關聯。在大尺度系統中，關心的決策目標是眞正的汙染貢獻者，在這個系統中的農地（圖 1.15 物件 A1）、森林（圖 1.15 物件 A2）、工廠（圖 1.15 物件 A3）與附近的河川（圖 1.15 物件 A4）等是他們關心的對象，這些對象便組成了系統的元件與子系統，爲了建立系統成員之間的關係，決策者必須在考慮各種可能的環境事件下（如氣象、降雨等），利用各種工具建立系統元件之間的物質、能量與訊息流動的關聯。由此可以發現系統尺度的大小，決定了決策者使用的視野、工具與方法，但基本上系統觀念仍可運用於不同尺度的問題上。以系統 A 爲例，若大系統 A 中的決策目標爲汙染源

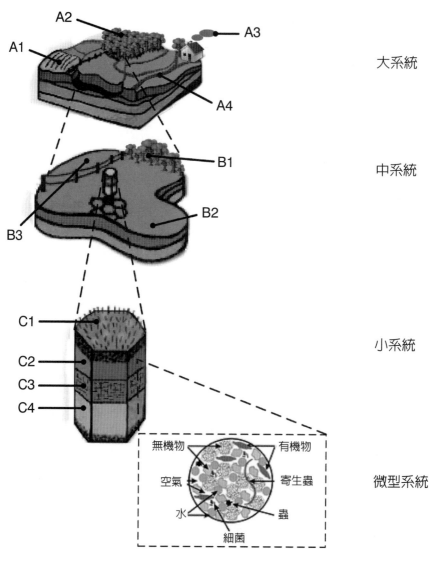

大系統

中系統

小系統

微型系統

圖 1.15　環境尺度與系統邊界

鑑定與汙染控制，則系統邊界內可能與汙染行為有關的工廠、樹林、河流、地下水與農地便成為該系統的主要物件，而這些物件則透過灌溉、大氣沉降、汙染排放與抽取地下水等行為與受汙染農地發生關聯，若可以利用量化（如：水質模式、空氣擴散模式）或質化工具具體地描述系統中物件之間的關聯，分析者便可建立了一個網狀或多層級式的系統結構。在此系統中物件之間或直接或間接地互相影響著彼此，在建立這樣的系統關係之後，決策者便可進行系統行為的模擬以及評估管理方案對系統行為的影響，做出有效的決策。因此，簡單來說，系統分析的功能與目的在於從複雜系統中篩選出必要的物件，將之特徵化並使之組合成一個相互制約、協同合作的系統，最後在了解系統行為後進行系統的管理與控制。

　　以系統 B 為例，若管理者的決策目標是確認農地汙染的範圍，則在進行環境監測之前，必須了解外部系統對我們所關注的這個焦點系統的影響，在系統 B 中，農地、工廠與河流已經不再是系統 B 中的物件，這些物件以邊界條件或控制函數的方式影響著系統 B 的行為（汙染的範圍與濃度分布），在系統 B 中主要的系統物件為圖 1.15 中的物件 B1、B2 與 B3）。此時汙染物的濃度分布是決策者所關注的系統輸出，這些邊界條件或控制函數可視為系統的輸入，受汙染土地的環境介質則可視為環境系統，在這個土壤介質中汙染物被轉化與累積。也就是說，邊界條件的變化（輸入）以及系統中介質環境的運作機制（系統）造成了汙染物濃度的空間差異（輸出）。於是，採樣計畫便必須根據邊界條件的變化以及系統中介質環境的運作機制所造成的環境差異，進行分層抽樣以獲得具有代表性的樣本來推論結果。因此，若系統 B 中的系統輸入、邊界條件和系統特性造成了環境上

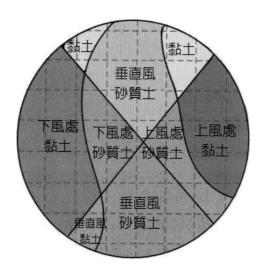

圖 1.16　環境變異與分層抽樣原則

的差異，則取樣時便需要利用分層採樣的方式，決定不同環境的樣本
數量（如圖 1.16 爲例）。

　　在系統 C 中，如果決策目標是了解汙染物在土壤垂直面的吸附
與分布狀況，則圖 1.13 中的物件 C1～C4 便可能成爲這個小系統的
主要物件，而每一層的土壤特性則是該物件系統功能的展現。在微型
系統中，土圈內的有機物、寄生蟲、細菌、水、空氣和無機質則是該
系統的主要物件。由此可知，決策目標的差異決定了系統邊界與系統
組成，同時也改變了物件之間的關聯，因此所需要的資訊與模式也有
所不同。對一個管理者來說，釐清決策目標與系統組成是最重要的一
個步驟。

　　時間尺度也是劃分環境系統邊界的重要依據，根據環境系統在時
間軸向的變動狀況，環境系統可以區分成動態和靜態的環境系統。一
個大尺度的環境問題（如考古學、長期的氣溫變化）通常具有較大的

時間單位，短時間的波動會被視爲系統中的隨機擾動而被忽略（如圖 1.17 所示）。在這樣的系統中，短時間的活動可以被視爲一種靜止的狀態，而以靜態系統分析方法處理之。但是對於一個小尺度的系統而言，這些波動通常是重要而無法忽略的，系統行爲便必須以動態系統的方式處理之。利用系統概念處理環境問題時，必須注意輸入、系統與輸出之間的尺度對等性以及時間的延遲效應，例如水庫優養化以及健康風險評估等環境問題。

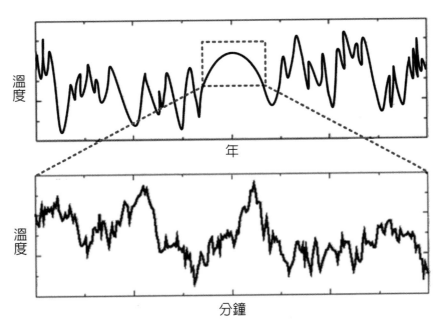

圖 1.17　系統的時間尺度與系統邊界

第四節 系統分析程序

從系統觀點來看，各種複雜系統的規劃與管理的工作包含了：系統分析、系統設計和系統評估三個階段。系統分析階段的主要工作在於問題的確認、執行策略以及目標與方案的選擇；系統工程設計階段的任務則是根據系統分析階段所選定的方案進行組織架構、政策、程序與規範的設計；系統評估的階段則用以評估問題、目標、策略、方案、人員與執行方式的效率（Efficiency）與效向（Effectiveness）。而由圖 1.18 可以了解整個系統觀點下的規劃與管理程序。分別說明如下：

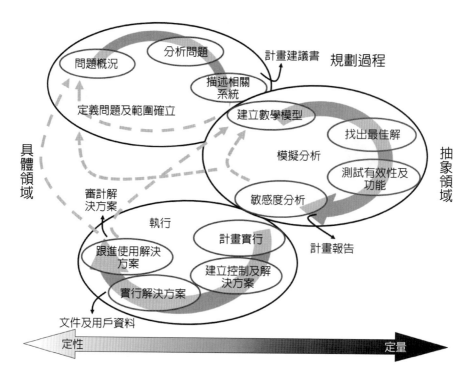

圖 1.18 系統決策程序

一、資料收集與問題確認

資料收集與問題確認是決策管理的第一個也是最重要的步驟。確認問題的方式很多,包含強弱危機分析(SWOT 分析)、專家診斷、標竿管理與訪談等質性分析工具,也可以利用環境監測、問卷調查與資料分析等量化工具進行問卷分析。進行問題分析時,必須同時考慮問題結構、程序、資源、關聯、利害關係者、外部環境、目標、控制、行動、限制與不確定性等因素對決策問題的影響(如圖 1.19 所示)。在描述問題時必須包含:決策者、決策者目標、決策準則(Decision criterion)、績效量測、控制參數或替代方案(Alternative courses of action),以及可能的影響因素等幾個部分,同時也必須考

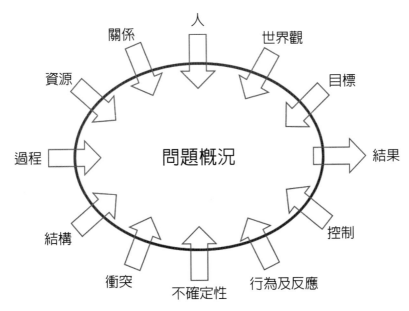

圖 1.19　問題分析概念圖

慮系統的層級特性、動態特性、空間尺度等特性。進行問題的分析前必須先確認系統的利害關係者（Stakeholder），以確認問題的內容以及後續決策的目標。在 Freeman 於 1984 年發表的《Strategic Management: A Stakeholder Approach》著作中，將利害關係者定義為可以影響組織任務或被組織任務影響的群體及個體。從系統的角度來看，參與系統運作的內部成員以及受影響的外部對象都可以廣義的被定義為問題分析中的利害關係者。在問題分析過程中的決策者、問題的主導者、分析家或是有參與權卻沒有控制權的團體等，這些決策過程中的參與者統稱為利益關係者（Stakeholder），而他們與問題本身存在不同的關係，說明如下（Hans, 2005）：

1. 問題主導者（Problem owners）

好比問題的風向球，幾乎主導著問題的發展與走向，他們有權決定要採取什麼行動解決問題，通常也扮演著決策者的角色。他們在決策體系中可能有層級之分，有些人掌握絕大部分的權力，能有效控制利益分配的過程，他們也可以將權力委任給他者，使之能在次級系統或是較狹隘的利益分配過程中發揮影響力。

2. 問題使用者（Problem user）

使用決策主導者所產出的解決方案或是將決策立法的人，他們沒有權力改變決策或是啟動新行動，倘若他們被授予自由裁量權，必是在某些條件或規則限制下，才可能實踐。

3. 問題消費者（Problem customers）

他們是使用解決方案後與結果有關的受惠者或受害者。在多數的情況下，他們通常無法表達自己的意見，或是分析採行決策方案後可能帶來的各種衝擊。

4. 分析或解決問題者（Problem analysts or solvers）

主要工作是分析問題以及提供問題主導者（也就是決策者）合適的解決方案。

以廢棄物發電廠為例，這個決策方案可能影響的對象或關心者包含：鄰居和社區團體、非政府組織、拾荒者、廢棄物處理企業、廢棄物發電廠經營者以及能源生產商，他們有著不同的利益和影響力，系統分析師在處理這樣的議題時必須真實的描述問題的內涵以及不同利害關係者關注的問題，並在後續分析中納入分析（見表 1.2）。

若以社會企業責任（Corporate social responsibility, CSR）的分析為例，利害關係者除了股東之外，通常還包括以下的對象，在這些對象都確認之後，才能進一步歸納彙整出問題的決策目標：

1. 經營者與企業員工

經營者與員工是企業的主要組成，經營者決定了企業的目標、策略與企業的運作方式，而員工則是企業實際的操作者。因此，經營者與員工是內部環境中的生命共同體，他們考慮的是如何提供一個良善的環境（例如：個人的發展機會及福利、待遇等）使企業持續經營，關心的是企業未來的前途。

表1.2 廢棄物發電廠系統中的利害關係者（Adisa Azapagic et al., 2004）

利害相關者	利害相關者之利益	可能的利害相關者之影響力
鄰居和社區團體	廢棄物發電廠將增加噪音、灰塵、交通和視覺的衝擊；降低房地產價格；另一方面，則是增加就業機會。	由於抗議活動，可能延誤、更改廢棄物發電廠的規範；拒絕執行計畫。
非政府組織	減少廢棄物管理對環境的影響；主要提升最小化廢棄和回收。	由於抗議活動，可能延誤、更改廢棄物發電廠的規範；拒絕執行計畫。
拾荒者	有關人士認為，改變廢棄物管理措施可能會影響或消除其經濟來源。	「拾荒者」的活動可能會影響廢棄物的性質和數量；在一些國家，他們有很強的政治影響力反對廢棄物發電廠。
廢棄物處理企業	為了維持或拓展業務，提高收集和運輸廢棄物發電廠廢棄物的意願。	可以支配廢棄物發電廠的收集、運輸、傾倒費用和增加的運營成本。
廢棄物發電廠經營者	希望維持或擴大業務；有意願增加可靠度和廢棄物流。	可以說服當地政府並影響規劃過程。
（大）能源生產商	反對購買更小外部生產商的能量（如廢棄物發電廠）。	可能會阻礙能源在當地市場的銷售價格；可以決定能源的價格。

2. 用戶

　　企業提供產品或服務，這些產品或服務必須滿足用戶的需求，離開了用戶，企業就失去了存在的意義，更不用說企業的發展了。對環境永續的觀點而言，企業除了必須滿足用戶的需求外，更需要提供一個環境友善化的服務或產品，減少產品或服務對用戶的負面衝擊。而用戶除了在意價格外，也關心產品與服務的價值。

3. 供應商

為了從事生產，企業必須要有各項資源的投入（例如：物料、能源、水資源以及設備），供應商與企業成為互相依存的食物鏈關係。為了使企業永續經營，企業除了必須滿足用戶的需求，也必須符合各項規範以及國內外各種經濟組織的要求。因此，除了考慮企業的生產成本與獲利能力外，加強同供應商的合作，與供應商建立長期互惠互利關係，也是企業永續管理的重點。

4. 政府

政府利用政策與法規來調控市場，透過各種命令、經濟誘因或資訊公開等各種方法對市場與企業進行約束，以直接或間接的方式影響著企業的運作。因此，也經常是各種政策、方案的重要利害關係者，協助弱勢群眾與企業進行溝通。

5. 環境

除了以上列舉的利害關係者之外，環境也可被視為一個重要的利害關係者，它在環境品質管理、環境規劃與管理的過程中扮演重要的利害關係者，若過程中屏除了環境，則環境規劃與設計過程中，經常會忽略了環境的重要性。

二、確定規劃目標

大部分的環境問題是由多個利害關係者（Stakeholders）所組成的複雜系統，環境問題的規劃與管理目標可能是單目標，也可以是多目標，但不同的決策目標便會有不同的決策結果。這些決策目標通常

存在依存、競爭與衝突關係，以流域管理為例，河川水有生態保育、涵容汙染物以及取水灌溉功能目標，但這些決策目標是衝突的。事實上，決策分析是一種妥協的藝術，有時需要犧牲某一個目標、有時需要在不同目標之間相互妥協，有時由單一決策者決定目標的優先順序與相對重要性，但是更多的情況是必須由一群決策者共同決定。因此決定規劃目標前，必須先釐清誰是利害關係者以及他們所關心的決策目標，然後才能進一步進行各項規劃作業。有一些環境的問題是過去遺留下來的問題、有一些是現在正在發生的問題，而環境規劃與管理主要是在解決未來可能發生的問題。因此目標的擬定需要有未來性，為了解決未來性的這個問題，很多預測模式被應用在未來目標的設定上。

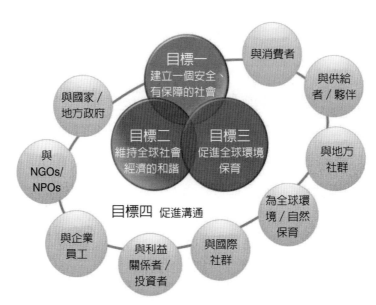

圖 1.20　利害關係者與管理目標之確認 - 以社會企業責任為例

三、問題簡化與建立系統概念圖

在確認規劃與管理問題和目標後，必須將複雜的環境問題進行簡化，形成一個系統概念圖，以做為後續決策模型的選擇與建置。基本上概念模型的建立包含以下幾部分：

1. 確認系統單元

所謂系統單元是指在時間架構內相對穩定或緩慢變動的元件（Components），這些元件可能包含建築、設備或產品等實體元件，也可以是邏輯性、功能性或其他智能結構單元，如替代方案、優缺點、資訊或資料以及規則。通常，在確認利害關係者後，便可進一步分析每一個利害關係者所關心的管理重點，以及這些管理重點的影響因素與因果。為了達成這樣的目的，心智圖（Mind map）這種結構化、系統化的思考分析工具就經常被使用，最常見的一種方式稱為心智圖（Mind map），又被稱作心智地圖或思維地圖，是一種利用圖像式思考來表達系統思維的工具。心智圖它利用關鍵詞對主題進行聯想和分類，同時利用線條連接相關的字詞、想法或任務，以圖解方式表達人們的想法。它普遍地應用在研究、組織、解決問題和政策制定中，其中心智地圖的組成要件包含以下三點（Hans, 2005）：

(1) 結構元素（Elements of structure）

心智地圖的結構及組成要件通常是穩定的，即使改變也是既緩慢又漫長的過程。心智地圖應該要包含所有的實體元件，例如：物理結構、形體、設備及產品，當然也還包含虛擬元件，例如：邏輯的、功能的、智力的，部門的分工合作、資訊處理、替代可能性方案、優點

和缺點、部門劃分、訊息和數據,這些必須制定處理事務和服務的規則。其實不管以什麼樣式存在,都是具有規則且能夠提供服務的。

(2) 過程元素（Elements of process）

所有動態觀點,經過變化或發生變化的狀態,像是活動內的流動性和材料或信息的處理,以及任何決策的推移。透過心智地圖能有效與他人溝通複雜的問題。以決策過程為例,透過心智圖能有效提升參與權,使參與者理解政策實施的利弊及因果關係。

(3) 程序關聯（Relationship of process）

程序關聯包含結構和程序之間的關係,以及程序與程序之間的相互關係結構會如何影響或左右程序?一項程序如何影響或左右其他的程序?有哪些事情或方面是這些關係的直接或間接的結果?舉例來說,若飛機的所有航班時刻表資訊和訂位狀況都儲存在各航空公司的個人電腦資料庫中（結構）,那麼一名乘客若要訂購機票（程序）,則需透過與一間能取得各大航空公司航班資訊的旅行社交易,若只能取得少部分資訊,他能選擇的航班便將大幅地減少。

心智地圖的目的是用來協助決策者確認問題的範疇,如前所述心智地圖的建立需要由不同的利害關係者共同來完成。在考慮系統的複雜度、可行性、技術與成本因素後,決策者可以進一步簡化與歸納心智地圖的成果,將屬性相同或具有相同功能的物件組成一個子系統。以氣候變遷為例,如果所有的利害關係者他們所關心的議題可以歸納成 9 大議題（如圖 1.21 所示）,則在完成歸納之後,決策者便可根據每一個議題中的問題（如海水酸化對海中生物的影響）建立它的系統模型,並彼此串聯成一個大系統。

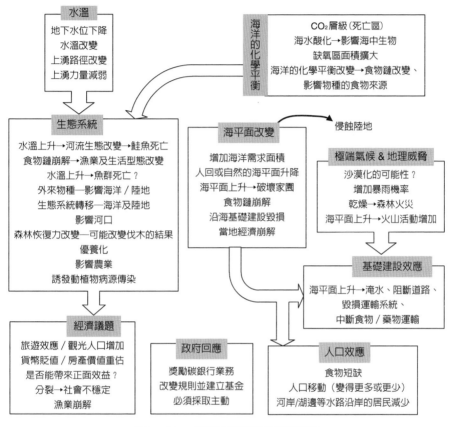

圖 1.21 氣候變遷的心智地圖

2. 確認系統程序與關聯

系統程序是指系統內的動態組成（如：正在變動中的改變、穩定的通量、正在發生中的活動）；系統關聯則是指單元與程序之間的關係（如：彼此間的互動與因果關聯）。一般而言，系統元件之間的關聯以及系統的整體架構是透過資訊流、能量流或物質流而建立起來的。

3. 確認狀態變數

　　為了觀測或控制系統行為，系統狀態變數需被有效定義出來，一般而言系統變數可區分成：可量測的狀態變數、不可量測的潛在變數（Latent variables）以及可控制變數等幾類，這些變數的資料取得將影響後續數學模式的選擇。

四、選擇數學模型

　　系統模型的選擇必須根據決策問題、決策目標、決策準確度需求以及資訊供需狀況而定。一般而言，當決策問題的複雜度愈高、問題的結構愈不明確時，常採用專家委員法、訪談、SWOT 分析等非程式化的決策模型（如圖 1.22 所示）。當問題的結構明確時，優化模式（Optimization model）、模擬模式（Simulation model）、環境資訊（Environmental informatics）、環境統計（Environmental statistics）等量化分析工具便可派上用場。

　　模式的選擇必須依據決策目的的內容來決定，也與問題的複雜程度、動態性、資料品質要求以及樣本數需求有關。但整體而言，一個好的數學模型必須具備以下特性：

1. 簡單性

　　模型應簡單容易被理解，為了建立一個簡單易懂的數學模型，建模者需對複雜的真實世界進行合理的假設和簡化。簡化模型中單元的關聯和互動容易被觀察，特別是當可用資料不足或環境變化過大的系統時，簡單模型是一個不錯的選擇。

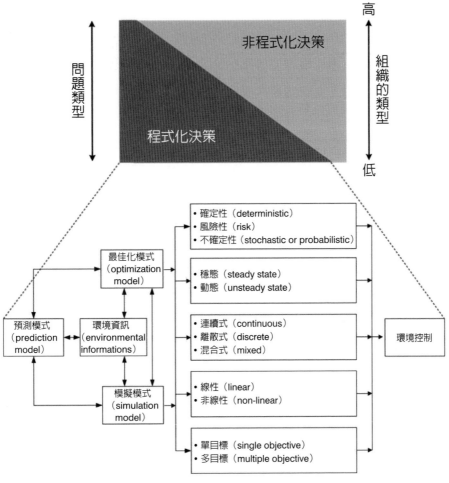

圖 1.22　問題類型與決策類型

2. 完整性

　　模型應能包括所有對結果有顯著影響的因素，有時會需要建立兩種不同的模式，比較不同決策因素對分析結果的影響。

3. 易於操作與溝通

在合理的費用與資源下，模型應是很容易地爲分析者使用、更新、更改輸入並迅速地獲得答案。

4. 適應性

在面對不同的問題時，模式不會完全失效，可以在可控制輸入與問題結構不大幅改變的情況下，做小部分模型的修改。如果模型由一連串小模組所組成，每個小模組可執行個別的任務或操作，當問題改變時只需視問題的情況修改一個或其中幾個模組，此時模型將更容易適應問題變化而作改變。適應性的模型通常被稱爲一個穩健的模型。一個簡單的模型通常無法達到適應性的要求，但一個包含各種問題情境的複雜模型，需要較高的開發與訓練成本，也可能不容易操作，因此在選擇模式時必須權衡這些問題。

5. 模型有能力生產有效的、適合的信息決策

一個模型的輸出必須能直接參與決策過程，並不需要大量的轉換或操作便能協助決策者進行決策。

四、模式建立與驗證

根據模型之架構，收集相關資料：有足夠之資料，才能建立完整之模型，若資料不足，可能模型要被迫簡化。根據收集之資料，讓模型進行試算，觀察其結果是否與眞實世界之觀測值一致。如果差異很大，則表示模式需進行修正，必須返回重新修正模式的結構或建模的數據。基本上，模式建立的程序分別有以下幾個步驟。

1. 數據的收集

建立模式的目的是要利用一套數學模型，來表示真實系統的運作狀況。為了建立一個有效的模型，分析者必須從問題（母體）中蒐集有代表性、具準確性的足夠數據（樣本）進行分析。收集到的數據會被一分為二，其一作為模式的律定（Calibration）之用，其二則作為模式驗證（Verification）之用。

2. 模式率定

一個通用模型中，會有很多待定的參數，這些係數組合代表了某一個環境系統的特徵。不同的係數組合反映了相似系統中的差異，模式率定的目的便在尋求通用模型中的參數組合，這過程也稱為模式的訓練程序（Training procedure）。如果在率定階段模式的準確度（Accuracy）與精確度（Precision）不符合預期要求，則必須重新檢視樣本的代表性或更換模式。

3. 模式驗證

當通過模式的率定與正確性檢定程序後，便可進行模式的驗證程序，驗證程序的目的在於確認模式的再現性，這個過程也稱為模式的測試階段（Testing procedure）。若沒有通過模式驗證程序的測試，則表示模式率定階段可能有過度學習（Over fitting）的現象，因此必須重新修正所獲得的模式參數。通過所有的測試之後，模式便可被用來模擬真實環境（母體），並做有效的管理與控制。

4. 誤差控制

　　任何的模式必存在誤差，決策者對誤差的忍受度依據決策類型的差異有所不同，例如以訴訟用途的目的的數學模式，它被容許的誤差範圍便相對較小，依照誤差的來源，誤差主要來自於系統性的誤差（Systematic error）以及隨機性的誤差（Random error）。所謂系統性誤差是指模式選擇、模式簡化所造成的結構性誤差，隨機誤差則是指一些無法控制的環境變異所造成的輸入變數的資料誤差，這些誤差在模式的律定與驗證過程中應被有效控制。一個複雜的數學模型以及強度過高的訓練，通常會使訓練誤差有效降低，但是在測試階段反而會獲得相對較高的測試誤差。為了能夠降低整體的誤差，模式的複雜度與訓練強度並不是愈高愈好，需視模式、數據與問題的特徵來做決定。一般而言，對於一個變動性較高的環境系統而言，複雜模型會有較高的測試誤差。

五、不確定性分析

　　資訊是一種有價的資源，資訊量、成本與模式的準確度之間息息相關，大部分的決策分析都是在資訊不完整的情況下進行。不確定性（Uncertainty）與風險（Risk）是決策過程中必然要面對的問題，不確定性與風險可能來自決策者主觀的喜好判斷、可能來自自然環境中無法控制的隨機過程、也可能來自對系統結構與運行機制的不清楚以及樣本的不充足，因此進行模式分析必須將不確定性與風險性納入考量。解決不確定性的方法很多，有一些方法直接將變數或參數的不確定納入模型之中，例如在優化模型中加入灰數、模糊數、隨機變數的

各種優化模型，有些則利用敏感度分析（Sensitivity analysis）或蒙地卡羅（Monte Carlo simulation）等隨機抽樣方法進行事後分析，以分析模式中參數對決策結果的影響。其中，敏感度分析是一種研究系統中單一或多個控制變數及狀態變數發生變動時對系統輸出結果的影響程度的一種方法。若某一個控制或狀態變數的改變對輸出變數有較大的變化時，意味著此項輸入參數對於模式行為是很重要的。一般而言，如果變數異動時，模型的變化不大，代表模型是可靠的；反之，代表模型可能存在著風險。

【問題與討論】

一、以下對於環境影響評估範疇界定之敘述何者為非？（91 年環境工程高考，流體力學、環境規劃與管理，1.25 分）

(A) 範疇界定之時機宜儘早進行

(B) 範疇界定不需提供民眾參與管道

(C) 範疇界定之內容與審查作業之內容宜結合一致

(D) 範疇界定應於第一階段評估時進行

二、下列何者係環境保護規劃工作之第一階段？（91 年環境工程高考，流體力學、環境規劃與管理，1.25 分）

(A) 基本資料蒐集

(B) 初步系統分析及界定問題

(C) 規劃方案

(D) 決策分析

三、對環境問題，應採下列何種「思考」（thinking）方向：（94 年環境工程高考，流體力學、環境規劃與管理，1.25 分）

(A) 直線式思考（Linear thinking）

(B) 系統式思考（Systems thinking）

(C) 環境哲學式（Environmental philosophy）思考

(D) 達爾文學說的（Darwinian）思考

四、何謂系統思維（System thinking）？現行環境影響評估制度與作業方式是否符合系統思維之原則？試以工業區開發為例申論之。（91 年環境工程技師高等考試，環境規劃與管理，25 分）

五、試繪圖說明環境規劃與管理之程序與步驟，並具體指出環境系統分析之應用時機。（91 年環境工程技師高等考試，環境規劃與管理，25 分）

六、何謂系統思維（systems thinking）？（94 年環境工程高考，環境規劃與管理，25 分）

七、就國家的治理或經營管理而言，「環境規劃與管理」或「環境管理」是有效達成「環境保護」目的與目標的基本手段，你的看法如何？道理何在？請使用系統分析或管理的原則申論之。（97 年環保行政、環境工程、環保技術三等考，環境規劃與管理，25 分）

八、在行政院環境保護署與地方環保局多年的努力下，台灣地區多數河川的水質雖有一定程度以上的改善，不過，大多數的河川與河段仍處於重度汙染的情況下。請利用系統分析的方法分析台灣地區河川嚴重汙染的原因，並提出符合系統思維原則的因應對策與措施。（97 年環保行政、環境工程、環保技術三等考，環境規劃與管理，25 分）

九、環境系統分析的目的及特性為何？試以集水區管理為例說明環境系統分析的程序。（99 年環保技術高等三級考，環境規劃與管理，25 分）

第二章 環境系統與永續發展

第一節　環境系統

　　環境系統就是生物圈以及非生物圈中所有要素以及它們之間關係的總和。非生物圈之因子包括有溫度、水、光、游離輻射、大氣、土壤、岩石、重力、壓力、聲音等，生物圈之因子則是指各種生態系統中的動植物。地球的環境系統被認為是由大氣圈（Atmosphere）、岩土圈（Lithosphere）、生物圈（Biosphere）及水圈（Hydrosphere）等子系統所組成的半開放系統（如圖 2.1 所示）。在這個系統中，不同的環境要素會彼此聯繫、互相作用、相互依賴，並組成了不可分割的整體。地球環境系統在長期、不斷演化的過程中，逐漸建立了自我調節的機制，來維持系統本身的穩定性。

　　從系統的角度來看，地球的生態系統（Ecosystem）是一個由非生物環境、生產者、消費者及分解者所組成的半開放系統，在這個系統內物質與能量在這些物件間流動，並形成一個動態平衡的系統。系統內的每一個物件均具有自己獨特的特性，在系統內也會扮演一個或多個不同的角色，從生態系統中的物質與能量流動的角度來看，系統物件可以區分成以下幾大類：

1. 非生物環境

　　是指生態系統中非生物的物質及能量，包括生物活動的空間及生物生理代謝的各種要素，如陽光、土壤、溫度、水質、河床底質結構及汙染。

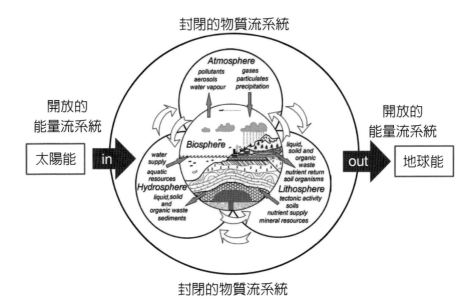

圖 2.1　地球環境系統（David, 2004）

2. 生產者

　　能利用太陽能或化學能將無機物質製造有機物質，並供自身和其他生物使用的生物。

3. 消費者

　　無法利用無機物質製造有機物質的生物，他們必須直接或間接地依賴於生產者所製造的有機物質生活，又稱異營性生物。

4. 分解者

　　分解生物屍體和排泄物以獲取能量和基質的異營生物，透過分解者的作用，屍體或排泄物內的成分可再次回到自然界中進行循環。

環境系統可看成是大氣圈、岩土圈、生物圈及水圈內各種環境因素相互關聯而成的複雜系統，這個複雜系統則是由許多局部的子系統（例如：大氣－海洋子系統、大氣－生物子系統、土壤－植物子系統以及大氣－海洋－岩石等子系統）所構成，在這個系統中太陽是能源的提供者，由於地球表面各種反射、吸收以及折射現象，使得太陽提供的能量在地球環境系統中不斷地流動，能量的流動使得氧、碳、氮、硫、磷、鈣、鎂、鉀等生命的元素在地表環境中不斷循環，並保持一定之濃度，而這互動、交錯與平衡的能源及物質網絡也造就了地球環境系統內豐富的生物系統。地球環境系統由外部取得能量可視為一個開放性的系統，在小的時間尺度下，太陽可視為是一個穩定的能源提供者，因為環境系統的自我調節能力，地球與太陽之間的能量進出會保持一個動態平衡，這種穩定的平衡使得地表溫度以及能量與物質的流動得以維持。一旦這樣的動態平衡受到干擾，環境系統會產生自我調節的力量，對來自外界比較小的衝擊能夠進行補償和緩衝，從而維持環境系統的穩定性，調節的能力則取決於環境容量的大小。容量愈大，調節能力愈高，環境系統也愈穩定。在地球環境系統中，海洋、土壤和植被是最巨大的調節系統，對地球環境系統有非常大的穩定作用。環境系統會在不斷的物質與能量的交換中進行演化。這些演化會按固有的規律進行，但當人類活動的強度超越了環境系統自我調節的能力時，便產生了土壤侵蝕、沙漠化、環境汙染、溫室效應等各種環境問題。

如同第一章所述的系統理論，環境系統也具有目標性、完整性、關聯性、階層性與尺度性特徵。因此環境系統的範圍可以是全球性的，也可以是局部性的。好比一個海島、一個城市或是一個湖泊等都

可以是一個獨立的系統，這些獨立的子系統（Subsystem）交織成地球的環境系統，這些獨立的子系統和地球環境系統之間有不可分割的關係。區域性的變化會影響整個地球環境系統的運作，例如熱帶熱帶雨林的縮小影響了全球氣候。

從系統理論的角度來看，系統行為是由系統中的各種要素（物件與關聯）經過一連串交互作用後的結果，因此地球環境系統在呈現它們的系統行為時，具備了以下的特性。這些特性也影響了後續環境規劃與治理的方案：

1. 極端性

整體環境品質之決定，往往並非由所有環境要素之平均值決定，而是由其中最差的一個環境要素決定。

2. 制約性

任何一個環境之要素，如果是處於最差的狀態，才具有與其他最差狀態之環境要素比較之價值。從比較的眼光來看，極端性係強調各要素間作用強弱之比較，而制約性是從可以制約環境品質之主導力量來考慮。

3. 集體性

環境要素之綜合表現為個別環境效應之集體累積成果。一個環境之品質，不等於組成該環境個別要素品質之和，而是透過某一種機理綜合展現其結果。

4. 互動性

環境之要素間具有互相關聯、互相依賴之特點。一個新的要素之產生，透過能量及質量之傳遞，都能給環境帶來巨大之影響。地球上環境要素演變之動力，大部分係由陽光所提供，其所產生輻射能提供了地表大氣溫度、大氣循環、水循環、生物成長和分布以及人類活動基本之動力。

第二節　環境系統的循環

地球環境系統會在物質與能量的交換過程中不斷地進行演化。地球環境系統是由各種生物與非生物物件所組成的複雜系統（Complex system）（如圖 2.2 所示），這樣的複雜系統隨時可見（如人體、經濟系統）。在這個複雜系統中，生物與非生物物件會利用能量流、物

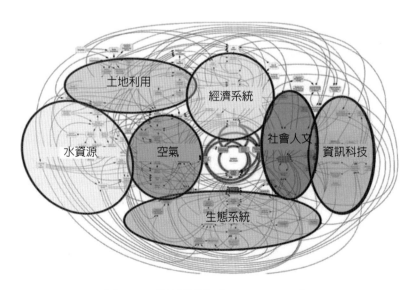

圖 2.2　複雜系統（Alison, 2015）

質流以及訊息流等不同方式進行非線性的交互作用，並產出一個系統行為。而這樣的系統行為，是系統中各種物件集體活動後所反映出來的綜合結果。之所以稱之為複雜系統，是因為這些交互作用以及交互作用後所產生的行為和型態，不容易從組成元件中察覺。例如：大腦的意識不能歸結為一個神經元或數個神經元傳遞的結果，而是神經元之間高度複雜交互作用後的結果，同樣的，經濟的成長也不只是個別企業和勞動力的總和。通常系統的行為特徵會在組成元件之間的交互作用中浮現，並產生「比各部分總和還要多的」結果。這些結果常常出乎意料之外，因為系統的物件常以非線性的方式回應各種變化，也就是說即使只是各組成元件的輕微改變，都可能引起整個系統的巨大變化，甚至造成系統的崩潰（例如著名的蝴蝶效應）。也就是這樣的特性，我們不可能透過簡單的數理分析方法從微觀描述來推斷系統的宏觀行為，想利用一個想法或者一個方案來解決複雜系統問題，通常也是非常的困難。

　　分析複雜系統問題時，除了依據目的與邊界確認系統物件外，最重要的是有效釐清物件之間的關聯。在地球環境系統中，我們可以利用能量流、物質流與資訊流分析來達成這個目的。以圖 2.3 為例，系統中有九個物件，若這個系統中存在能量、物質和訊息的交換與流通，這些物件會因為交換與流通的關係而產生關聯。若單獨檢視能量流、物質流與訊息流，則系統可以進一步區分成三個子系統。研究分析時，會有人專注於能量系統，有人則偏重在物質流系統，有人則重視資訊流的管控，並分別進行分析與管理。但事實上，系統是一種整體性的概念，例如物質流、訊息流與能量流在系統中的 A2 單元交匯，代表訊息控制會影響能量與物質的流動，而物質與能量的轉換

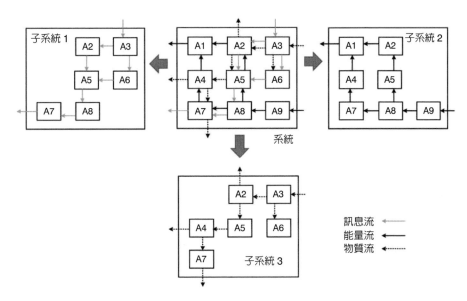

圖 2.3　能量、物質、資訊流與物件關聯

（例如：汽電共生）也可能在 A2 單元中發生。也可以發現 A1～A9
任何一個物件單元產生功能障礙時，都可能直接或間接的影響到其他
單元或流動的正常運作。因此，在分析環境系統問題前，必須先了解
自然系統與人為系統中的物質、能量及訊息的流動。

一、自然環境系統

　　太陽是地球環境系統主要的能量提供者，入射後的太陽光在地球
表面形成各種反射、吸收及折射的現象，使得能量不斷地在地球系統
中流動。各種生命元素（如氧、碳、氮、硫、磷、鈣、鎂、鉀等）在
接受到能量後，產生物理性與化學性的變化，並在地球環境系統中流
動，產生一個動態且穩定的循環系統。為了避免劇烈的變化造成系統
單元的損害並危害到系統的運作，環境中的能量與質量分布雖然會有

時間上的變異，但都會保持在一定的區間之內。當系統中的任何一個物件（或子系統）發生內在變化或受到外在衝擊時，便會刺激系統中其他的物件或子系統做出反應，以正回饋或負回饋的方式協助受到衝擊的物件再回復穩定。這種自我調節的能力，也是地球環境系統的重要特徵。值得注意的是，當系統的衝擊過大，超過系統的承載力時，系統會傾向建立一個新的動態平衡，在新的平衡中有些物件會被淘汰（如物種的消失）、某些物件的功能也會被重新調整。

　　系統理論認為，一個穩定、平衡的環境系統就是一個具有永續發展能力的環境系統。環境問題的發生在於穩定的系統平衡受到破壞，例如，資源的消耗速度超過資源再生的速度以及廢棄物的累積速度超過自然可以消化的限值時，各種的環境問題就會產生。事實上，各種循環也是互相影響的，例如：過度使用化石燃料，產生大量的二氧化碳，因為產生的速度遠大於大自然的淨化速度，於是在大氣中大量累積，累積在大氣中二氧化碳產生溫室效應，將原本會反射到外太空的長波輻射截留，使大氣溫度上升，這就是因為物質流動改變能量流動的案例。同時因為大氣溫度的增加，加速了地球表面的蒸發散作用，造成海洋地地區的對流旺盛，使得熱帶氣旋夾帶著比以往更為豐沛的水氣與能量侵襲陸地，也使得某些地方發生百年一見的大旱。而這就是因為能量流改變造成的物質流動的變化；超級颶風與颱風又造成土地崩塌和岩石圈的破壞。由此可知，一個物質或能量循環的破壞與改變，將會影響地球環境系統中的其他子系統的正常運作。永續環境管理的目的便是擬定各種的環境政策來矯正環境系統失衡的現象，因此在進行永續環境管理時，必須先釐清物質、能量與訊息在系統中的流動狀況，確認停滯或消耗過快的系統結點，再利用各種政策工具進行

功能障礙的排除，以確保系統的永續運作。

1. 能量流

　　自然系統的能量流是指能量經由食物網在生態系統內傳遞與耗散的過程，開始於生產者的初級生產，終止於還原者分解任務的完成。整個過程包括能量形態的轉變、能量的轉移與利用，在生產或傳遞的過程中一部分的能量會被耗散，耗散的能量會隨著傳遞層次的增加而增加。太陽是這個金字塔型能量結構的核心，它所提供的能量經由綠色植物、光合微生物或藻類等初級生產者進行光合作用後，能量便貯存在綠色植物體中，透過食物鏈、食物網的運作，植物被其他生物族群利用，進行能量與物質的移轉（如圖 2.4 所示）。能量提供生物體進行代謝活動後，最終以熱能的形式被釋放到生物體外，離開生物環境。生物環境所需要的物質都來自於地球，物質進入生物環境被生物體利用後會再被釋放回地球，因此物質是在生命環境與非生命環境中不停地循環。

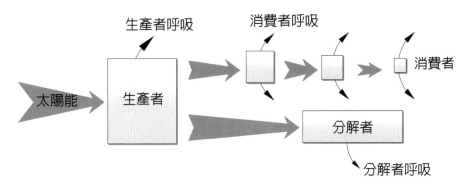

圖 2.4　生態系統的能量流

（資料來源：http://cnrit.tamu.edu/rlem/textbook/Chapter1.htm）

　　太陽是地球的能量來源，太陽輻射以短波形式夾帶高能量進入地球，在經過反射、折射、散射與吸收作用後，將剩餘的能量以長波輻射的形式返回太空，穩定的能量輸入與輸出使地球溫度與系統內的能量維持在一個穩定的範圍之內。這種平衡通常將地球環境視為一個系統，不考慮短時間或小尺度系統中的特定性區域。圖2.5是地球環境系統中的能量流與能量分布狀況，一般認為，大約有50%到達大氣層外緣的太陽輻射被地表吸收，其他50%，約30%從陸地和海洋的反射、大氣中氣溶膠的散射或雲的反射回到太空中，剩餘20%的太陽輻射則被大氣中的氧、臭氧和水所吸收。因此，每100個抵達地球的太陽能量，會有70個單位被地球／大氣系統吸收，30單位反射後直接返回到太空。被地球吸收的短波輻射在經過各種的作用後會轉變

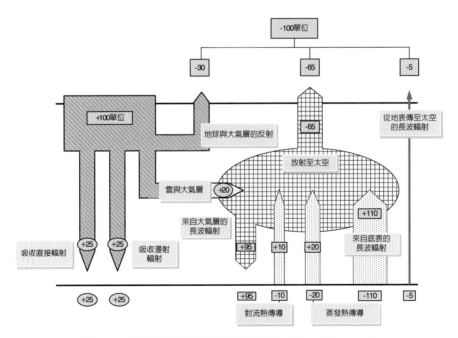

圖2.5　地球環境系統的能量流動（David, 1994）

成長波型態的地表輻射,通過大氣後返回太空中。由於可穿透大氣的波長大約介於 8 微米至 11 微米,而這使得約 5 個單位的輻射直接穿透大氣層返回太空之中。

地球／大氣的能量平衡系統會因為自然和人為活動(例如:太陽表面輻射、行星反照率、大氣氣溶膠濃度)不斷地被破壞與再平衡,這種破壞與平衡通常需要一段漫長的時間來達成,但人為破壞通常又急又猛,失衡的能量系統除了造成能量流動的改變之外,也使得物質流動發生變化。例如:臭氧層的損耗允許了額外的輻射到達地表上,並改變大氣濁度,擾亂了輸入與輸出的輻射;隕石撞擊到地球,撞擊時激起的塵埃與森林大火的灰燼,隨大氣氣流遍布全球,造成陽光被遮蔽,地球氣候隨之丕變,使得植物無法生長,恐龍也隨之滅亡;又例如累積於大氣層中的大量二氧化碳,造成旺盛的溫室效應,最後造成地球的溫度上升與氣候的變遷,這些都是因為物質流的改變造成能量流發生變化的典型案例。因為太陽光入射角度的差異,能量的吸收在不同地區明顯不同。每年赤道接收約 5 倍到達兩極的太陽輻射量,這些能量的差異啟動在大氣中和海洋中循環模式,從熱帶向兩極傳遞熱量,而帶動了物質的流動與循環。

案例 2.1:熱島效應

　　熱島效應是指因為都市化(Urbanization)使得人口密度增加,建築物、道路等人為建物大量增加,取代了原有的自然植被。這些具有低比熱的人工建物具有溫度急遽變化的特性,容易產生都市的異常增溫以及早晚溫差過大的現象。若都市地區溫度異常增加而顯得高於鄉村地區,則溫度截面圖會呈現外圍低中央高的島嶼形狀,

即為熱島效應，這也是一種能量滯留所導致的現象。熱島效應本身並不代表負面效果，適度的熱島效應能穩定高緯度國家的氣溫、減少能源消耗。但過於極端的熱島效應則會衍生環境問題，例如：熱島效會改變溫度分布、增加都市頂層的大氣邊界層，因為都市區的氣流產生了更大的摩擦，因此風速降低，不利於都市內汙染物擴散，這是能量場產生變化後造成質量流動發生變化的典型案例。

2. 物質流

　　生態系統中生命成分的生存與繁殖，除需能量外，亦必須從環境中得到生命活動所需的各種營養物質。物質亦為能量的載體，沒有物質，能量則會自由散失，無法沿著食物鏈傳遞。所以，物質即是維持生命活動的結構基礎，亦是儲存化學能的運載工具。環境系統中常見的重要物質流包含：碳循環、氮循環、磷循環和水循環等。

(1) 碳循環

　　地球上的碳（Carbon）會以不同型式存在於生物和環境中，碳經過植物固定後進入食物鏈，在經由生物死亡以及微生物分解成二氧化碳後回到自然環境系統中。在自然或不受干擾的環境系統中，碳在不同介質之間的轉換大致是平衡的，因此大氣中的二氧化碳濃度也穩定的維持在 260 至 280 ppm 之間。但自從工業革命之後，大量的森林砍伐減少了固碳量，大量地使用石化能源則大幅的增加了空氣中的碳含量。根據 IPCC（Intergovernmental panel on climate change）的報告，地球環境系統的碳循環可以圖 2.6 表示，其中黑色斜體數字為工業革命前的碳通量（單位：億噸碳／年）；紅色斜體數字是人類活動所產

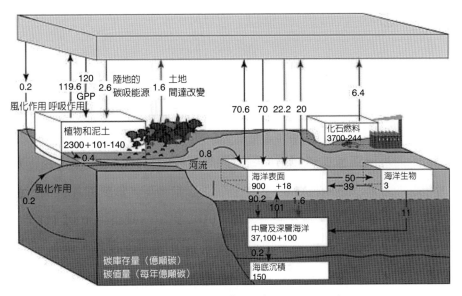

圖 2.6 碳循環示意圖（IPCC, 2007）

生的額外碳流量；黑色正體數字代表工業革命前，不同環境介質的碳存庫量；紅色正體數字則為人類活動所導致的碳存量變化，可以發現碳存量變化不大，僅占總碳存量的少許比例。IPCC 的評估報告中顯示，人為活動所增加的二氧化碳中，將近有 50% 的二氧化碳可以在 30 年內從大氣中消失，其中的 30% 則需要數個世紀的時間才能被大自然同化掉，但有高達 20% 的二氧化碳則會在大氣中停留數千年的時間，因此留滯在大氣中的二氧化碳所帶來的環境系統變化將會持續一段很長的時間。

　　大氣中二氧化碳的蓄積引發了溫室效應（Green house effect）並導致氣候變遷，這是系統交互作用的典型案例。在這個案例中，質量流的變化導致質量蓄積在某一個系統物件（大氣）之中，質量的蓄積改變了這個物件的組成與特性。環境系統中的物件經常在不同的子系

統中扮演著不同的角色（如圖2.3所示），當系統物件因質量流的變化產生了質變，質變的結果則會影響了系統中能量的流動，造成大氣中的能量累積以及溫度上升的問題，並觸發了環境系統的一系列變動。例如：溫度上升造成的疾病傳播問題、大氣環境的動能上升造成的極端氣候與強烈氣旋問題。解決這類複雜的系統問題，還是必須從系統的角度出發，利用技術與管理策略來改變系統中物質或能量的流動速率。但必須注意的是，不同子系統之間存在著緊密的交互作用，僅從其中一個子系統或物件單元下手，並不容易改變整體的系統行為，而系統分析的目的就在協助管理者如何以系統觀點來分析複雜、連動的環境系統問題。

(2) 水循環

受到能量流的驅動，地球上的水以蒸發（Evaporation）、降水（Precipitation）、滲透（Infiltration）、蒸散（Transpiration）、表面逕流（Run-of）和伏流（Subsurface flow）等方式進行周而複始的運動過程稱為水文循環（如圖2.7所示）。水文循環是自然界物質循環與能量轉化的重要傳遞介質，它對自然環境的形成與生態演化有著巨大的影響，包含：氣候的變化、區域的濕度、改變地貌形態等物理性的影響。水文循環的另一項功能是擔任化學物質的攜帶者與化學反應場所的角色，例如：地表徑流把被腐蝕的沉積物、氮與磷等營養物質，由陸地傳送至水體，使之成為水體生物的食物。陸地在被水流侵蝕後，一些可溶性的鹽類便會溶入海中，使海水的鹽度維持在一定的範圍之內，提供海域生態系統一個穩定的生活環境等。

過去環境規劃與管理常以行政區為單位進行綜合管理，管理時也常根據環境介質的特性，將規劃與管理的對象區分成水、空氣、土

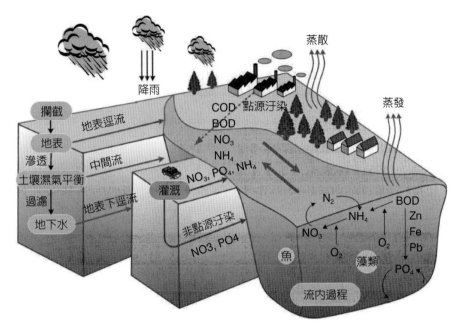

圖 2.7　水文循環（David D. Kemp, 1994）

壤、地下水與廢棄物。從系統的角度來看，這樣的劃分方式會產生一個碎裂、不完整的系統。一個完整的系統應從物質、能量或訊息流動的方式來劃分。例如流域系統，它是一個以水為媒介、具有一定結構和功能的複合巨系統，也是一個要素眾多、關係錯綜複雜、目標功能多樣的一個多層次、多變數、時間和空間相協調的耦合系統。流域系統表現出強烈的系統特性（如：整體性、相關性和動態性），因此要解決流域管理問題，必須探討流域內各物件與要素之間的相互關係。流域的永續發展既要考慮河流的開發利用，也要關注上、中、下游各區域的協調發展與綜合治理。和流域管理一樣，低碳都市、海岸治理、空氣品質管理等具有複雜系統特徵的永續發展議題，都應以系統角度進行分析與管理。

二、人爲環境系統

在自然生態系統中，能量來自於太陽，物質則透過生物、物理與化學作用在不同的環境循環中持續流動並達成平衡，使物質在地球環境系統內生生不息。不同於自然環境系統，大部分人爲系統所需要的能量和物質，都需要從其他的環境系統（如：農田生態系統、森林生態系統、草原生態系統、湖泊生態系統、海洋生態系統）中擷取。同時，人爲環境系統中所產生的大量廢棄物，無法在人爲的環境系統內分解和再利用時，也必須轉送到其他的環境系統進行處理。因此，相較於自然環境系統，人爲環環境系統對其它外部系統的依賴性相對較高且非常脆弱，也常對他所依賴的外部系統造成強大的衝擊與干擾。因此，雖然人爲的環境系統具有自然環境系統的重要特徵，他們的細部特徵與調控處理仍有不同。例如：大部分的人爲系統是一種不完全的開放性系統，在系統內無法完成物質循環和能量轉換，系統中許多輸入的物質經過加工、利用後又從系統中輸出（包括產品、廢棄物、資金、技術、訊息等）至另一個系統，故物質和能量是一種線狀的循環，而不是自然環境系統中的環狀循環。

1. 能量流

在人爲的環境系統中，能量循環也同樣發生在不同尺度的環境系統中，能量循環的掌握對於能源使用以及所衍生出的經濟、社會與環境問題的掌握相當關鍵。圖 2.8 說明我國能源供應、能源轉換與能源消費之間的關係，它從投入、系統與產出的概念將能源系統區分爲「能源投入端」、「能源生產端」以及「能源消費端（終端消費）」。由圖 2.8 可以了解目前國內的能源供需結構，提供規劃台灣能源目

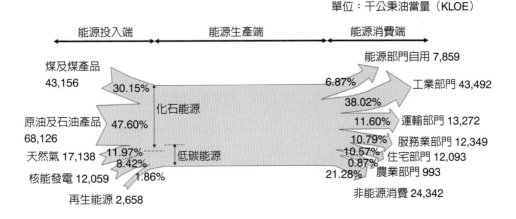

單位：千公秉油當量（KLOE）

圖 2.8 國家尺度的能量流：台灣 2013 年能源流圖（黃鎮江，2010）

標、策略以及最佳行動方案的參考依據。在國家、區域與工廠等不同環境尺度下，能量流的計算與管理依然重要。事實上，能量流與物質流密不可分，通常能量的流動必定伴隨質量的流動，反之亦然。對於如圖 2.9 所示的農業系統而言，利用系統流程來說明系統內質量與能量的流動有助於發現問題、掌握關鍵要素，並進行管理者進行系統性的改善。

2. 物質流

　　人為系統的物質流，通常是指某種元素在某一個環境系統中的流動模式，藉由了解、評估這個特定元素的流動、轉換和使用過程可能衍生出的各項經濟、社會與環境問題，管理者可以進一步擬定各項的規劃與管理作業。基於這個原則所發展出來的分析方法稱為物質流分析，物質流分析是一種以系統投入與產出模型為基礎所發展出來的一

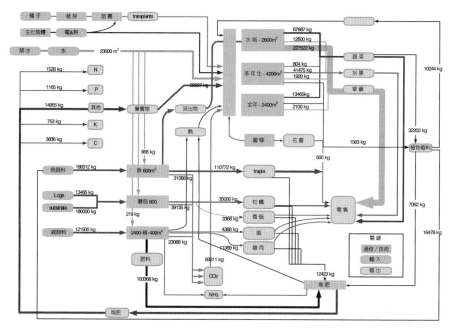

圖 2.9　農業系統中的能源與物質流動（Tom Bosschaert，2010）

種計量方法。它常被用以研究經濟活動中物質資源新陳代謝的一種方法，其目的是希望從中找到節省自然資源、改善環境品質的途徑，特別是推動工業系統朝環境與企業永續發展方向上發展。物質流分析的概念被應用在各種不同尺度的環境問題上，以廢棄物管理爲例，管理者在了解可再生資源的流動後（如圖 2.10 所示），便可根據物質流流動過程中的主要機制，發展出對應的管理策略。例如：現階段廣泛被接受的 4R 策略。其中：

- **減少使用**（Reduce）：原料或資源使用階段的減量。例如：減少不必要的消費、過度包裝。若能減少使用降低製造量，就能減少資源的投入與廢棄物的產出，而這個步驟在 4R 策略中最爲關鍵的內容。

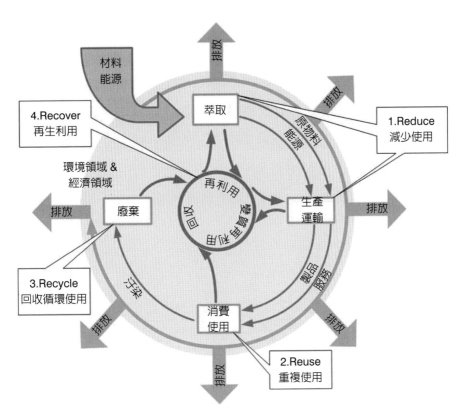

圖 2.10　廢棄物管理系統的物質流

- **重複使用（Reuse）**：是指資源物質以原來型態再利用的過程，例如，瓶子經過洗淨後的再使用、舊衣服與舊雜誌的分享，重複使用可以減緩新資源的投入，也可以延長舊資源的生命週期，減少或減緩資源物質快速大量的流入廢棄物階段。
- **回收循環使用（Recycle）**：強調廢棄物質的再利用，所謂廢棄物質是指外型上發生改變但本質不變的有用資源（如：廢塑膠、紙張）。如同重覆使用（Reuse）、回收循環使用（Recycle）、也具有減少或減緩資源物質快速大量的流入廢棄物階

段的功能。不同的是，回收循環使用（Recycle）通常需要比較複雜的回收處理技術。

- **再生利用（Recovery）**：再生利用是指改變廢棄物資源的性質後再加以使用（例如：化學性質的改變）。一般而言，再生利用通常可以區分為能源與資源的再生使用。以能源為例，將垃圾焚化爐燃燒過後所產生的熱能再利用；將廚餘中的有機物經過發酵程序後轉化為肥料再利用。

3. 資訊流

良好的決策管理建立在正確而充足的資訊基礎上，在人為的環境系統中，為了讓物質流與能量流能夠以最有效能和效率的方式運作，必須建立物質流與能量流系統的監控與調節機制。也就是建立一個資訊流網路系統負責物質流、能量流的管理與控制，將各種環境政策的資訊導入物質流與能量流系統中，觸發物質流和能量流系統中的單元功能或流動（Flow）發生變化，促使由物質流和能量流所構成的複雜網路系統得以正常發揮。而透過獲取、加工、儲存和傳遞信息建立起系統單元之間以及與外部系統之間的關聯，從而使環境系統中複雜的生產和生活得以在穩定、平衡的狀態下持續運作。以專案管理為例，一個複雜的專案計畫，會有不同負責人分別負責不同的業務，這些業務會由專案計畫內的各種資料、文件、會議以及管理程序而產生連結。一個會議記錄或文件的完成會中止或驅動另一項業務的進行，而這些訊息的傳遞與管理是政策管理非常重要的一環。

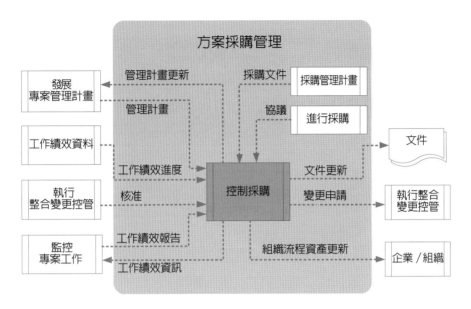

圖 2.11　資訊流——以專案管理為例（Project Management Institute，2013）

　　物聯網（Internet of Things, IoT）技術發展漸趨成熟，配合感測器、行動科技、雲端運算等應用，管理者已經可以在都市、流域或其他的環境系統中建設一個完整的環境監測系統，透過資料的擷取與分析了解環境系統的現況，並進行智慧型的環境管理。過去，大尺度環境系統的監測與管理並不容易，但隨著環境感測元件（如：空氣溫濕度感測器、土壤含水量計、重力加速度計與雨量計等）的發展，實體的資訊流系統，如環境與生態監測、健康監護、家居自動化、交通控制等也逐漸被建立起來。感測元件的功能與目的是用來偵測事件發生的時間與強度，以及該事件下系統物件的特性變化（如：警戒區域被入侵、野生動物出現、山坡地突然滑動），透過資訊的收集、傳遞與

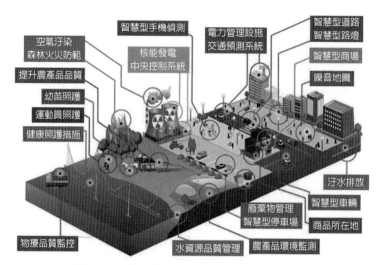

圖 2.12　監測網絡（張世豪等，2017）

控制，環境系統中的實體物件便可進行有效的溝通與交流。近年來，民眾對於環境生活品質的要求日趨重視，對於加強環境汙染預警與治理的呼聲也愈來愈高，而且對於資訊的即時性及透明化要求也愈來愈強烈。而透過感測網路系統，管理者可以對環境進行大規模的監控，包括：防範森林火災、提升農業品質、健康照護、智慧電力系統、廢棄物管理、水體品質管理智慧汙水處理場監控等工作（如圖 2.12 所示），將可加速汙染預警與環境治理的效能。

4. 資訊流、物質流與能流系統之整合

　　「循環經濟（Circular economy）」一詞是美國經濟學家波爾丁於 20 世紀 60 年代所提出的概念，他認爲一個孤立無援、與世隔絕的獨立系統，如果僅靠不斷消耗自身資源，則該系統最終將因資源耗盡而毀滅。延長或永續經營這個系統的方法是實現系統內的資源永續循

環。類似的概念〔如循環型社會（Recycling economy society）、工業生態學（Industrial ecology）〕也在這幾年蓬勃發展，他們主要的概念就是透過政治、法律、資訊與工業技術手段，使系統內的能量流與資源流得以持續性的循環運作。若從不同尺度系統來看，循環型經濟的落實主要包含：小尺度的綠色工業、中尺度的工業生態園區（或區域性的產業生態網絡）以及大尺度的循環型社會的建置：

(1) 小尺度系統——綠色工業的技術發展與功能提升

在小尺度的環環經濟系統中，系統的功能與目的著重系統單元的功能提升以及單元的有效串聯。亦即關心系統（或單元）的物質與能源的輸入類型，生產單元的物質與能量耗損以及可能產出的產品／廢棄物是否可供下一個元件／子系統再利用，或是對於環境上有甚麼樣的影響。為了達到這個目的，生命週期評估、物質流分析以及系統模擬工具常被用來評估產品、製程、物質流動以及單元異常對系統與環境的影響。為了提高系統整體的生態效益，技術面上強調發展清潔生產技術提升單元的功能效率，同時強調再回收與再利用技術的發展。因為再回收與再利用技術可以有效串連系統中的單元，重新連結已破碎的物質流與能量流，達成物質與能量循環的目的。

(2) 中尺度系統——工業生態園區的規劃與建置

中尺度系統的循環經濟目的是利用生態鏈和生態網的概念建置一個聯繫不同生產單位的網狀系統，使物質與能量能在系統中生生不息。亦即改變傳統「設計-生產-使用-廢棄」的生產方式，取代以「回收-再利用-設計-生產」的迴圈經濟模式，讓園區內某個單元的廢棄資源成為另一個單元的可用資源。因為要建立一個網狀的供需系統

並不容易，因此打造一個健全的工業生態園區，必須建立在以下的要素上：

①評估當地之廢棄用水、物質、能源之使用層級。

②藉由行業細分及廢棄物連結來鑑定現況與潛在廢棄物量是否有進行商業交易。

③選定之工業族群的商業利益來鑑定典型的廢棄物量。

④藉由產品利用角度來看待廢棄物及能源在經濟與環境的風險評估。

⑤各類型廢棄物在空間上的傳輸。

⑥當地對於廢棄物、水及能源過程的環境敏感度。

以丹麥 Kalundborg 工業生態園區為例（如圖 2.13 所示），他們將幾個石膏板製造商、煉油廠、硫酸工廠、發電廠、藥廠以及水泥廠等產業聚集起來，並建立能源與資源的循環系統。在這系統中，煉油廠提供廢熱氣給石膏板製造商用以烘乾石膏板，而其含硫的廢氣則提供硫酸工廠為製作硫酸的原料。發電廠則將電力及蒸汽提供給需要的廠商，冷卻後的溫海水則用於養殖魚場中。發電廠中的除硫設備所產生的石膏又可做為石膏板製的原料，發電廠產生的飛灰（Fly ash）則可作為水泥廠原料。藥廠所產生的生物汙泥副產物則可當做農業肥料，而農場的生質能（Biomass）又可被藥廠利用。

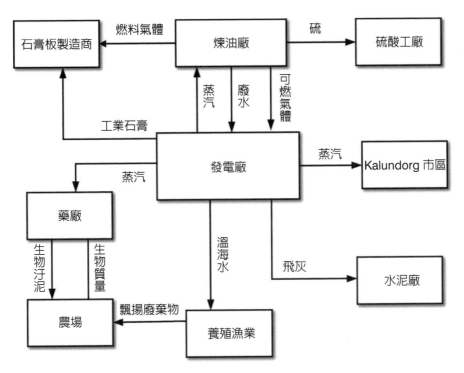

圖 2.13　丹麥 Kalundborg 工業生態園區

(3) 大尺度系統─循環型社會

　　基於零排放（Zero emission）與循環經濟的構想，日本、德國與其它先進國家，開始將應用系統的尺度放大到社區、城市以及區域治理上。其中，日本於 2000 年公布「促進循環型社會基本法」，是第一個將循環型社會的概念明確立法的國家，並選定歧阜縣多見治市做為循環型環境共生示範都市，訂定階段目標朝循環型社會邁進。並針對廢棄物處理問題制訂主要原則，包括：源頭減量、再使用（重複使用）、資源回收以及適當處置等四點。事實上，循環型社會是一個巨型的複雜系統，僅從以上四項重點要達成循環型社會是困難的。因為

此時的系統除了物質流和能量流循環外，金流、資訊流、人流等人為系統的循環也必須一併納入考量，技術與非技術手段都必須被同時使用，才有機會達成循環型社會的理想。

第三節　永續環境管理的內涵與原則

永續發展一詞，最早起源於 1980 年「國際自然暨自然資源保育聯盟」（IUCN）所發布的「世界自然保護大綱」之中。1987 年聯合國「世界環境與發展委員會」在「我們共同未來」的報告書中，則進一步將「永續發展」定義為：「能滿足當代的需要，同時不損及未來世代滿足其需要之發展」。而「國際自然暨自然資源保育聯盟」（IUCN）等國際性組織於 1991 年出版之《關心地球》一書中，則將永續發展定義為：「在生存於不超出維生生態系統承載量的情形下，改善人類的生活品質」。從不同的觀點，永續發展有不同的定義與解釋，表 2.1 是不同學者根據不同的觀點所提出的永續發展定義。我國環保署則將永續發展定義為：1. 要能滿足當代的需求，同時不損及後代滿足本身需求的能力，亦即在提升和創造當代福祉的同時，不能以降低後代福祉為代價；2. 以善用所有生態體系的自然資源為原則，不可降低其環境基本存量，亦即在利用生物與生態體系時，仍需維持其永遠的生生不息。

表 2.1 永續發展的定義（廖朝軒等，1999）

出處	永續發展之定義
WECD, 1987	永續發展是既滿足當代之需要，又不損及後代滿足其需要的發展機會，即是對於在生態可能範圍內的消費標準和所有可能範圍內的消費標準，以及所有人皆可合理的嚮往標準之提倡，因此狹義的永續發展意味著世代間社會公平，但也需合理地延伸到每一個世代內部的公平。
IUCN, UNEP and WWF, 1991	在生存不超過維持生態系統涵容能力的情況下，改善人類的生活品質。
Braat, 1991	生態永續和經濟發展可被視為在資源基礎的支持下，經濟生態系統朝向最大福利所做的活動、組織與結構。
Pronk and Haq, 1992	為全世界而不是為少數人的特權而提供公平機會的經濟增長，而不會進一步消耗世界自然資源的絕對量和涵容能力。
World Bank, 1992	建立在成本效益比較和審慎的經濟分析基礎上之發展和環境政策，加強環境保護，從而導致福利的增加和永續水準的提高。
UNCED, 1992	人類應享有與自然和諧的方式與過健康而富有成果之生活的權利，並公平地滿足今世後代在發展和環境方面的需要，且必須實現求取發展的權利。
Pearce and Warford, 1993	當發展能夠保證當代人的福利增加，同時也不應使後代人的福利減少。
Munasinghe and Mcneely,1996	普遍的定義為「在連續的基礎上保持或提高生活質量」，一個較狹義的定義則是「人均收入和福利隨時間不變或者是增加的」；就經濟上的永續發展定義：「在自然資源中不斷得到供給情況下，使經濟增長的淨利益最大化」。
劉昌明，1997	永續發展應理解為社會發展的目標函數，以資源生態環境與經濟等組成相互和諧的制約條件，並在時間與空間方面具有循序協調的動態連續發展系統。

一、永續發展的內涵與要素

從生命週期的觀點來看，永續的環境系統會受到上層系統的制約與保護，上層的超系統變動較慢，但對永續環境系統會有深遠而持續性的影響。永續環境系統也會受到來自下層子系統的影響，下層子系統通常變動較快，具有較高的創新與調適的能力（如圖 2.14 所示）。而永續發展的內涵就是利用各種技術與管理的手段，保持地球環境系統內的各子系統與單元的正常運作及良好互動，以追求超系統、子系統和環境系統之間的穩定與平衡。從永續發展的定義中可以發現，一個永續發展的地球環境系統應包含自然環境、社會環境與經濟環境三個系統，也就是說大部分的人認為，經濟、社會與環境是永續環境管理的基本要素，以下針對這些要素進行說明：

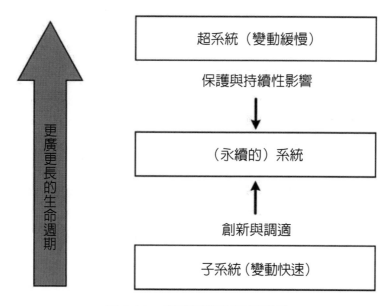

圖 2.14　環境系統的層級關係

1. 經濟要素

經濟發展的目的是為了滿足人們的生活需求，馬斯洛於 1954 時將人的需求區分成生理需求、安全需求、愛與歸屬感的需求、自尊需求以及自我實現需求等五個不同層次的需求（如圖 2.15 所示）。這些需求的層次和維度是相互依存的，一旦滿足了基本的生理需求，人們追求更高層次需求的慾望便會開始出現。於是，人的需求將不再以生理需求為主，心理需求的滿足將是進步國家的重要經濟發展目標。因此，永續經濟的內涵便在於提供經濟供給來滿足人類的各項需求。因此，若忽略不同層級的需求，僅不斷地增加供給來滿足人們的基礎性需求，將可能大大地滿足低階的經濟需求，卻也可能犧牲了人們的高階需求，而擾亂了人類生存的平衡。

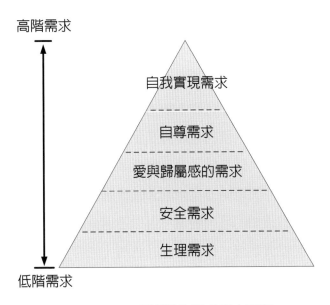

圖 2.15　馬斯洛的需求層次理論

因此永續經濟的發展是需要透過資源的合理配置，以滿足人類在不同需求層次的滿足。在實際執行上，必須先消除絕對貧困，因為減緩貧窮不僅滿足了人們基本的生理需求外，它也是實現高階需求的基礎條件。同時在資源的分配上，必須考慮世代之間的公平與公正，因為這樣的過程可以促進高階需求的滿足。所以，永續經濟發展除了要擴大經濟收入，以滿足最基礎的生理需求外，也必需要考慮人類的身心健康以及心理層面的滿足。永續經濟發展除了要使收入極大化外，也需要平衡收支與財富分配的方式。

2. 環境要素

環境永續的關鍵在於生態系統的健康狀態以及自我調適和修復的能力（Resilience）。所謂修復力是指自然環境系統為了面對外在系統的干擾，所進行的內部結構調整和一系列重建（Re-enforce）的過程。這樣的重建過程可以讓生態系統重新平衡，並回復到原有的生態系統，也有可能使生態系統由原先的生態系統轉變成另一個嶄新的生態系統，因此恢復力的大小也和系統遭受重大衝擊後回復平衡的能力有關。一般而言，生態系統的修復力與生態系統的空間尺度有關。在面對外部的衝擊時，自然系統通常比社會系統更容易受創，因為社會系統能夠透過計畫性的策略方案來調節社會系統的結構與以適應外部衝擊，例如：面對預知的環境變遷時可以透過減緩和適應策略，階段性的改變社會與經濟系統。自然資源的浩劫、生物多樣性的消失以及逐漸增加的環境汙染會降低環境系統的修復力與健康，對環境的永續發展是有害的。環境學者提出了「承載力（Carrying capacity）」的觀點來解釋環境資源退化的問題，他們認為永續能力是生態系統、社

會系統與經濟系統持續運作後的結果，這結果與運作的規則和系統的規模有關。如果經濟活動改變了環境系統的生物多樣性樣貌，就可能改變生態系統的修復能力，影響了生態系統未來的發展。因此，環境總量管制制度便被發展出來，以避免過重的環境負荷造成自然環境系統的崩潰。

3. 社會要素

社會要素包含了人類資本以及文化資本等要素，它們與政府的制度和組織息息相關。政府透過有效利用以及淘汰不必要的事物來促進社會資本增加。基本上，社會永續的目標就是透過政府的政策方案來達成平等及財富分配、互信、權力與安全的目的。因此，「台灣二十一世紀議程國家永續發展願景與策略綱領」中，針對社會永續，政府擬定了公平正義、民眾參與、社區發展、人口健康等四大政策方向，以追求社會的和諧、生活品質的提升、社會的公平正義、資源更合理的分配以及社區再造與發展。

4. 經濟、社會、環境系統之整合管理

對人類而言，經濟系統、社會系統與環境系統無法獨立存在。經濟、社會、環境三方整合對於永續發展至關重要，在政策制定的過程中，決策者經常以經濟學的角度思考問題，卻忽略了社會與環境對永續發展的重要性。維護生物多樣性能強化生物體系的復原能力，且能使生態系統永續發展。因此如圖 2.16 所示的社會、經濟、環境的整合途徑，有助於永續發展的實現。

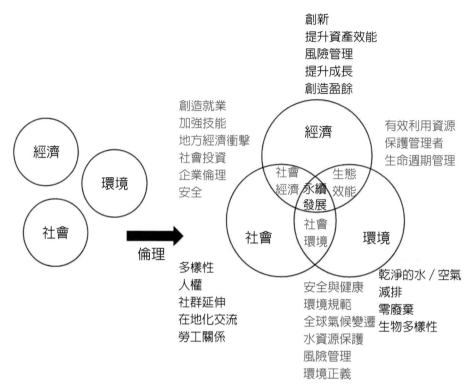

圖 2.16　永續發展的理論架構

二、永續發展原則

　　如上所述，永續環境管理是指利用科學化與系統化的程序與方法，來解決環境面臨的各種問題，以達到永續發展為目標。為此，聯合國於 1992 年邀集了 172 個國家於巴西里約舉行地球高峰會，提出「二十一世紀議程（Agenda 21）」作為全球推動永續發展的行動方案，希望能達到環境、社會、經濟三者均衡發展的目標。根據「二十一世紀議程」的共識，1993 年聯合國進一步成立了「永續發

展委員會」，用以持續推動全球實踐環境保護的理念。國內與環境永續發展相關的內容首見於 1987 年頒布的現階段環境保護政策綱領，正式的法令條文則出現於 2000 年修訂的憲法增修條文第十條。條文中提及「經濟與科學技術發展，應與環境及生態保護兼籌並顧」，並於同年頒布「二十一世紀議程─永續發展策略綱領」，2002 年更進一步發布環境基本法，用以增進國民健康與福祉、維護環境資源、追求永續發展。國家環境保護計畫架構如圖 2.17 所示，主要精神與內容則整理如表 2.2。

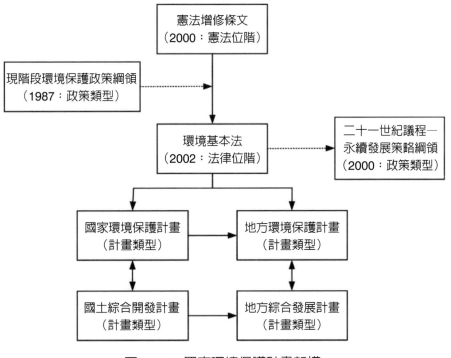

圖 2.17　國家環境保護計畫架構

表 2.2　重要環境保護相關法令

時間	名稱	法律位階	目的	目標
1987	現階段環境保護政策綱領	政策類型	環境係國家資源,為國民生存及生活之憑藉,其品質之良窳,攸關國家與社會之發展。為提升環境品質,增進國民福祉,特就嚴重迫切及優先項目制定現階段環境保護政策綱領,以為政府與國民共同推展環境保護工作之依據。	一、保護自然環境,維護生態平衡,以求世代永續利用。 二、追求合於國民健康、安定、舒適之環境品質;維護國民生存及生活環境免於受公害之侵害。
2000	憲法增修條文第十條	憲法	確立了當前我國社會福利之基本國策:重視水資源之開發利用、加強國際經濟合作、推動農漁業現代化。	經濟及科學技術發展應以環境及生態保護兼籌並顧。
2000	二十一世紀議程──永續發展策略綱領	政策類型	達到國人能世代享有「永續的生態」、「適意的環境」、「安全的社會」與「開放的經濟」之四大目的。	推動永續發展: 中央政府應制定(訂)環境保護相關法規,測定環境保護計畫,並推動實施之。 地方政府得視轄區內自然及社會條件之需要,依據前項法規及國家環境保護計畫,訂定自治法規及環境保護計畫,並推動實施之。各級政府應定期評估檢討環境保護計畫之狀況。

(接下頁)

表 2.2（續）

時間	名稱	法律位階	目的	目標
2002	環境基本法	法律位階	提升環境品質,增進國民健康與福祉,維護環境資源,追求永續發展,以推動環境保護。	基於國家長期利益,經濟、科技及社會發展均應兼顧環境保護。但經濟、科技及社會發展對環境有嚴重不良影響或有危害之虞者,應環境保護優先。

　　永續環境管理是透過法律、科技、教育、行政等協作（Coordination）手段來改變或改善因人類經濟活動所延伸出的環境損害,以達到環境、社會與經濟平衡的永續發展目的。也因為環境系統的複雜特性,有效的永續環境管理需要有:明確的管理目標與執行體系以維持經濟、社會與環境之間的整體平衡;科學化的管理機制,以永續發展原則以及相關的行政規範;動態化的調整管理機制,以因應時間、經濟環境與技術發展的不同,調整政策執行的方向、目標及策略;環境是全球人類所共有,環境管理必須超越國家、種族及文化的隔閡,因此,全面性的協同管理才能具體有效的達成環境永續的目的。因此,在組織管理上,行政院順應國際趨勢於 1994 年 8 月召集相關部會首長與專家學者成立了「行政院全球變遷政策指導小組」,1997 年更進一步將此小組擴大提升為「行政院國家永續發展委員會」,並於 2000 年發布「二十一世紀議程:中華民國永續發展策略綱領永續發展政策綱領」,這份文件對我國推動永續發展的基本原則,以及為邁向永續發展需採行的策略方向提出了整體性的建議。其內容包含世代公平性原則、環境保護與經濟發展平衡考量原則、外部成本內部化原

則、重視科技原則、系統整合原則、優先預防原則、植根社會原則、廣面參與決策原則、國際化原則等十大原則，並以當代及未來世代均能享有「寧適多樣的環境生態」、「活力開放的繁榮經濟」及「安全和諧的福祉社會」為永續發展的願景，其內涵如下：

1. 寧適的環境

在居住環境方面，生活圈內舉凡：公園、停車場、教育藝文場所、醫療保健體育場及無障礙空間等公共設施期盼能逐趨完備；在自然環境方面，因汙染防治得宜，且生態保育措施充分發揮功效，台灣終能恢復「福爾摩沙－美麗之島」的原有面貌。

2. 多樣的生態

台灣幅員雖不大，生物資源、種類卻相當豐富。全民經由教育及環保意識之提升，在惜用資源以追求必要的滿足物質生活過程中，應充分體認與其他生物共存、共榮的倫理，由俾令台灣生物多樣性所建構的功能網更為強化，人人皆可因而享受到大地生生不息的哺育。

3. 繁榮的經濟

面對全球化的二十一世紀，我國的經濟發展更能追求產業之開放良性競爭；加強科技研發、創新，建立綠色生產技術，形成高科技製造業產業體系，成為東亞的智慧型科技島。另一方面，市場交易應力求公平，政府和民間企業皆能提供以「顧客為導向」的服務，消費者權益得以受到充分保障。此外，網際網路因無遠弗屆，金融、保險、電信、運輸、法律服務、會計服務等事業均當全面國際化，從而提升效率，增進國家競爭力。

4. 福祉的社會

　　「安全無懼」、「生活無虞」、「福利無缺」、「健康無憂」、「文化無際」應是福祉社會的寫照。當就業安全制度建立後，只要勤勞，人人皆有所用；當福利制度完備後，鰥、寡、孤、獨、廢、疾者，人人皆有所養。當醫療體系健全及文化措施豐富後，全體國民之健康及精神皆將精進，進而全民能凝聚共識，珍惜所有，並共同維護社會秩序與安寧，享有無虞無懼的日常生活。

　　為了確實落實我國永續發展理念，十多年來，我國行政院永續會依照國際永續發展的趨勢，遵循聯合國、二十一世紀議程等相關文件，陸續頒布幾項重要的政策綱領，2003 年我國行政院依照「二十一世紀議程—中華民國永續發展策略綱領」中所提出的十大原則為基礎，舉辦「永續發展行動誓師大會」並且發布「台灣永續發展宣言」，強調我國過度重視經濟，忽略了環境保育的重要性，破壞了世代永續的重要價值，希冀透過實際行動由個人至社會、民間至政府，落實台灣的永續發展。同時為呼應聯合國呼籲各會員國建置國家指標系統的理念，我國遂完成台灣永續發展系統指標之建置，目的在透過評量系統檢視國家政策落實永續發展的程度，提升社會大眾環境倫理與環境責任的觀念。2004 年行政院修訂「二十一世紀議程—中華民國永續發展策略綱領」為「台灣二十一世紀議程—國家永續發展願景與策略綱領」，以因應國際社會永續發展的潮流與變化。此策略綱領延續了 2000 年十大原則的精神，並以永續海島台灣為主軸（圖2.18），就環境、社會與經濟三大面向提出願景，發展出環境承載及平衡考量、成本內化及優先預防、社會公平與世代正義、科技創新與制度改革並重、國際參與及公眾參與等五大原則，以及重新界定發展

願景、建構永續發展指標、建立永續發展決策機制、加強永續發展執
行能力等三大政策方向（表 2.3）。

表 2.3　台灣永續發展原則及方向（台灣永續能源研究基金會，2008）

永續發展	要點	方法
原則	環境承載及平衡考量原則	社經發展不應超過環境承載力；需考量環境保護與經濟發展之平衡。
	成本內化及優先預防原則	以「汙染者有責解決汙染問題」、「受益者付費」為基礎，使用經濟工具，透過市場機能，實現企業與社會其外部成本內部化，合理反應生產成本的目的。並推動環境影響評估及採取有效之預防措施，避免對環境造成重大的破壞，或使破壞減至最低。
	社會公平與世代正義原則	當代國人有責任維護、確保足夠的資源，供未來世代子孫享用，以求生生不息、永續發展。環境資源、社會及經濟分配應符合公平正義原則。
	科技創新與制度改革並重原則	以科學精神和方法為基礎，擬定永續發展的相關對策並評估政策風險；透過科技創新，增強兼顧環境保護和經濟發展雙重目標的動力。調整決策機制，並建立落實永續發展之相關制度。
	國際參與及公眾參與原則	1. 作為地球村的一份子，制定環保法規應依循國際規範，對其他開發中國家提供外援，永續發展應列入重點項目。 2. 永續發展的決策，應彙集社會各層面之期望和意見，經過充分的溝通，在透明化的原則之下，凝聚各方智慧，共同制定。推動永續發展政策，應整合政府及民間部門，互補彼此之不足。

（接下頁）

表 2.3（續）

永續發展	要點	方法
方向	重新界定發展願景，建構永續發展指標	1. 落實國家永續發展指標：建構國家層級永續發展指標，作為反應施政、檢討國家整體發展政策、規劃施政願景的基礎。並推動綠色國民所得概念，將環境成本納入考量，成為國家經濟與環境共同生產力的代表指標。 2. 推動地方永續發展指標：台灣各縣市的環境差異甚大，在建立指標的過程中應深入了解各地現況及特性，讓實際長期參與地方事務的相關人員及學者以在地的角色及需求建構真正屬於地方的永續指標系統，作為地方發展的評量工具。
	建立永續發展決策機制	1. 將永續發展理念融入各部會的決策過程中，使政策的擬定能夠符合永續發展的理念。 2. 發展適當工具並結合重大公共建設計畫先期作業，要求各部會於政策及計畫研擬過程即進行永續性評估，以做為決策參考。
	加強永續發展執行能力	1. 調整組織架構，充實執行人力。 2. 落實推動永續發展相關計畫之預算。 3. 充實環境教育。

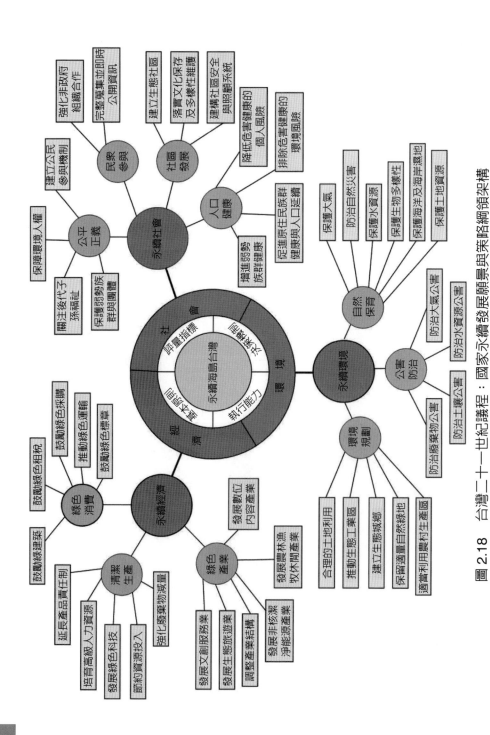

圖2.18 台灣二十一世紀議程：國家永續發展願景與策略綱領架構

第四節　永續環境管理概念的變化

一、國際環境保護趨勢

　　1970 年代，人類意識到環境與人類是一個相互影響的生命共同體。共有地的悲劇、寂靜的春天、成長的極限等環境著作，均警示人類：當人類從環境中擷取資源進行各項經濟行為時，不可忽視環境變動對人類的負面影響。過去環境問題常被視為是單一個案，故僅採用「片段式」的對策來面對這些環境問題，忽略了不同利害關係者間多重利益的折衝。這種「片段式的思考、片段式的決策」，常產生許多非常不實際的結果，也衍生出了其他的問題。因此，利用行政、立法、司法等各種不同的決策工具解決環境問題時應以系統性的方式，將環境議題納為公共政策決策過程之中，如此才能有效解決永續環境的管理問題。

　　近年來，歐盟（European Union, EU）意識到僅仰賴單一的環境政策無法達成永續發展的目標，因此於 1998 年提出「卡迪夫進程（Cardiff process）」，要求各部門在研擬政策時，需考量該政策對永續環境造成的衝擊。在卡迪夫進程的基礎上，歐洲理事會要求其會員國對他們的交通、農業、能源、工業、內部市場、發展、漁業、內政（General affairs）與經濟財政部門，在擬定策略與計畫時必須納入永續管理的概念，並藉由持續性的監測、評估與成效追蹤，調整並深化各項的策略與計畫，以確保永續概念能深入各項的政策與計畫當中。基於卡迪夫進程的基本原則，歐盟各國更進一步提出環境政策整合體（Environmental policy integration）的概念，期望藉由一系列持

續性的程序，來確保環境議題在各決策過程被考量，全面性的提升環境的永續性。無論是國際社會或是國家，欲發展全面性的永續理念，首先勢必透過由上而下的政策手段加以實踐，例如：二十一世紀議程、聯合國永續發展委員會、歐洲環境署、歐盟等都採取了各種不同的政策手段來達成永續發展的目標。以下列出幾個用來實踐永續發展的不同手段：

1. 政策工具

又分為強制型政策工具（如：法規、罰則與行政命令）、組織型政策工具（如：社區營造）、資訊型政策工具（如：環境教育、汙染監測）與利誘型政策工具（如：補貼、徵稅）。

2. 組織整合

永續理念不易透過單一的政策法規就可以達成，若各主管機關沒有透過整合執行共同價值，則常因為永續政策缺乏一致性，無法進行有效的分配資源，便無法達到利益最大化的結果。永續是一種長遠發展的過程，在永續政策制定過程中，應廣納各組織的專家學者以及相關之利害關係者的觀點相互檢討，從中獲得最適化的政策方案，也需隨時注意國際社會永續發展的趨勢，將新的資訊與概念納入政策制定的過程中進行評估。

3. 多元發展

我國在 2004 年提出永續海島台灣理念時，將永續理念分為三大領域加以實踐，分別是永續環境、永續經濟與永續社會。各領域的執

行工具不盡相同卻相互關聯，因為永續政策並非線性發展，而是多元流動的過程，唯有透過各組織間的合作，例如：中央與地方關係、工商聯盟、非政府組織、公民團體等，才能全面落實。多數的國際組織除了強調國家政策對於實踐永續理念具有的影響力外，他們更鼓勵公民社群共同參與、促進永續發展。

　　一直以來，歐盟推動永續政策的方向經常是各國相繼仿效的範本，在氣候變遷、全球化等的效應下，歐盟嘗試著將永續理念落實到各會員國的制度中，以調適前所未有的各種問題。不僅如此，歐盟已經是一個具有政府間合作、多元層級與跨國治理等特色的政治典範。歐盟，作為全球第一大經濟體（根據國際貨幣基金2016年統計），儼然無法忽視環境保育與經濟發展並行的重要性。當今歐盟的經濟治理已經涵蓋人權保障、環境保育、綠色文化等多個面向。當然，歐盟永續環境管理的理念並非一蹴可幾的，乃自1957年歐洲共同體（由法、德、義、荷、比、盧六國組成，可謂歐盟前身）不斷演變至今的結果。以下將歐盟對永續理念制度的變革分為三個階段探討，如下：

1. 第一階段（1957～1973）

　　1957年歐洲共同體成立之初，6個會員國同時簽屬羅馬協約（Treaty of Rome），主要目的為達成煤鋼貿易的合作機制，但該協約中並未指出任何與環境有關的規範，因為在各國重視經濟發展的前提下，環境保護並非政策首選。直到1972年第一次國際環保大會——聯合國人類環境會議在瑞典斯德哥爾摩舉辦並提出人類環境宣言，環境保護的戰略正式出現於國際舞台。1972年歐洲共同體在巴黎高峰會中首次指出「環境政策」的重要性，並指示機構於1973年

7月31日前需建立環境行動計畫。故歐盟理事會於1973年11月22日通過一項「環境行動計畫」（Environmental action programme，EAP）決議，並自1973年至2012年間分爲6次執行。第一次環境行動計畫所制定的原則奠定未來歐盟發展環境保護的基礎，其原則包括：

    (1) 預防的重要性大於處理

    (2) 環境影響應納入政策考量

    (3) 避免破壞生態的開發

    (4) 環境行動計劃應採納科學技術

    (5) 使用者付費原則

    (6) 避免以鄰爲壑

    (7) 歐盟會員國應對國際環境論壇採取一致的態度

    (8) 應同時兼顧開發中國家的利益發展

    (9) 建立具有府際合作觀念的環境保護行動

    (10) 會員國的環境政策需與歐盟中央組織相配合

    (11) 環境保護應落實於個人

2. 第二階段（1982～1992）

此階段，歐盟頒布執行多則與環境保護相關的「指令（Directive）」，主要目的多著重在規範汙染問題上，其採取預防途徑，此外還規範會員國在進行經濟開發前都需通過環境影響評估審查。1987年單一歐洲法第六節第25條中明文規定「環境」取得立法法源依據，也就是說環境政策在歐盟中具有憲法的高等位階，意義不凡。

3. 第三階段（1996～迄今）

　　該時期，國際社會推動了一項與全球氣候變遷息息相關的合作規約——京都議定書。1997 年於日本京都召開了第三次聯合國氣候變遷綱要公約（United Nations Framework Convention on Climate Change, UNFCCC）締約國大會，京都議定書於該年通過並於 2005 年正式生效，目的在使已開發國家共同承擔控制溫室氣體並達成減排的法律義務。面對氣候變遷，歐盟還提出許多與環境問題相關的政策，如下：

(1) 2001 年推動「環境 2010：我們的未來，我們的選擇」行動計畫，奠定了往後 10 年間該組織在環境保護行動的基礎，這項行動計畫主要針對「解決氣候變化及全球暖化、保護自然棲地及野生動植物、處理環境及健康問題、保護自然資源並管理廢棄物」等主題採取相關措施。該行動計畫促使歐盟建立起一個全面且完善的環境保護體系，除了解決跨國的環境汙染問題外，亦提供他國在環境保護問題上的協助。

(2) 2007 年歐盟高峰會通過「2012 年對抗氣候變遷全球性行動的立場」，除了維持該組織對抗氣候暖化的立場外，還強化戰略目標，希冀於 2020 年前達成減少 2012 年 30% 溫室氣體的目標。

　　事實上，自 1973 年至 2014 年歐盟共推動了 7 次的環境行動計畫，雖然執行的週期有長有短，但主要的目的是希望所有與農林漁牧業、發展、能源、運輸、市場等開發行為相關的法令政策皆需納入環境問題進行考量；環境問題人人有責，故企業與消費者必須全面參與並制定環境政策，共同解決環境問題；資訊更加透明化，使民眾採行對環境更有利的選擇；土地開發必須考量生態保育，盡可能降低都市

汙染。此外，歐盟對於環境保護的手段朝四個方向進行：環境措施多元化、使用者（排汙者）付費、課徵環境稅、推動綠色會計等。

在 1970 年代以前，各國及企業著重經濟發展、生產力至上，對環境予取予求，造成資源的過度使用，以及嚴重之環境汙染。1970 年 4 月 22 日，一項由美國學校發起的大規模環境保護運動——「地球日」活動，在美國各地總共有超過 2000 萬人參與，促進已開發國家展開環境保護立法的進程，並直接催生了 1972 年聯合國第一次人類環境會議。各國開始制訂環境保護相關法規，但此時觀念仍停留在環保與經濟互為衝突，企業對於環境保護採取被動符合法規即可，著重於汙染物產生後之管末處理。直至 1980 年代發生第二次能源危機後，能源與自然資源短缺之議題開始獲得重視，企業亦開始發展可提升能資源使用效率之新技術，如清潔生產、生命週期評估與環境化設計之概念，除可減少資源之使用、降低生產成本外，同時亦可減少環境汙染；隨之，開始導入系統化之環境管理制度（如 ISO 14001 系列），以戴明循環（PDCA）之方式提升管理績效並持續改善，增加企業本身競爭優勢，兼顧環境保護與經濟發展。1990 年代以後，企業開始具有永續發展之意識，重視環境的再生能力，經濟發展不可超越環境之承載能力，以及與當地社會之溝通及和諧相處，因此，納入了企業社會責任之管理與經營目標，兼顧經濟、環境與社會三面向之永續發展。從環境保護政策的演進來看（見圖 2.19），環保政策已從過去命令式的管制工具逐漸演進到以經濟誘因為主的政策工具，全民參與、資訊公開等政策工具的角色也日趨重要。從過去片段性的決策管理方式也逐漸轉變成多元的整合模式。

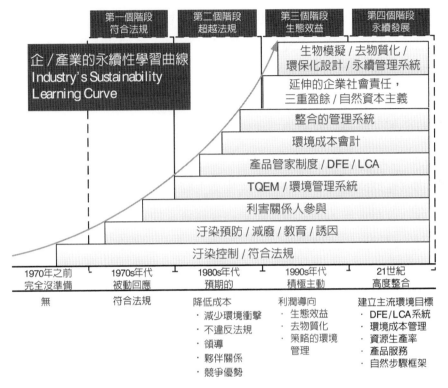

圖 2.19　企業永續性學習曲線（Brian etc., 1999）

二、國內環境保護政策與行動的發展

　　從美國的「國家環境政策法」，到聯合國的「人類環境宣言」，到日本的「公害對策基本法」，大致均認為大部分的環境汙染是由人類過度而且欠缺節制的活動所肇致。可以發現自工業革命以來，人類的活動強度大幅上升，局部性、單介質的環境汙染到處可見，隨著生產技術的提升、開發規模的增加，環境問題已由局部性的環境問題轉變成為全球性的問題。隨著環境問題的轉化以及環境管理哲學的變

動，環境政策、策略與法規也不斷地變動著。各國情形大致相似。起初環境汙染問題較為單純，空氣和水汙染最先受到注意，但也僅強調在單介質與局部性之環境問題的改善。後來如廢棄物、噪音、振動、臭氣等亦日趨嚴重，加上環境汙染的跨介質性和多元性，全面性、系統性的擬定環境品質政策已成為目前環環境政策管理的主流方向。表2.4 說明了我國環境政策的演變情況，以廢棄物處理為例，早期的廢棄物處理以掩埋為主，中期以焚化為主掩埋為輔，近期則以源頭減量資源回收為優先，未來則將廢棄物視為資源物質，用循環型經濟取代現有的直線型經濟模式。

表 2.4　行政院環保署環境政策的演變（劉翠溶等 2011；行政院環保署 2013）

標的	政策	策略方案	
廢棄物處理	1984 年 掩埋為主 ↓ 1991 年 焚化為主，掩埋為輔 ↓ 1997 年 源頭減量，資源回收為優先	1984 年	都市垃圾處理方案
		1991 年	垃圾處理方案：政府共建 21 座焚化廠，並鼓勵民間興建 15 座（配合政策，遂於 2006 年取消興建 10 座民有焚化廠）
		1997 年	推動「資源回收四合一計畫」
		1997 年	杜絕垃圾汙染河川→封閉 55 處河川行水區垃圾棄置場
		2000 年	成立事業廢棄物管制中心
		2001 年	推動「家戶廚餘回收」
		2003 年	推動「巨大廢棄物回收再利用」
		2003 年	行政院核定「垃圾零廢棄」政策
		2005 年	推動「垃圾強制分類」
		2006 年	推動「限制產品過度包裝」
		2007 年	推動「政府機關及學校紙杯減量／廢食用油回收」；「綠色消費，鼓勵購買環保標章產品」

（接下頁）

表 2.4（續）

標的	政策	策略方案
空氣汙染防制	固定汙染源	1990 年　管制使用低硫燃料油 → 2005 年　全國均使用 0.5% 以下的低硫燃油 1995 年　徵收空氣汙染防制費 1997 年　推動加油站油氣回收 → 2007 年　油氣回收設備放置率達 100% 2006 年　訂定「固定汙染源戴奧辛排放標準」
	移動汙染源	（提高汽機車排放標準／推動新車型審查制度） 1987 年　推動使用無鉛汽油→ 2000 年全面禁止 1987 年　執行汽車汽柴油第一期排放標準 1988 年　執行機車第一期排放標準 （推動使用液化石油汽 LPG 車） 1996 年　補助計程車新購／改裝 → 2007 年　氣價補助政策 （高雄市公車優待計畫） 2007 年　利用空汙防制基金補助搭乘優待
水汙染防治	事業廢水	（分批列管重要事業加強稽查） 1987 年　推動「重要公民營事業廢水管制計畫」，嚴格管制排放水質 1993 年／1998 年　分段制定放流水標準
	家庭汙水	興建汙水下水道系統、建設社區專用下水道系統、建築物起造人設建築物汙水處理設施

（接下頁）

表 2.4（續）

標的	政策	策略方案
	河川整治	1988 年　啟動「淡水河系汙染整治計畫」 1998 年　淡水河系汙染整治後續實施方案 2000 年　水源保護區養豬戶拆除補償計畫─削減高屏溪等 5 大流域的豬隻汙染 2002 年　始推動生態治河─「生態工程與設水質淨化設施」
	海洋汙染緊急應變 （人員＋設備）	2000 年　公布「海洋汙染防治法」 2001 年　核定「重大海洋油汙染緊急應變計畫」（2000 年 0 頓 → 2007 年可處理 500 頓）
噪音管制法	建立「一般地區環境音量標準」與「道路交通噪音標準」	1983 年　公布實施《噪音管制法》，多偏重宣導 1987 年　公布噪音管制手冊 2001 年　訂定「公私場所噪音、汽車、陸上運輸系統及航空噪音管制標準」 2004 年　訂立「機動車輛噪音管制標準」（前身為 1990 年「機動車輛噪音管制辦法」） 2005 年　啟動「環境品質監測發展計畫」 2009 年　推動「寧靜標誌」
毒性物質管理法	1986 年 四類毒性化學物質分級 ↓ 2017 年 第四類毒性化學物質修正為「關注化學物質」（草案）	1986 年　公布《毒性物質管理法》 2013 年　第 6 次修法，參酌歐盟 REACH 化學品管理新制，扭轉廠商舉證責任，並強化第 4 類毒性化學物質管理規範。 （關注化學物質，加強食品安全） 2016 年　通過《行政院環境保護署毒物及化學物質局組織法》，成立行政院環境保護署毒物及化學物質局。 2017 年　修正「毒性化學物質管理法」草案，加強關注化學物質用於食品安全之管理，促進「食安五環」之第一環「源頭控管」。

（接下頁）

表 2.4（續）

標的	政策	策略方案	
土壤及地下水汙染整治法	加強管理高汙染事業用地	2000 年	公布《土壤及地下水汙染整治法》
		2009 年	推動地下水保育之環境教育，並舉辦「土壤及地下水汙染整治十年宣導系列活動」
		2009 年	第八條第一項及第九條之事業由 17 類擴大為 30 類
		2010 年	新增底泥監測與汙染管制、核定整治計畫前辦理公聽會、汙染土地者公布其姓名及接受教育講習、向公司組織之主要決策者追償等。
氣候變遷	國家氣候變遷調適政策綱領	2012 年	行政院核定《國家氣候變遷調適政策綱領》：1. 落實國土規劃與管理；2. 加強防災避災的自然、社會、經濟體系之能力；3. 推動流域綜合治理；4. 優先處理氣候變遷的高風險地區；5. 提升都會地區的調適防護能力。

　　如前所述，有效的永續環境管理必須有：明確的管理目標與執行體系以維持經濟、社會與環境之間的整體平衡；科學化的管理機制，以永續發展原則以及相關的行政規範；動態化的調整管理機制，以因應時間、經濟環境與技術發展的不同，調整政策執行的方向、目標及策略；環境是全球人類所共有，環境管理必須超越國家、種族及文化的隔閡，因此全面性的協同管理才能具體有效的達成環境永續的目的。為此，「台灣二十一世紀議程─國家永續發展願景與策略綱領」提出了永續發展的十大原則（如表 2.3 所示），若將這些原則對應到

我國的各項環保法規，則可以清楚地發現民眾參與原則逐漸受到重視，也顯現管理方案與策略的變化。

表 2.5　環保法規與永續發展原則

	汙染者付費原則	環境預防原則	民眾參與原則	民營化原則
水汙染防治法	√	√		
廢棄物清理法	√			√
空氣汙染防治法	√	√		
噪音防制法	√	√		
毒性物質管理法	√	√		
公害糾紛處理法	√			
環境影響評估法		√	√	
海洋汙染防治法	√		√	
土壤與地下水汙染整治法	√	√		
環保基本法	√	√	√	
資源回收法	√	√	√	√
促進產業升級條例			√	√
政府採購法		√		
國家環保計畫	√	√	√	√
現階段水資源政策綱領		√	√	
國家二十一世紀議程	√	√	√	

【問題與討論】

一、2015 年的巴黎氣候變遷（COP21）議定書核心價值是要建設韌性
（resilient）城市，此與我國推動生態工法（ecotechnology）關聯性
如何？試述其能否從過去的灰色建設（grey infrastructure）走向綠色
建設（green infrastructure）？（105 年保行政、環保技術普考，環境
規劃與管理概要，20 分）

二、「工業生態學（IE, Industrial Ecology）」為探討工業與生態系統間之
互動關係，以系統性的觀點全面考量人類文明發展所造成的環境問
題，希望能促使物質或能源之再利用，以及提升物質或能源之使用效
率。（105 年環保行政、環保技術地方特考四等，環境規劃與管理概
要）

　　1. 請列舉五項如何達成「工業生態」目標之方法為何？（15 分）

　　2. 請再列舉兩項可作為評估達成工業生態目標方法成效之評估工具
　　　為何？（10 分）

三、假設以政府角度，參照我國現有的廢棄物清理法與資源回收再利用
法，輔以舉例說明某行政區域或某產業排棄的單一類別之物料或廢棄
物，應如何規劃其資源回收再利用或清除處置，以及其延伸的相關管
理措施？（104 年環保行政、環境工程地方特考三等，環境規劃與管
理，25 分）

四、行政院環境保護署日前公告了高屏地區空氣汙染物總量管制計畫，請
以空氣汙染總量管制區為例，說明如何以環境系統分析之系統性思維
（system thinking）規劃最佳化之空氣汙染排放管制策略之程序與內
涵。（104 年環保行政、環境工程、環保技術升等考，環境規劃與管

理研究，25 分）

五、水資源是主要的環境資源之一，就河川的水質保護而言，僅對廢水排放進行濃度管制與總量管制，而不同時對河川的水量攔取或抽取進行總量管制，是無法真正保護河川的水質與生態系統，為什麼？請根據河川的自淨作用機制申論之。（103 年環保行政、環境工程普考，環境規劃與管理概要，25 分）

六、請敘述系統分析法的作業程序，有哪些步驟？（103 年環保行政、環境工程地方特考三等，環境規劃與管理，20 分）

七、基於自然界中沒有任何東西是無用之物的概念，我國正積極推動「零廢棄」政策，以及提倡永續物質管理及循環型社會的理念。（103 年環保行政、環境工程高考三等，環境規劃與管理，每小題 9 分，共27 分）

1. 何謂永續物質管理？

2. 何謂循環型社會？

3. 試述達到循環型社會的具體作法為何？

八、吾人在解決環境問題時，常會有一個盲點，就是僅針對該問題的現象去解決，也因此常會有解決了當下的問題卻衍生了其他問題的窘境。真正釜底抽薪的辦法，應該是應用系統思考的方法（systems thinking approach），綜合考量與分析這問題發生的緣由及相互關聯性，據以提出最佳可行的解決方案。試問：（103 年環保行政、環境工程高考三等，環境規劃與管理，每小題 6 分，共 24 分）

1. 系統是甚麼？

2. 其主要特性為何？

3. 系統思考與一般性思考的差別為何？

4. 試以垃圾處理為例，說明如何結合系統思考及系統分析來解決此一環境的問題。

九、二氧化碳是目前公認的主要溫室氣體之一，如果利用人為的方式將大氣中的二氧化碳捕捉並儲存至地下，是否會對生態系統造成負面影響？請根據生物地質化學循環（biogeochemical cycle）或物質循環（material cycle）申論之。（103 年環保行政、環保技術普考，環境規劃與管理概要，25 分）

十、環境基本法中，強調各級政府應建立綠色消費型態的經濟效率系統。試解釋何謂綠色消費型態的經濟效率系統，並提出有助於建立該系統的政策工具。（102 年環保技術高考二級，環境規劃與管理，25 分）

十一、「永續發展（Sustainable Development）」係從環境和自然資源角度，提出關於人類長期發展的策略模式，且涉及環境、經濟、社會等三個層面之綜合概念，而非僅個別就經濟面或環境面來思索其意涵。若以環境系統的觀點來看，永續發展是一個涉及與環境、社會、經濟等三個子系統互動糾結而形成的一個大系統，且三者應同時被考量。試分別以「三角關係」、「交集圓」、「同心圓（或大圈圈中的小圈）」等模型觀點，論述三者間之互動關係與特色為何？（102 年環保行政、環保技術普考，環境規劃與管理概要，25 分）

十二、何謂「產業生態學」（industrial ecology），並以國內工業區為例，申論推動產業生態園區之策略及步驟。（101 年環保行政、環境工程地方特考三等，環境規劃與管理，25 分）

十三、就系統化的組織及其組成架構而言，何謂管理（management）？管理的對象與目的為何？何謂管制或管控（managerial control）？管

制的對象與目的為何？何謂控制（control）？控制的對象與目的為何？環境保護主管機關對事業單位是管制或控制？試舉例申論之。

（100年環保行政、環保技術普考，環境規劃與管理概要，25分）

十四、永續發展或可持續的發展（sustainable development）是可持續改善人類生活品質而又不超出維生系統承載力（carrying capacity）的發展，因此，要確保維生系統（人類─自然生態系統）的承載力或永續性（sustainability），就必須以人類─自然生態系統的物質與能量循環作用為對象，實施供需平衡的總量管理（注意：不是針對自然承受體或汙染源汙染排放的總量管制），為什麼？請舉例申論之。（100年環保行政、環保技術普考，環境規劃與管理概要，25分）

十五、聯合國環境與發展會議1992年6月3日至14日於巴西里約熱內盧召開，並提出《里約環境與發展宣言》（Rio declaration），又稱《地球憲章》（earth charter），其對永續發展（sustainable development）的概念及落實原則為何？請說明。（100年環保行政、環保技術地方特考，環境規劃與管理概要，25分）

十六、環境系統分析的目的及特性為何？試以集水區管理為例說明環境系統分析的程序。（99年環保技術高考三級，環境規劃與管理，25分）

十七、何謂願景（vision）？何謂政策（policy）？請就環境永續的需求，以20年為期，提出我國應設定的環境管理願景與政策。（98年環保技術普考，環境規劃與管理概要，25分）

十八、要落實聯合國所提出的永續發展（sustainable development）概念與原則，必須以結合人類社會系統與自然生態系統，且生態循環功能

完整的人類—自然生態系統爲管理的對象與範圍。爲什麼？請申論之。（98年環保技術普考，環境規劃與管理概要，25分）

十九、請就永續發展（sustainable development）與環境管理（environmental management）的原則界定「永續」與「綠色」的意義與目的，並進一步申論爲何企業、社區及校園等資源使用與汙染排放者，在能夠符合環境法規或所謂的環境義務之前提下，應以綠色企業、綠色社區及綠色校園而非以永續企業、永續社區及永續校園爲其善盡環境責任的訴求。（98年環保行政、環境工程、環保技術高考三級，環境規劃與管理，25分）

二十、何謂生態工業園區（Eco-Industrial Park）？若要落實生態工業園區有哪些重點策略？並請說明行政院環境保護署目前建置之「環保科技園區」有哪些困境？未來如何克服？（98年環保行政、環保技術升等考，環境規劃與管理，25分）

二十一、何謂「永續消費」？試論述政府單位促進「永續消費」應有的策略及措施。（98年環保行政、環保技術升等考，環境規劃與管理，25分）

二十二、依據行政院核定之《環保科技園區推動計畫（修定本）》，行政院環境保護署目前已設置四座「環保科技園區」，並可針對環保科技園區鄰近鄉鎮進行「循環型永續生態城鄉建設」。請問目前已設置之四座環保科技園區坐落於何處？並請規劃「循環型永續生態城鄉」之建設方式。（97年環境工程技師，環境規劃與管理，25分）

二十三、何謂「環境管理系統」？其目的爲何？其內容爲何？政府現有的環境管理系統或環境保護制度有哪些地方應做進一步的修正或補

強，才有可能真正達成環境保護的目的，請就國家或地方「環境保護計畫」申論之。（97年環保行政、環保技術地方特考，環境規劃與管理概要，25分）

二十四、什麼是永續發展（sustainable development）？其與環境保護有何關係？請申論之。（97年環保行政身心障礙人員特考，環境規劃與管理概要，25分）

二十五、請問何謂「再生能源（renewable energy）」？再生能源可概分為哪幾大類？利用再生能源發電可能衍生哪些環境汙染問題？請概述之。（96年環保行政高考一二級，環境規劃與管理，20分）

二十六、若要推動焚化飛灰和底渣的資源化及再利用，應考慮哪些因素？如何建立資源化及再利用的管理規範？（96年環保行政、環保技術地方特考，環境規劃與管理概要，25分）

第三章　環境系統規劃與管理原理

第一節　緒論

一、環境規劃與管理的目的

　　環境管理係指利用管理學的方法進行環境相關問題的管理，環境管理學是一門以環境為對象、管理學為方法、以預防或解決環境問題為目的的應用科學。它是一門綜合性的應用科學，通常必須同時整合不同領域的專業知識才能使環境問題得以有效解決。一般而言，隨著問題範圍的改變、環境系統特徵變化以及環境管理目的的不同，環境管理的方向與方法會有顯著的差異。和基礎管理學一樣，環境管理學亦藉由一系列的程序與方法，讓環境管理者可以據此掌握環境問題的內涵、尋求科學化、系統化的管理方式，進而解決現在面臨或即將面臨的環境問題。為了避免初學者對於環境管理的誤解與混淆，學習環境管理學之前必須先了解「環境」以及「管理學」的定義與內涵。

　　管理的目的在於改善或解決問題。狹義的說，所謂**問題**是指目前正面臨的困難，但廣義而言，問題應該包含現在正面臨的問題以及未來即將或可能面對的問題，問題主要可區分成「**效率（Efficiency）**」與「**效能（Effectiveness）**」等兩大類。**效率**是指以最少投入，獲得最大產出。由於管理者所擁有的資源並非無限，因此在進行任何執行方案時，他必須注意資源的使用效率，使有效的資源盡可能發揮它的效率達成最大的預期效果。換句話說，所謂效率也被認為是「把事情做好（Doing things right）」。然而，單有效率是不夠的，管

理還必須考慮到效能，所謂**效能**是指「做對的事情（Doing the right things）」，效能的大小可以組織目標之達成作為判斷依據。整體而言，效率著重於將事情做好，而效能則著重於結果，或環境目標的達成。因此管理不僅是完成工作，達成規劃與管理的目標（有效能），另外，還要盡可能的以最有效率的方式完成（有效率）（如圖3.1所示）。

　　環境規劃與管理的**目的**就是利用管理學為手段、環境為對象的一種管理科學，它和傳統的管理學相同，同樣是在處理「效率」與「效能」這兩大類問題，不同的是環境管理學所面臨的管理問題更為廣泛、更為複雜，而管理過程必須面對的風險與不確定性也更高。表3.1針對目前常見的環境問題與可能的管理工具進行簡單的歸類，提供初學者快速了解環境管理的內涵，但必須注意的是，通常環境問題都是多面向的管理問題，必須結合各領域的專家共同擬定整合性的管理方案，才可有效解決環境問題。大部分的環境問題不容易藉由利用單一管理方法獲得全面性的解決。

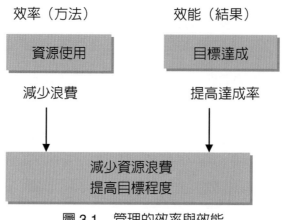

圖3.1　管理的效率與效能

表 3.1 環境規劃與管理原則、概念及工具

項目	要點	說明
可持續性發展	生態效率	不僅需滿足市場上的競爭價格優勢、提升人類的生活品質，還需逐步減少生產所致的環境衝擊（應高於地球的最低承載力）。
	汙染防治	在汙染排放前先行預防，且應減排、最小化排放並從源頭減排做起。
概念	綠色化學	是透過化學手段達成汙染防治的目的，但在使用化學物質的過程中也需同時尊重環境。
	清潔生產	是透過持續性的汙染防治及實行整合的環境策略達成目的，在「程序、生產、服務」中利用清潔生產提升生態效能，減少人口及環境所面臨的風險。
	全面品質管理（TQM）	是品質管理的過程，在每一個活動（行為）中透過持續性的方式及永久的理念達成目標。
	生命循環思維	以整個系統或整體的角度來看，生命週期思維可用來解決環境問題，並評估一個產品或服務系統。其以減少潛在的環境因子對於整個生命週期之影響為目標。
	生態設計	在產品的研發過程中導入方法（成本、效益、安全等評估），解決產品未來可能帶來的環境問題。
	工業生態	透過物質流或能量流的系統分析法達到最小化浪費（waste）及環境負面影響的目標。（Graedel, 1994）
程序性工具	環境影響評估	利用論文和技術系統評估既定的項目、工作或活動對環境的影響。
	環境管理系統	是一個確認環境管理計畫或程序是否能有效執行（達成環境政策目標）的工具。透過有效的溝通及持續執行政策能提升環境管理系統的效率。

（接下頁）

表 3.1（續）

項目	要點	說明
	環境審查	執行獨立且有條理的測試以確定先前建立的規則是否有達到預期的環境管理目標。
	生態標籤	是為了保證產品對環境影響性及適當性，生態標籤提供消費者了解綠色商品更佳的訊息管道。
分析工具	環境週期評估	是目前唯一用來評估環境乘載力的標準化工具。其程序為：界定目標及範圍→分析→衝擊評估→詮釋。
	環境風險評估	強調做任何事都有風險，應關注汙染外洩的風險。可用來評估人體或環境暴露於負面環境下（如：化學藥劑、生物藥劑等）的危害。
	衝擊路徑評估	透過成本估計總體危害，但這些成本並不包括產品價格、汙染排放責任等外部成本。
	成本效益分析	只考慮內部成本，提供長期投資中決策過程的社會觀點，包括環境的技術選擇及立法策略。
	程序模擬	將當前的程序最佳化、評估改良的可能性，使獲利能夠逐年遞增。
	意外事故預防	熟悉設備或設備操作方法，才能有效預防意外。例如：設備相關資訊、了解最具代表性的意外事件等。
	物質流會計	用以提高物質及能源使用的效能，以降低成本及對環境的威脅，其計算的對象包括：原料、產品、空氣排放等。

二、環境規劃與管理的對象

根據環境基本法第二條所述，所謂環境係指影響人類生存與發展之各種天然資源及經過人為影響之自然因素總稱，包括陽光、空氣、

水、土壤、陸地、礦產、森林、野生生物、景觀及遊憩、社會經濟、文化、人文史蹟、自然遺蹟及自然生態系統等。一般而言，「環境」有狹義與廣義兩定義方式，狹義的環境指的是「已發生汙染問題的自然環境」，這裡所指的環境範圍較小、汙染問題也較為單純，常根據自然環境的特徵進行簡易的分類，例如：廢棄物管理、水質管理、空氣品質管理等。廣義的環境，則以「人」為中心，將所有會影響人正常生活的因素納入環境系統之中。以我國環境基本法為例，它將環境定義為「影響人類生存與發展之各種天然資源及經過人為影響之自然因素總稱，包括陽光、空氣、水、土壤、陸地、礦產、森林、野生生物、景觀及遊憩、社會經濟、文化、人文史蹟、自然遺蹟及自然生態系統」。環境基本法中所定義的環境實際上包含了「人」以及他們所處的「自然環境」與「社經環境」（如圖 3.2 所示）。

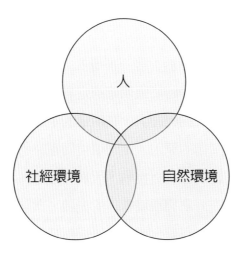

圖 3.2　環境的組成

　　因此，如果將環境與管理學定義成「以環境為對象、管理學為方法的一門應用科學」，那麼便可將環境管理問題依據系統尺度的不同分成三種不同層次的管理問題：「環境汙染管理」、「自然資源管理」以及「環境社會與環境經濟管理」。由於這三種層次問題的「尺度（Scale）」不同、複雜度不同、視野不同，所產生的環境問題亦不相同，所採取的環境規劃管理手段也有很大的差異。管理者不容易利用一套相同的制式化方法管理所有的環境問題，相同的管理方法在不同的區域或對象可能會有完全不同的結果。整體而言，狹義的環境問題著重於汙染的整治、控制與預防，如果將環境管理的範圍擴大至自然環境管理，則環境管理問題除了上述的汙染管制問題外，應涵蓋自然保育與資源管理等範疇。若將環境的定義擴及至人以及他所處的社會、經濟環境，則社會行為、政策行銷、環境會計、環境教育等管理議題，亦將包含在環境管理的範疇之內。整體而言，環境管理包含了「汙染問題的整治、預防與改善」、「自然資源的有效管理」以及「環境社會的持續發展」等三個層次之間的關係，可以圖 3.3 表示：因此，進行環境管理時必須明確的定義環境問題中所指的環境，亦即明確的定義「系統的範圍」。在明確的定義環境問題後，才能進一步判斷造成環境問題的原因。定義環境問題時必須考慮時間因子的影響，了解環境問題的機會與挑戰，因為充分掌握環境問題的機會以及未來挑戰，才能充分掌握環境管理的先機，預防環境問題的發生與持續惡化，因此無論是以量化或質性研究為基礎的環境預測技術，在環境規劃與管理中扮演著非常重要的角色。因此處理一個複雜的環境管理問題時，通常必須同時具備資訊處理的能力、理解科學原理的能力、掌握工程技術的能力以及系統分析與管理的能力。

圖 3.3　系統尺度下的環境問題

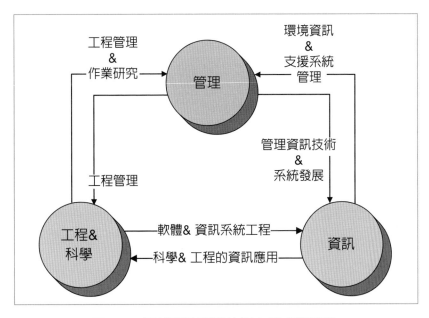

圖 3.4　複雜環境問題的能力需求與關聯

三、環境規劃與管理的特點

環境問題具有時間性、空間性與複雜性，由於大部分的環境問題都屬於一種公共政策管理的問題，因此和一般行政管理一樣，環境規劃與管理也具有權威性、強制性、區域性、綜合性與社會性特點。

1. 完整性與綜合性

如第一章對系統的描述一般，環境規劃與管理的利害關係者眾多，需考慮的因素包含社會、經濟與環境等三個要素，每個要素以及利害關係者之間具有一定的關聯、規則，雖各自獨立卻互相作用，形成獨立的、整體性強、關聯度高的體系，因此應系統性、整體性的進行規劃與管理工作。對於一個複雜的環境系統而言，若僅單獨從系統中的某一環節著手進行分析，通常難以獲得有價值的系統結果，在處理簡單的環境問題時，這樣的處理方式或許可以獲得短暫性的效果，但面對動態或結構性問題時，這種以點狀思考的問題處理方式，反而可能導致更大的問題。事實上，目前我們所面臨的環境問題通常是動態與多個管理維度的問題，因此在進行環境規劃與管理時，必須根據問題的複雜程度，確認模型或方案是否具有完整性特徵。

大尺度的環境管理問題，會遇到不同的利害關係者以及不同的管理目標，管理者經常必須同時面對社會、經濟、技術與行政管理等問題。決策者除了在決策過程中盡可能滿足所有利害關係者所期待的目標外，也必須進行不同目標之間的妥協，這種環境問題的綜合性、管理手段的綜合性以及管理目標的綜合性使得管理者必須在政策分析或選擇時，考慮社會各階層的需求、進行政策部門的分工、協調與綜合管理。

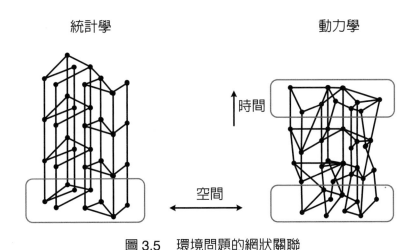

統計學　　　　　　　　　　　　動力學

時間

空間

圖 3.5　環境問題的網狀關聯

2. 層級性與區域性

　　由於系統具有尺度性的特徵，大尺度的環境系統內包含了其它的中尺度系統，中尺度系統中也包含了各種不同的小尺度系統。大系統的某些條件或要素會成為中、小系統的制約條件（或稱邊界條件），因此進行大尺度環境系統的規劃與管理時，必須考慮該方案對系統內中、小尺度系統的影響，同時也必須思考這些子系統應該擔負的角色與功能，這就是所謂層級性特徵。基於層級性的特性，任何的決策方案都必須考慮：(1) 目標的可行性，在不同的決策層級中是否有足夠的經濟和技術支撐；(2) 方案具體而具有彈性，因應地方（子系統）的環境特性，在可行性、公平性基礎上，使方案具有彈性便於實施；(3) 目標的易分解性，在考慮系統內成員的執行能力與功能特性後，能將總體的環境規劃與管理目標分解成多個子目標，並指派給系統內的成員，讓系統內的成員承擔並完成被指派的任務；(4) 與現行管理

制度和管理方法相結合，能夠運用法律的、經濟的和行政的手段保證及促進規劃目標的實現，對規劃實施監督檢查，促使其落實與實施。

3. 動態性

眞實的環境系統是一個隨時變動的系統，無論是系統的外部條件或是系統內單元之間的關聯都會在外部事件的驅動下進行變化或調適。進行決策管理時必須考慮系統的時間尺度，對於小尺度系統而言，經常可以以減化的靜態系統來處理，但對於一個中、大尺度環境系統而言，都必須以動態系統來處理，也就是在擬定環境規劃與管理方案時，必須考慮社會經濟發展方向與實際環境的變化狀況，從理論、方法、原則、工作程序、手段、工具等方面建立起一套滾動式的管理系統，利用回饋控制的方式隨時修正發展方向，以適應不斷更新調整的系統環境。

4. 資訊與知識密集性

良好的決策來自於充分的資訊，但在一個眞實的環境系統中，資訊的取得需要花費大量的成本。無法取得完備、準確的環境資訊是環境規劃與管理所面臨的一大難題，因爲唯有透過資料的解析，發現環境問題的內涵，才能對症下藥、提出合理可行的解決方案。一般而言，在利用監測、觀察、問卷等各種調查方法取得環境資料（Data）後，管理者必須進一步利用各種科學方法，透過篩選、組織、解釋、比較和整合等過程，將資料轉化成有用的資訊（Information）、知識（Knowledge）與智慧（Wisdom）（如圖 3.6 所示），以面對結構性與非結構性的決策需求。在處理大尺度的環境系統問題時，需求的資

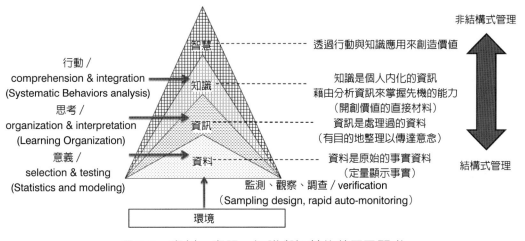

圖 3.6　資料、資訊、知識與智慧的差異及關聯

料可能來自不同部門、涵蓋不同的資料型態、存載於不同的資訊介質上，此時，整合性的資料管理系統便顯得相當重要。

5. 企業與民眾參與

　　政府、企業與民眾是環境規劃與管理的主要參與者，任何的環境規劃與管理方式便是希望透過各種的管理手段，改變或限制這些參與者的環境行為，來達成品質維護與永續發展的目的。由於環境規劃與管理的過程及方案必須依靠民眾、企業的支持和參與，民眾、團體和組織的參與方式與程度則會影響環境管理方案的執行與管理目標的落實。因此，從問題的發現、決策過程的討論、方案形成後的落實、稽核管理與回饋控制的過程，都需要企業與民眾的參與，才能使方案順利進行。

四、環境規劃與管理的基本手段

由環境規劃與管理的特點可以發現，爲了達成環境管理的總體目標，管理者可以將總管理目標拆分成不同的子目標，並指派給系統內的成員或子系統，這些成員與子系統可以根據自己的屬性與資源條件，選擇適當的管理工具，根據被指派的管理目標進行管理層級與作業層級的規劃及管理工作。一般而言，常見的環境規劃與管理手段包含行政、法律、經濟、資訊、技術與教育等幾種（詳細內容請查閱第四章環境政策工具）。爲了達成既定目標，在經費與時間許可下，這些管理手段可以混合使用、互補不足。

1. 行政手段

行政手段主要是指國家和地方各級行政管理機關，根據國家行政法規所賦予的權力，制定各種與環境相關的方針及政策，並透過法規、標準對環境行爲人進行監督工作，如：運用行政權力劃設自然保護區、水源保護區，或要求造成環境汙染的行爲人改善或停止其汙染行爲、發放許可證、規範有毒化學品的生產、進口和使用，以及各項設施規範與品質標準的制定等。

2. 法律手段

法律手段是環境管理工具中一種強制性的手段，法律手段需要透過立法程序將與環境保護相關的要求及管理程序，以法律的形式固定下來並強制執行。一般的環保法規都設有罰則，對於任何違反環境法規的行爲，政府部門可以依據法律對犯罪行爲人追究法律責任。目前，從中央到地方都已頒布了一系列的環保法規，內容包含：環境保

護基本法、環境保護單行法規和其他部門法中關於環境保護的法律規範等所組成的環境保護法體系，其架構如圖 3.7 所示，不同的法律位階其法律效力也會有所不同。法律與規章的設計通常必須建立在一個完整的系統程序上。如圖 3.8 所示，管理者為了達到某些管理目的，會進行各式各樣的反覆性與非反覆性的活動。非反覆性的活動通常是為了解決臨時性或具未來性的問題，透過個案的分析來評估某一個作業計畫在程序、制度與經濟上的可行性，若個案計畫具可行性與重要性，則管理者可進一步將這個個案計畫擴展成一個環境政策，並將這個非反覆性的計畫轉換成一個具有健全制度與程序的反覆性計畫。為了讓這個計畫能有效的被執行下去，管理者會建立各種具法律效力的規則來確保標準作業程序的落實。因此當法律或規章發生窒礙難行的時候，除了從法理觀點進行法律條文的修正外，更重要的是應就內、外環境的變化以及程序的合理性進行分析與修正。

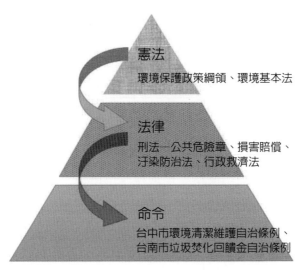

圖 3.7　環境法的法律位階

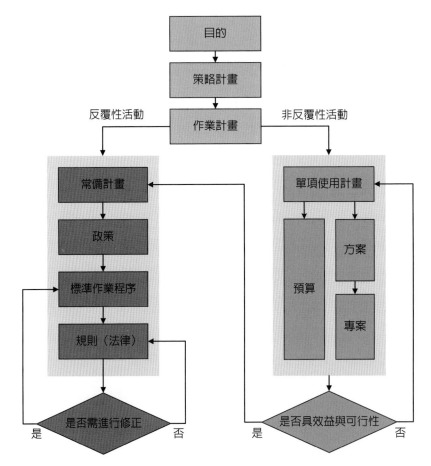

圖 3.8　作業程序設計與規範制定程序

3. 經濟手段

　　經濟手段是指利用價格、環境稅、環境費、產權交易與補貼等經濟市場工具避免市場失靈所產生的環境汙染問題，透過獎勵保護環境的經濟活動，把企業的局部利益與社會的共同利益緊密的結合起來，讓企業積極主動地調整自己的經濟行為，認真發展汙染預防和治理工作。

4. 技術手段

技術手段是指藉由先進的汙染治理技術的發展提高生產效率，技術手段包含管理技術與設備技術等。例如：利用生命週期評估的技術進行綠色產品設計以及各項清潔生產技術的開發。

5. 宣傳與環境教育手段

宣傳與環境教育是指透過報刊、雜誌、電影、電視、廣播、展覽與專題講座等方式廣泛環境保護的各項政策，並使之落實成為民眾之具體行動的方式，這種手段是期望提升民眾對環境議題的素養，藉由改變民眾的環境態度與認知，加強民眾對環境保護行動的支持，達成環境保護與永續發展的目的。

五、環境規劃與管理的程序

PDCA（Plan-Do-Check-Action 的簡稱）循環是由美國戴明博士（William Edwards Deming）於 1950 年代所提出，是一種以品質管理為目的所發展出來的概念，它把品質工作區分成規劃、執行、查核與行動等四個階段，明確的定義各個階段的任務內容，用以確保品質目標的達成，並進而促使品質的持續改善，其精神與內容摘要如下：

1. 規劃（Plan）

建立一個明確的目標，規劃達成該目標所需要的組織、人員、程序與方法，同時定義績效量測方法，以衡量結果和目標之間的差距，以及導致這些差距的項目內容，以便進一步修正下一階段的目標與行動方案。這個階段的重點在於策略方向的確認，著重在策略管理，也

就是「把事情做對」。

2. 執行（Do）

依據規劃階段所擬定的程序與方法確實執行，從組織、人員、工具與程序上將事情做好，也就是以最有效率的方式達成計畫階段所擬定的各項行動方案，屬戰術性層級。執行過程中，必須根據規劃階段所擬定的效率衡量方式，建立組織、人員、工具與程序的查核及觀察要項，並收集必要的信息來爲下一步進行修正和改善提供依據。在這個階段中，經營管理與作業管理是最重要的工作內容，最終的目標則是以最有效率的方式完成規劃階段中所設定的決策目標。

3. 查核（Check）

回饋控制（Feedback control）是系統理論中最重要的一個概念，它認爲管理者可以根據系統的產出（系統的行爲）來改變系統的輸入或修正系統的結構，以達成目標改善的目的。如果規劃階段所擬定的衡量系統沒有問題，在執行階段也確實地進行有效的觀察與記錄，那麼管理者就可以在比較出眞實系統與理想系統之間的行爲差距後提出修改方案，以提高計畫的可執行性。一般而言，查核可分成「目標查核」與「程序查核」兩大內容，目標查核用以檢討目標的達成度與計畫內容的合理性，程序查核則著重於行動方案的執行效率查核。這兩類的查核可以協助管理者在策略管理、經營管理與作業管理等不同管理層級中找出各自的問題並進行改善，以達到系統理論回饋控制與持續改善的目的。

4. 行動（Act）

Act 在英文涵義上有修正案的意思，也有人用修正（Adjust）來解釋 PDCA 的 A。也就是說，大部分的修正並不是這一次循環中進行，而是下一個 PDCA 循環中執行。在查核過程中發現的問題，有些會因為技術或環境的限制無法在短時間內進行改善，因此修正方案的選擇會依據短、中、長期的方式進行規劃，同時也利用創新項目來改進執行過程（如圖 3.9 所示）

簡單來說，PDCA 管理程序中的 P 強調效能，D 和 C 則強調管理的效率問題。在規劃階段，管理者需要透過系統分析的技巧選擇合適的規劃方案，並在確定最適方案後進行方案的系統工程設計，以明確的定義出系統的流程、流程中的程序內容以及每一個程序的輸入與輸出。查核的內容應包含目標查核與程序查核兩項內容，所謂目標查核是檢核在規劃階段的內容與目標的正確性及達成度，程序查核則是指檢核執行過程是否依據規劃階段的設計確實執行，為了讓查核程序順利進行，績效指標、績效量測機制必須在規劃階段便完成設計，以便查核工作的進行。行動階段則是根據目標查核與程序查核的結果，

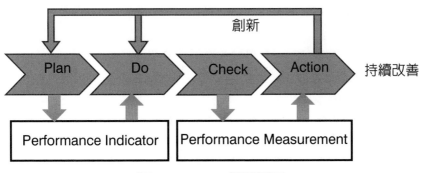

圖 3.9　PDCA 管理循環

發現規劃與執行階段的問題進行分析，並提出下一階段的修正建議。這樣連續不斷的管理循環便是希望達成持續改善的目標，也符合系統回饋控制的基本原理。

第二節　環境規劃與管理的外部及內部環境

從系統的尺度性觀點來看，任何系統的外部必定有更大的系統，系統內部則存在有更小的子系統，每一個系統都會受到外部大系統的制約，也會對系統內部的小系統或單元產生制約。制約現象具有傳遞性，可以從大系統、中系統一路傳遞到更小系統之中，這些制約限縮了不同層級系統的行為，也改變政策或方案投入後對系統行為的影響。因此進行環境規劃與管理作業時，必須了解外部環境系統對內部成員或子系統的影響。若根據系統的大小與特性，可將組織的環境系統區分成國際環境、總體環境和任務環境等三個不同層級的環境系統（如圖 3.10 所示）。國際環境指的是國際間簽訂的條約與協定；總體環境則是指國內的經濟、科技、政治、社會與法律等環境條件；任務環境則是指單位內的組織、政策、策略、程序、法規、文化等各項內容。如同系統理論所言，這三個不同的層級系統會互相作用並影響彼此的行為，一般而言，內部環境會受到外部環境的影響與制約，也就是說，國內的各項環境政策通常必須符合國際公約的規範，而由於每一個國家總體環境的差異，則會影響永續環境管理之政策的執行成效與方案的設計。

國際環境
　・文件：公約、綱領、議定書
　・組織：政府組織（UN、EU、WTO）、非政府組織（綠色和平組織）

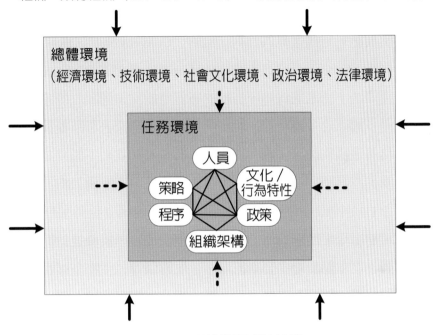

圖 3.10　環境管理系統結構

一、國際環境

1. 國際條約

　　國際社會中所主張的道德價值對國家內部政策制定具有一定的影響力，國際行為者對環境保育的立場也會影響國家制定環境政策時的態度。十九世紀之後，環境問題漸漸趨向於全球性，為了拘束相關國家之環保作為，解決跨國性的環保問題，如：沙塵暴、酸雨與海洋過

度打撈等問題，各國開始對環境保護議題進行合作，希望透過合作降低解決問題的成本。為了達成這個目的，通常會以條約、協定或透過國際組織的方式執行，其中條約是一種國家與國家之間必須共同遵守的原則與規範，目前常見的條約、公約（Convention）、憲章（Charter）、規約（Statute）、宣言（Declaration）、議定書（Protocol）等，均屬於國際法上認定的條約。條約的簽訂可能為兩國間之雙邊條約，也可能是多國間之多邊條約，也可能是由少數國家先行草擬簽訂後，再開放給其他國家加入。有些國家是基於國家利益而不願批准某些特定國際條約在其國內運作，如美國簽署但未批准巴塞爾公約。

圖 3.11 是國際上主要的公約、組織頒布與成立是時間歷程，該時間軸可看出環境問題的演進以及與永續環境管理組織推動的狀況。各公約關注之重點議題主要涵蓋海洋／生態保育、生物多樣性保育、氣候變遷、環境保護（空氣、水、廢、毒）、健康風險、環境資訊揭露與公眾參與決策等範疇。其中最受舉世矚目的，莫過於聯合國環境小組（UNEP）在 1992 年 6 月於巴西里約所召開的「聯合國環境及發展會議」〔又稱為地球高峰會議（Earth Summit）〕。在該次會議中，總計有 178 個國家之政要及環保團體參加，共簽署了五項重要文件：

(1) 里約宣言（Rio Declaration）

(2) 森林原則（Forest Principles）

(3) 二十一世紀議題（Agenda 21）

(4) 氣候變遷綱要公約（Framework Convention on Climate Change）

(5) 生物多樣化公約（Biological Diversity Convention）

上述的環保公約不僅在層面上越趨周延與龐雜，而且對個別國家之環

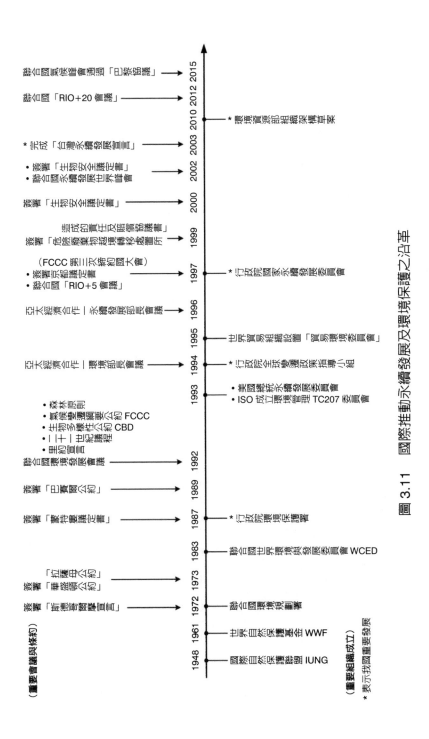

圖 3.11　國際推動永續發展及環境保護之沿革

保、貿易及產業發展政策的影響程度也日漸顯著，表 3.2 所列爲目前
國際上與環境相關的環境保護公約（阮等，2005；黃等，1996）。

表 3.2　國際重要環境條約

議題	年份	組織、條約／目的
水汙染 （河川）	1909	國際邊境水域條約 International Boundary Waters Treaty 由美英兩國簽屬，共同防止汙染。
	1963	保護萊茵河免於汙染協定 Agreement Concerning the International Commission for Protection of the Rhine against Pollution 1950 年即成立萊茵河保護國際委員會，尋求河流保護的解決方案，並訂定往後管理該流域的法律性效力。
水汙染 （海洋）	1948	國際海事組織 International Maritime Organization, IMO 原名爲「政府間海事協商組織」。目前會員國數量達172 個，主要防止並控制船舶對海洋的汙染。
	1954	防治海洋油汙染公約 International Convention for the Prevention of Pollution Of the Sea by Oil 是第一個防止海洋及沿海環境汙染的國際公約，自1959 年起由國際海事組織負責執行規章。
	1972	防止傾倒垃圾及其他物質汙染海洋公約 London Dumping Convention, LDC 又稱倫敦海拋公約，全球第一個管制海洋傾倒的公約，亦成爲沿岸國家管制海洋傾倒的法源依據。
	1973	防止船舶汙染國際公約 International Convention for the Prevention of Pollution from Ships, MARPOL 全球第一個用以防止船舶作業過程可能排放有毒物質而引起的海洋汙染。
	1982	聯合國海洋法公約 United Nations Convention on the Law of the Sea, UNCLOS 處理國際海洋汙染、天然資源管理等爭議。

（接下頁）

表 3.2（續）

議題	年份	組織、條約／目的
生物多樣性	1911	海豹保育與保護條約 Treaty for the Preservation and Protection of Ful Seal 由英美等國簽署，以保育海豹等此類動物為宗旨，除原住民以傳統武器捕抓以外，其餘禁止殺害。
	1940	西半球自然及野生物種保護暨保育公約 Washington Convention on Nature Protection and Wildlife Preservation in Western Hemisphere 由美國及西半球等國家共同簽署，保護國土上的動植物維持一定數量。
	1948	世界自然保育聯盟 International Union for Conservation of Nature, IUCN 鼓勵並協助全球社會維持自然資源的多樣性與完整性。
	1961	世界自然基金會 World Wild Fund 原名為世界野生動物基金會，現今著重於生態保育的發展上。
	1973	瀕臨絕種野生動植物國際貿易公約 International Trade in Endangered Species of Wild Fauna and Flora, CITES 用來管制野生動植物的國際貿易，屬「華盛頓公約」中的其中一項協定。
	1980	南極海洋生物資源保護公約 Convention on the Conservation of Antarctic Marine Living Resource 延續 1959 年簽立的「南極條約」，並將目標放在研究南極漁獲量並透過國際合作積極保護該區域的生態環境。
	2000	生物安全議定書 Cartagena Protocol on Biological Safety 確保基因改造活體生物技術下，維持物種之多樣性。
環境管理與永續發展	1949	聯合國資源保存與利用會議 United Nations Conference on Conservation and Utilization of Resource 探討環境與發展間的關係，意識到國際行動管理對於環境保護之重要性。
	1972	人類環境宣言 Stockholm Declaration 又稱斯德哥爾摩宣言。聯合國於瑞典斯德哥爾摩召開

（接下頁）

表 3.2（續）

議題	年份	組織、條約／目的
		人類環境會議（UN Conference on the Human Environment）並發表宣言，屬聯合國第一次指標性的環境會議，要求各團體共同承擔環境責任。
	1972	聯合國環境規劃署 United Nations Environment Programme, UNEP 隸屬聯合國下管理環境事務的機構，負責規劃環境策略、發表環境宣言。
	1991	全球環境基金 Global Environmental Facility, GEF 提供發展中國家在氣候變遷、臭氧層、生物多樣性與國際水域的金援方案。
	1992	聯合國環境與發展會議 The United Nations Conference on Environment and Development, UNCED 又稱「地球高峰會 Earth Summit」或「里約熱內盧高峰會」。會中主張永續發展理念並通過五項重要文件，包括： 1. 聯合國氣候變遷框架公約（UNFCCC）：訂定人為溫室氣體的排放標準。 2. 生物多樣性公約（CBD）：建立生物多樣性的相關法源與管理責任。 3. 里約宣言（Rio Declaration）：或稱「地球憲章 Earth Charter」，要求各國重視國家發展與環境間的平衡，防止並弱化環境汙染的侵害。 4. 二十一世紀議程（Agenda 21）：內容涵蓋政治、社會、經濟與環境等議題，並交由 1993 年成立的聯合國永續發展委員會負責執行各目標。 5. 森林原則：推動森林保育的國際建制。但自 2000 年成立聯合國森林論壇以來，國際間執行森林保護的法治手段仍有限。
	2002	永續發展高峰會 UN World Summit on Sustainable Development • 於南非約翰尼斯堡舉辦，研究如何全面落實永續發展，並達到「WEHAB」5 大目標（也就是水 Water、能源 Energy、健康 Health、農業 Agriculture、生物多樣性與生態性經營 Biodiversity and ecosystem management）。

（接下頁）

表 3.2（續）

議題	年份	組織、條約／目的
		• 發表「約翰尼茲堡永續發展宣言 Johannesburg Declaration and Plan of Implementation」。
	2012	里約加 20 會議 Rio plus 20 討論綠色經濟、永續發展的具體框架，該會議是繼 1992 年的里約熱內盧高峰會後，探討永續發展的重要會議。
大氣	1950	世界氣象組織 World Meteorological Organization, WMO 促進國際間的氣象資訊交換，並有效應用於航海空、農業等。1951 年起成為聯合國的專門機構
	1979	跨國長程空氣汙染物公約 Convention of Long Range Transboundary Air Pollution, LRTAP • 訂定消除跨國空氣汙染的合作原則，公約自 1983 年起生效。 • 防止硫氧化物外洩，推展酸雨研究。 • 自 1998 年開放簽署重金屬汙染（鎘、鉛、汞）公約。
	1985	維也納保護臭氧公約 Vienna Convention for the Protection of the Ozone Layer 簡稱「維也納公約」，鼓勵臭氧維護的跨國研究及合作。
	1987	蒙特婁議定書 Montreal Protocol on Substances That Deplete the Ozone Layer • 持續維也納公約的原則，簽署國家由 1989 年的 12 國增至目前近 190 個國家。該協定避免氟氯碳化物（CFCs）對臭氧層的持續侵害。 • 同意自 1994 年起全面停用海龍（Halons）；1996 年起（除部分開發中國家外），全面禁用 CFCs。
	1988	索非亞協定 Sofia Agreement 抑制氮氧化物排放的協定，要求各國 1994 年氮氧化物的防放量應凍結在 1987 年的水準。
	1997	京都議定書 Kyoto Protocol 延續氣候變遷框架公約的目標，並訂立各國減排溫室氣體的總量與時程。

（接下頁）

表 3.2（續）

議題	年份	組織、條約／目的
	2005	歐盟碳交易方案 The European Union Emissions Trading Scheme, EU ETS 與京都議定書的減排機制相互聯結，並建立了跨部門、跨國碳交易合作的新典範。
	2015	巴黎協議 Paris Agreement • 取代京都議定書，目的在加強《聯合國氣候變化框架公約》，把全球平均氣溫升幅控制在工業革命前水平以上低於 2℃ 之內，並努力將氣溫升幅限制在工業化前水平以上 1.5℃ 之內。 • 投資可再生能源。 • 納入世界上大多數的開發中國家，但不具約束力。
棲地保育	1971	國際重要水鳥棲地保育公約 Convention on Wetland of International Importance Especially as Waterfowl Habitat 又稱拉姆薩公約（Ramsar Convention）或稱濕地公約（Wetland Convention）。
	1977	聯合國防治沙漠化會議 UN Conference on Desertification 於 1994 年由 100 多個國家共同簽屬「防治荒漠公約」，制定全球共同治沙行動。
有毒汙染物	1957	國際原子能總署 International Atomic Energy Agency 促進聯合國會員在核能技術上的和平運作。
	1977	國際潛在有毒化學品登記中心 International Register of Potentially Toxic Chemicals, IRPTC 該組織成立目的為將全球有毒物質做最佳處理，防止環境危害。
	1989	巴賽爾公約 The Basel Convention 管制有毒廢棄物的跨國移動。有毒廢棄物是指具有化學反應、毒性、易燃性等事業或家用廢棄物等。
	2001	消除持久性有機汙染物之斯德哥爾摩公約 Stockholm Convention for the Elimination Persistent Organic 管制有機汙染物的進出口、生產等，包括戴奧辛（Dioxins）、多氯聯苯（PCBs）等 12 項。2009 年新增管制 9 項有毒物物質。

（接下頁）

表 3.2（續）

議題	年份	組織、條約 / 目的
	2013	水俣公約 The Minamata Convention on Mercury 是一部全面對汞進行管制的國際公約。要求締約國自 2020 年起，禁止生產及進出口含汞產品。

2. 國際組織與環境標準

　　因為全球化的關係，國際貿易活動越發頻繁，經濟強權國家為了改變其他國家的環境政策，常常以貿易限制的方式來達成環境保護的目的。因此，以貿易手段來達到環境保護目的，已經成為一種新的環境政策工具，環境保護的貿易手段最直接之作法，即是禁止特定商品的輸入，藉由剝奪輸出國經貿利益來影響該國的環保政策。全球化的結果，使得環境問題由區域性的治理問題，轉化成由全球各多元行動者（如：民族國家、國際組織、非政府組織、專家社群、跨國企業）共同參與的全球性治理方式。將傳統由政府主導的垂直式管理方式，轉化成以全球參與全球治理概念的水平式管理方式，表 3.3 是目前國際上重要的環境組織以及他們關注的永續發展議題與相對措施。

　　以綠色產品的生產與製造為例，以往與產品有關之環保政策多偏重在汙染源的監控，例如工業排放及廢棄物管理。歐盟為了利用市場導向的政策，使企業在兼顧產品的競爭性及社會 / 經濟成本的情況下，發布如 REACH、WEEE、RoHS、EuP 等規章、指令，希望對內強化企業的環境保護責任外，也希望對外形成貿易壁壘，提高產品進入市場的障礙，以促使生產者加速提升能資源的使用效能，透過再回收、再使用及再製造之方式，避免資源浪費同時減少廢棄物的產生。

表 3.4 是目前歐盟的主要環境標準規範，而這些環境標準規範限制了國際間的商品買賣。

表 3.3　重要國際組織與環境要求

組織	永續發展相關措施
亞太經濟社會委員會 The United Nations Economic and Social Commission for Asia and the Pacific, ESCAP	• 1992 年設立「亞太環境與永續發展跨機構小組」。 • 組織有關環境與永續發展相關專家會議、手冊及指標。 • 2008 年發表「亞太區能源安全與永續發展報告」，持續推動亞太區域永續能源發展，探討開發高效益低成本能源的可能性。
糧農組織 Food and Agriculture Organization of the United Nations, FAO	• 於羅馬設立「永續發展部」，促進各部門因應「二十一世紀議程」之推動，調整工作計畫。 • 1996 年舉辦「世界糧食高峰會議」並發表「羅馬宣言」，確立糧食生產與永續發展之不可分割性。
永續發展委員會 United Nations Commission on Sustainable Development, UNCSD	• 成立於 1993 年。 • 監督各國執行二十一世紀議程的進程，並鼓勵地方政府與非政府組織推動永續發展，設立學習中心、圓桌會議等計畫。
跨部門永續發展委員會 Inter-Agency Committee on Sustainable Development, IACSD	• 1993 年成立，負責提供聯合國與永續發展有關的資訊，並且協調各部門間的永續發展合作計畫。 • 持續推動聯合國環境與發展會議中永續發展的理念，例如：溫室氣體減排、強化國際環境法規、環保技術轉移。
人居署 United Nations Human Settlements Programme, UN-HABITAT	代替聯合國人居委員會（1978）及聯合國人居中心的職責，推動國家與非國家行為者間都市規劃的合作方案，解決人類居住問題，推動社會與環境間的永續發展。

（接下頁）

表 3.3（續）

組織	永續發展相關措施
環境規劃署 United Nations Environment Programme, UNEP	是聯合國架構下負責全球環境問題的代表機構，用以推動國家與非國家行為者間的環境政策合作，主要領域包括：大氣層、海陸生態系統等，並將研究成果發表於世界環境報告中。
政府間氣候變化專門委員會 Intergovernmental Panel on Climate Change, IPCC	1998 年由 UNEP 與世界氣象組織共同成立，除了負責執行氣候變遷綱要公約外，也進行人類活動所造成的溫室效應之研究。
發展計畫署 United Nations Development Programme, UNDP	• 負責執行全球環境基金的機構之一，主要職責為幫助開發中國家有效利用自然資源，提升經濟發展與居民生活品質。 • 1993 年成立「二十一世紀能力建設小組」，協助開發中國家推動二十一世紀議程。
永續能源與環境處 SEED Initiative	在 2002 年約翰尼斯堡永續發展宣言中，由 UNEP、UNDP、IUCN 共同成立，負責協助企業促進社會與環境的共同利益，並透過舉辦論壇與頒發獎項（SEED Award）鼓勵優良永續企業體。
亞洲開發銀行 Asia Development Bank, ADB	• 1995 年成立「環境與社會發展辦公室」，整合行內相關業務，並針對許多特定領域推動環境保護。 • 逐年增加環保貸款、贈款及技術援助項目。
經濟合作與發展組織 Organization for Economic Cooperation and Development, OECD	• 各附屬會議、機構均強化其環境保護推動功能。 • 1996 年召開「環境部長會議」，並於「部長級委員會議公報」上強調環保之重要性。
世界貿易組織 World Trade Organization, WTO	1995 年成立「貿易與環境小組」，協調貿易與環境相關議題，強調各項貿易與環保之相關性。

（接下頁）

表 3.3（續）

組織	永續發展相關措施
亞太經濟合作 Asia-Pacific Economic Co-operation, APEC	• 1994 年發表「環境部長會議願景聲明」與「經濟與發展整合框架」，隔年發表行動宣言，提出環境與永續發展整合的具體行動。 • 自 1996 年起於一年舉辦一次的部長會議中，固定討論永續發展議題，並於同年通過「永續發展部長宣言」及「永續發展行動計畫」，強調永續都市的理念，認為都市發展必須實現人類繁榮與環境健康。

表 3.4　歐盟環保標準規範

名稱	要求	目的
一、廢電機電子設備指令（Waste Electrical and Electronic Equipment）	• 會員國應於 2005 年 8 月 13 日前建立電子廢棄產品回收體系，進口至歐洲的產品應完成品牌註冊並標記回收標誌。 • 會員國應於 2006 年 12 月 31 日前達成回收率目標（50～75%）及回收量目標（每人每年 4 公斤）。	• 歐盟市場流通之 10 大類電機電子產品製造／供應商需負起電子廢棄產品回收及再利用之責任。 • 降低 WEEE 的收集、處理與回收程序上對環境的影響。
二、危害物質限用指令（Restriction of the use of Hazardous Substance, RoHS）	於歐盟市場流通之電機電子產品中限用六大化學物質（Pb, Cd, Hg, Cr^{6+}, PBB, PBDE）。	• 階段性新增管制產品（醫療器材、10 類電子設備）。 • 建立豁免機制：鼓勵替代產品研發、提供豁免準則的法律效力。 • 符合市場評估和判斷標準：統一評估準則以降低會員國及製造商的行政成本。

（接下頁）

表 3.4（續）

名稱	要求	目的
三、能源相關產品（Energe-related product, ErP）	要求各類電器產品、家用品、工業用品的最低能源效率，必須符合生態設計規範.	將產品導入生態設計，能有效減少電量、水量等能源耗損。
四、化學品註冊、評估及授權機制（Registration, Evaluation, and Authorization of Chemicals, REACH）	納管 3 萬多種產量大於 1 噸的化學物質，並以 1981 年為界，將現有化學物質分成既有物質和新物質，且嚴格測試新物質並制定法規規範。	精簡國際間繁雜有關危害物質的指令及規範，整合統一管理所有的化學物品，透過風險評估減少化學物品對人類及環境的危害。
五、全氟辛烷磺酸鹽（PFOS）	PFOS 在製劑中的濃度等於或超過總體 0.005%（50ppm），不得於市場銷售。	立法管制 PFOS，因為其乃目前世界上發現最難溶解的有機物汙染物，其化合物具高度生物累積性，OECD 甚至將其定義為持久存在於環境的有害物質。
六、電池指令	將原先汞、鉻、鉛電池的規範擴大到所有電池，包括焚化、回收掩埋、標籤等規則。	促進環保、確保歐盟境內電池市場的妥善運作。
七、包裝及包裝廢棄物指令（Packaging and Packaging Waste, PPW）	限制包裝材中不得含有 4 項重金屬物質（Pb, Cd, Hg, Cr^{6+}），並明定包裝廢棄物之回收與再利用目標。2008 年 12 月 31 日起，包裝廢棄物總重之 55～80% 應能再利用、60% 應可回收或能源回收。	提升材料回收再利用的比率，降低對環境之衝擊。

（接下頁）

表 3.4（續）

名稱	要求	目的
八、廢車輛指令（End-of-life Vehicle, ELF）	規範汽車製造之 4 項危害物質管理（Pb、Cd、Hg、Cr^{6+}）及廢棄車輛回收率	將自 1996 年起建立的廢車輛指令做進一步的要求（預防、分類回收、處理、再生），會員國必須制定國內法以符合歐盟之規範，藉此增加廢車輛及其零件的再生率。
九、多環芳香烴（PAHs）	在製作輪胎的過程中，禁止使用含高濃度 PAHs 的填充油並禁止這些產品在市場交易。	防範輪胎成品中 PHAs 中的 BaP 與其他的化合物相混合，產生致癌的、誘導有機突變的物質釋放到環境中，影響健康。

資料來源：產業永續發展整合資訊網（http://proj.ftis.org.tw/isdn/Norm/Detail?parentId=2B8508DCA18D2159）

二、總體環境

　　系統理論認為，當外部環境改變時，系統內部會自動產生調適機制，改變系統內物件成員以及物件成員之間的關係，以因應外部環境的變動。因此當國際環境以條約、標準與組織的方式限制某種環境行為時，政府或企業為因應新的國際環境的要求與限制，政府與企業就必須利用各種政策方案來調整內部系統的結構，以回應外部環境的變化。因為每一個國家、企業或組織的系統組成與關聯都不一樣，因此進行系統調整與適應的方式也會不同，國家、企業或組織的內部系統的成員與關聯與他們自身的環境、經濟與社會的現況有關，這就是所謂的總體環境。以國家的層級來看，總體環境是由政治文化、利益團

體、社經條件、技術條件、公民參與程度、輿論、立法機制、行政組織架構、政黨、法院等幾個要素所組成。

1. 政治文化

政治文化是一種長期累積的價值，指政黨、政府、憲法對於政治目標的取向。政治文化與國家發展的穩定性有著密切的關係。

2. 利益團體

1980 年代中期開始，大眾媒體愈來愈關注國際環境問題，各類型的利益團體亦蓬勃發展。1971 年綠色和平組織成立後，便展開一連串對決策者的遊說，要求決策者重視經濟發展與自然生態之間的平衡。以美國環保基金會為例，1991 年的會員數量較 1985 年增加了四倍。美國憲法鼓勵多元利益團體發展，並保障利益團體參與公權力運作的機會。環境保護的理念在 1980 年代發展中國家的民主轉型中也迅速發展，除了關注環保的社會運動相當活躍外，非政府組織的數量也持續增長。利益團體在環保政策中扮演舉足輕重的角色，能監督政府採取對環境較友善的決策，達成經濟發展與環境保育均衡。但有時候，利益團體也可能成為公共政策的阻力，因為破壞政府所研擬的環保政策往往比研議簡單。政策產出通常需仰賴多方利益妥協，但利益團體通常只專注追求單一目標。Graham Allison 便說：「政策本來是要用來解決問題的，卻變成各個行政機關與利益團體間角力的結果。」

3. 社經條件

聯合國依照文化、經濟發展、工業化、教育程度等不同指標,將國家分成三大類:已開發、發展中、低度開發。以德國(已開發國)為例,其對環保政策的制定與執行勢必比中國(發展中國家)嚴謹,而中國又高於剛果(低開發國)。此外,國家的經濟發展的蓬勃與否也會影響環境政策的制定。環保政策對經濟的衝擊一直是政策制定過程中重要的考量,例如:環保法令是否會影響企業的投資意願?環保法令的實施是否會降低國家的生產毛額?

4. 公民參與

社會運動是公民參與的一種型態,具有持續性、組織化、針對特定議題等特徵。社會運動的主要任務便是要讓以往想像不到的事變成事實。由於資訊工具的發展,公民透過社群軟體、網際網路影響政治決策的能力愈來愈大。

5. 輿論

當民眾從各種管道獲得環境汙染的訊息時,因警覺到環境保護的重要性,便會對政府施加壓力,影響政府在環境保護議題上的公共決策。許多環保法規都是在汙染問題發生後才產生的,目的就是為了避免同樣的問題一再發生。有時候,政府為了積極回應輿論訴求而訂定出嚴苛的環境法規與目標,更甚者可能會影響國家的經濟發展。

6. 政黨

1945 年二戰結束後,歐洲經濟高度成長,卻也帶來環境汙染、

自然資源耗竭等負面影響，因此，1970 年代起歐洲境內與生態有關的社會運動開始蓬勃發展，並促進許多強調生態保育的政黨形成。1980 年代比利時、荷蘭、義大利等歐洲國家出現以環境保護為政綱的綠黨，而其中以德國的表現最突出。德國綠黨（Die Grünen）自 1980 年成立，以便表明自己與所有新民主運動者（主張環境保護、生態保護、人權運動、女權運動等）站在同一陣線，並自稱是世界綠色運動的一份子。在 1980 年提出的黨綱中，綠黨按照順序論述政黨成立的四項原則：生態的、社會的、基層民主的、非暴力的，強調其以「生態」為立場的最高價值。綠黨所提出的生態政策包括：「拒絕剝削自然環境且破壞生態循環，人類需阻止自己所致的生態及生存危機。」在經濟政策上，提出資源回收、製造較耐久且可回收的產品、建立生態收支表、考量環境生態成本、永續財政政策等主張。這種以政黨力量直接介入環境政策制定的過程，是影響總體環境的重要關鍵因素。

7. 立法部門

立法部門負有匯集民意、制定政策的重責大任。但國會議員通常需顧及選區選民的利益，同時還需揹負政黨的政治理念。環境政策的擬定需要詳盡的數據、大量的資訊與專業知識，然而國會議員通常對專業的環保資料、汙染防治技術一竅不通，因此影響了環保法規的品質。

8. 行政組織架構

為了有效執行政策達成分權合作的目的，行政部門透過環保署、

環保局等法定單位確實落實執法權。但有時候不同單位會有不同的環境保護目標與政策重點，各部會之間的關係處於既競爭又合作的狀態。依據環境問題的演變，組織會因爲管理的目的不同進行調整，以我國環境保護的行政體系而言，其發展主要分爲五個階段，第一階段以公共衛生爲主軸、第二階段以汙染整治爲核心、第三與第四階段以汙染預防與綜合管理爲重點、第五階段則以有效的資源管理爲目標，各階段的時程與組織目標如表 3.5 所示。不同的組織目標便有不同的組織架構，規劃組織架構除了須重視組織的分工外，組織的橫向連結也是組織設計前必須考慮的關鍵內容。

表 3.5　行政院環保署發展四階段

（階段）時間	單位	目的
民國 60 年以前	內政部 - 衛生司	疾病防治、環境衛生。
	經濟部 - 工業局	工業廢氣、廢水、公害防治。
	環境衛生實驗所	汙水處理、空氣汙染、噪音防治。
民國 60～71 年	行政院衛生署 - 環境衛生處	公共衛生、汙物處理、公害防治。
	水汙染防治所	汙染防治計畫、廢水處理設施及督導。
民國 71～76 年	升格爲 環境保護局	掌理原環境衛生處之空氣汙染及環境衛生業務，將原屬經濟部之水汙染防治業務及警政署之交通噪音管制業務併入該局統籌掌理；新增環境影響評估、廢棄物處理及毒性物質管制業務；成立南區環境保護監視中心，負責執行全國性與涉及省市間之公害防治業務。

（接下頁）

表 3.5（續）

（階段）時間	單位	目的
民國 76 年至今	升格為行政院環境保護署	設綜合計畫、空氣品質保護及噪音管制、水質保護、廢棄物管理、環境衛生及毒物管理、管制考核及糾紛處理、環境監測及資訊等七業務處。
民國 106 年通過	環境資源部	整合分散在各部會的水、土、林及空氣等資源管理與保護，透過整合性的環境規劃及管理，加強環境資源保護，維持生態環境平衡。

9. 法院

在美國，環境保護運動大約自 1970 年代始興盛，當時的聯邦法院已經開始介入環境政策擬定的過程，且通常與環保團體站在同一陣線，即便是影響力較低的環保團體，也能在法院中與利益團體或企業對抗。但 1980 年代起，雷根與老布希政府任用了較不重視環境保護的大法官，且利益團體與企業愈來愈懂得如何透過法律力量阻礙環保政策的推動，使環保議題在司法體系中的地位轉為弱勢。在台灣，法院對經濟開發案件的判決也影響了環境保育的發展。

三、任務環境

組織是人們為實現一定的目標，互相協作結合而成的集體或團體，因此一個完整的組織，通常包含：人員、明確的目標和精心設計的結構。一般而言，我們可以將組織看成環境規劃與管理中的基礎系統，這個系統會受到大尺度的國際環境系統以及中尺度的總體環境系統的影響和制約。在這種制約條件下，組織會尋求自己系統的最優化，以達成預計實現的目標。在這個系統中，人員、文化／行為、政

策、組織架構、程序與策略是主要的要素（如圖3.12所示）。這些
要素便組成了組織的任務環境，在擬定環境方案、推動環境政策以及
評估一個組織的環境績效時，這些都是不可忽視的要素，但一般性的
環境規劃與管理，則著重在環境政策、策略與程序的分析上。

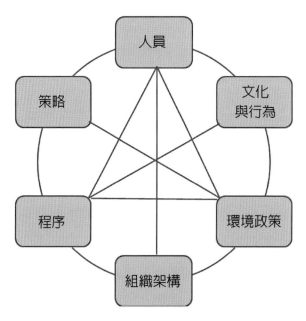

圖 3.12　環境管理的任務環境要素

1. 組織架構

　　組織架構（Architecture）是為了達成組織目標，而針對人員、
工作、技術和資訊所作的一種制度性安排。組織可以視為一個整體性
的系統，由具有各種不同功能的單位所組成，以實踐系統整體功能為
目標，是一個具有變化性的有機體，可以隨著系統目標以及內、外部
環境的變化而進行調整。規劃一個有效率的組織架構必須同時考慮分

工與合作的模式，才能有效的達成組織的整體目標，因此如何劃分單位職權、確立部門之間的層級架構與職務內容是建立組織架構的關鍵問題。1980 年代初期接連發生多起重大公害汙染事件，在民眾環保意識逐漸清醒的情況下，要求提高中央環保主管機關的層級，政府順應民情於 1987 年 8 月 22 日將行政院衛生署環境保護局升格為「行政院環境保護署」，其下設綜合計畫、空氣品質保護及噪音管制、水質保護、廢棄物管理、環境衛生及毒物管理、管制考核及糾紛處理、環境監測及資訊等七業務處，後經各項業務的需求以擴編成 6 個處、3 個會、2 個所、6 室以及 1 個督察總隊，其組織架構如圖 3.13 所示。

　　早期的環境管理著重在以管末處理、公害防治與公害糾紛處理為主的事務上，在逐漸加入環境品質維護與資源再生的概念後，目前正朝向自然資源保護與國土安全的議題上。因應環境保護內涵的變化，2012 年行政院進行部會組織再造時，整併了環保署與其他部會機構成立「環境資源部」。環境資源部規劃將包含 7 司、6 處、6 個三級行政機關及 3 個三級機構（如圖 3.14 所示），期望藉由環境資源部成立，可整合分散在各部會的水、土、林及空氣等資源管理與保護，透過整合性的環境規劃及管理，加強環境資源保護，維持生態環境平衡。但值得注意的是，隨著環境問題的複雜化，過去垂直性的組織分工已不容易應付複合性的環境問題，若將組織視為一個整體性的系統，則組織內的單位將可視為系統內具有獨特功能的物件。若可以利用程序與資訊流建立起這些物件的複雜關聯，則任何一個環境事件被觸發時，組織內的物件（單位）便可以既分工又合作的方式進行系統的整合。面對愈來愈多的跨領域與多介質環境問題，除了考慮組織架構的完整性外，部門之間的橫向聯繫，也是未來環境規劃與管理必須

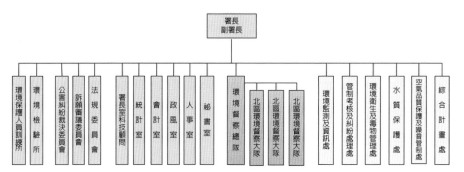

圖 3.13　行政院環保署組織結構圖

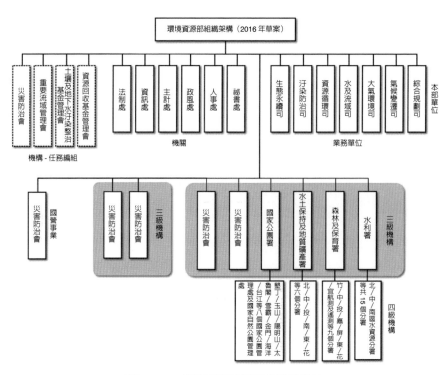

圖 3.14　環境資源部組織架構圖

面對的關鍵問題。

2. 環境政策

　　政策（Policy）是指政府、機構、組織或個人為實現目標所採納或提出的行動原則或方針，政策是一種方向性與長期性的行動內容。實際的政策內容會依據政府、機構、組織或個人目標的不同而有所差異，這些差異便直接的影響到組織架構、策略與程序的設計。因此在 ISO 14001 的系統架構中，組織的環境政策便必須先被明確的定義出來，才能進行後續的策略與行動規劃。

3. 策略

　　策略（Strategy）是解決問題、達成目標的手段，廣義的策略包含了決策目標以及達成目標的手段。策略規劃通常以問題（目標）為導向，在擬定策略之前，必須先釐清問題的內涵以及決策的目標，才能研擬出有意義的策略。策略分析也被稱為戰略分析，分析的內容著重於未來性與方向性的規劃，它主要不是在解決當前的問題，而是要引導組織走向更美好的未來，因此策略通常是配合組織的年度目標或中長期經營目標而產生的。這類計畫性策略的重點就是將組織的目標、政策、行動及運作，依順序整合成一個整體性的方案或計畫。在長期性與方向性的策略規劃方法中，強弱危機分析（又稱：SWOT 分析）是一種常被使用的決策工具，其目的就是分析組織內部能力，包含優勢（Strength）和弱勢（Weakness），以及外部環境的機會（Opportunity）與威脅（Threat）（如圖 3.15 所示）。從系統的角度來看，優勢與劣勢分析是用以分析系統內部的環境條件，機會和威脅

分析則是用以分析外部條件對系統的可能影響。透過這四大構面的分析以了解組織的營運機會，避開主要威脅的壓力，善用組織資源，發揮自我的優勢及彌補劣勢。從系統分析的程序來看 SWOT 分析應包含：1. 決策問題的界定；2. 決策問題的關鍵要素分析；3. 內部環境條

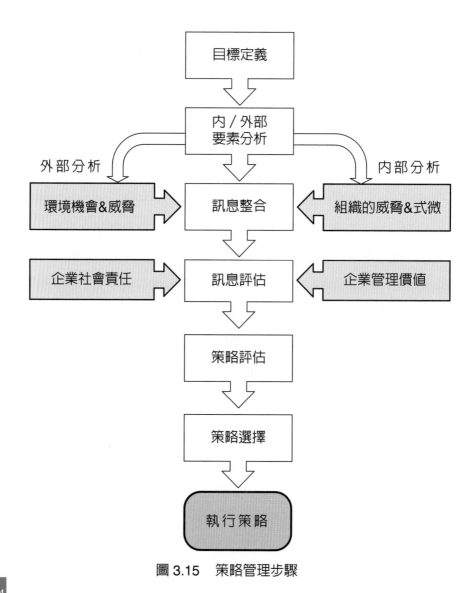

圖 3.15　策略管理步驟

件現況；4. 外部環境條件現況；5. 進行 SWOT 矩陣分析；6. 擬定問題的前進策略、避險策略、防守策略與撤退策略（如表 3.6 所示）。

- **機會追尋策略**：此為最佳策略，組織內、外環境能密切配合，因此可充分利用內部資源與外部環境優勢，採用增長性策略尋求擴充發展的機會。

- **威脅避險策略**：組織內部具有優勢，但外部環境不佳。組織可採用多元化發展的策略，避開直接的威脅，並利用本身的優勢來克服外在環境的威脅。

- **優勢強化策略**：外在環境友善，但內部優勢不再，組織可採用扭轉性策略，運用外部壓力、引進外部資源、利用人才培育或技術提升強化組織內部能力。

- **劣勢防守策略**：組織的內、外在環境都處於弱勢的情況，可採用防禦性策略（如：進行合併或縮減規模等），此種策略組織必須改善弱勢以降低威脅，常是面臨困境時使用。

以環保署為例，2014 年版環境白皮書將環保署環境管理的政策目標訂為：「藍天綠地、青山淨水、健康永續」，並在這願景目標下，同時提出了「組織建制倡永續、節能減碳酷地球、資源循環零廢

表 3.6　SWOT 分析

		外部環境分析	
內部分析 ＼ 外部分析		機會（O）	威脅（T）
內部環境分析	優勢（S）	前進策略 （尋找機會、 增長性策略）	避險策略 （威脅避險、 多元化策略）
	劣勢（W）	防守策略 （強化優勢、 扭轉性策略）	撤退策略 （劣勢防守、 防禦性策略）

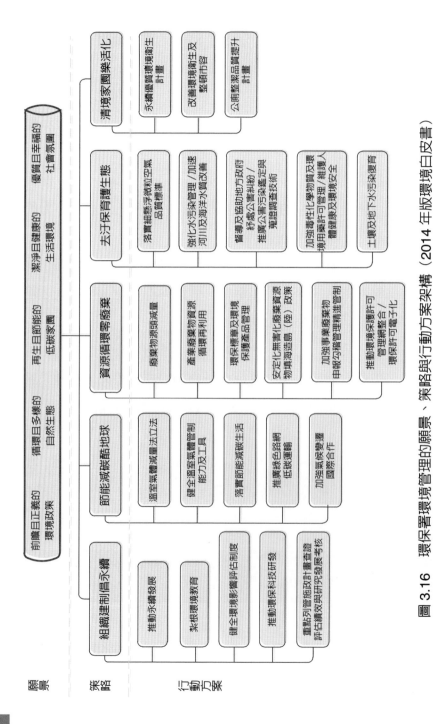

圖 3.16　環保署環境管理的願景、策略與行動方案架構（2014 年版環境白皮書）

棄、去汙保育護生態、清淨家園樂活化」等五項的策略主軸（如圖
3.16 所示）。這五項的策略主軸具有承先啓後的功能，它們要確保願
景目標的達成，也要爲後續的行動方案提供一個明確的行動方向，使
各項的行動方案得以順利展開。從系統理論的觀點來看，每一個策略
和行動方案都是整體管理系統中的子系統或成員，它們雖各自獨立卻
又互相關聯。因此擬定策略與行動方案時，必須考慮環境系統的完整
性、階層性與動態性特徵，並把將總體目標分配到不同的策略方案之
中。

四、程序

　　管理者面對複雜的管理問題或是處理經常性或重複性的業務時，
會將複雜的管理問題轉化成一致化與程序化的執行流程，如標準作業
程序（Standard Operation Procedure，SOP），以提升執行的效率與品
質。標準作業程序能夠縮短新進人員面對不熟練且複雜的問題，只要
按照步驟指示就能避免失誤與疏忽，使管理程序更有效率、管理或作
業品質更加穩定。程序管理已經被廣泛的應用到決策流程、管理流程
與作業流程的管理上，如實驗分析的標準方法、有害事業廢棄物運送
的聯單制度等。圖 3.17 是一般性開發行爲環境影響評估程序，它也
是非常典型且具代表性的程序控制案例，它將繁瑣的環評程序標準
化，使不同的利害關係者能在程序中的某個階段參與環評作業。事實
上，ISO 品質管理系統就是一個非常典型的管理程序，它協助管理者
將管理的過程程序化與標準化，明確的規範管理程序應具備的元素以
及元素中的要項，使管理者可以有效地簡化複雜的管理問題，以維持
穩定的管理品質，是一種將系統分析標準化的管理方法。

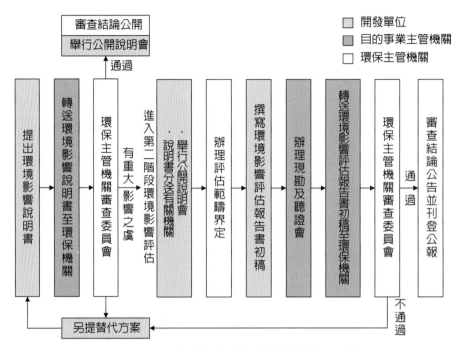

圖 3.17　一般性開發行為環境影響評估程序

五、人員與文化、行為

　　組織經過長時間運作會發展出一套屬於共同體間特有的規則、價值觀、思考模式、行為作風及歸屬感綜合而得的組織文化。組織文化包括組織的制度文化（工作規章、考核制度等）及精神文化（組織信念、價值標準等）皆會影響組織的運作。除了物理的環境因子（組織的工作環境、硬體設施等）會影響組織的運作外，心理的環境因子（組織的歸屬感、人員的責任心、同儕關係、組織運作氛圍等）也會制約組織管理的效能，甚至決定了是否能達成組織的目標。組織具有可塑性，並非一成不變，而是可以透過組織培訓、學習等逐漸累積集

結而成。透過系統思考嘗試利用各種不同的方法解決問題，能拓展經驗、傳遞知識，進而改變組織的運作型態。

第三節　環境規劃與管理的對象及內容

　　環境系統規劃與管理就是以系統性的邏輯思維，利用科學化的規劃與管理工具來解決環境上的問題。環境問題是一個包含時間、空間、生態、經濟、社會、法律與政治的多維度管理問題。若將環境問題看成一個系統，則組成這個系統的元件通常不僅數量龐大而且種類眾多，它們之間的關係又很複雜，並有多種層次結構，也被稱為是一種複雜巨系統。例如人體系統、生態系統以及社會系統。在人體系統和生態系統中，元素之間的關係雖然複雜，但還是有一定的規律可以遵循。但在社會系統中，將常涉及人的意識判斷，使系統元件之間關係不僅複雜而且帶有很大的不確定性，這類的系統是複雜巨系統中最難處理與管理的系統。面對這樣的複雜系統，決策者必須根據環境問題的特性與決策管理的目的進行系統的簡化，以圖 3.18 為例，決策者可以根據環境系統的大小以及決策的層級結構選擇評估的內容與使用的工具，在環境系統上根據系統的空間尺度大小將環境問題區分成全球性、跨國性或區域性的問題。在小尺度的空間系統中，也可以根據問題的內容重點，將環境問題聚焦在某一個環境介質上，例如：土地、水、都市化或空氣等不同議題。

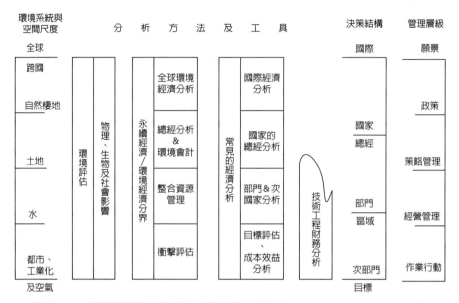

圖 3.18　不同環境系統下的問題與工具（M. Munasinghe, 2009）

　　同時，決策者可以根據圖 3.18 右邊的決策結構與管理層級進行問題分析，選擇參與決策的人員以及決策的內涵，以釐清規劃與管理問題屬於願景規劃、政策分析、策略擬定、經營管理，亦或是標準作業程序的擬定。最後選擇決策過程中須仰賴技術工程、財經及經濟分析。環境問題的複雜程度會因為自然體系及人類社會結構的差異而有所不同，對於一個複雜的環境問題（如：亞馬遜雨林管理、跨國性流域管理），因為可能涵蓋多個國家、涉及多個經濟部門之間的互動，其複雜的程度不難想像，所需使用的環境評估技術也越趨複雜。若決策者選擇以經濟工具作為主要的評估與管理工具，則決策者可以根據環境問題的層級特性，選擇從環境衝擊、整合資源管理、環境總體經濟分析、環境會計或全球 / 跨國環境經濟分析工具進行政策與方案的評估。以下針對不同的問題尺度，進行環境問題的分類說明。

一、依空間與時間尺度大小劃分

系統具有空間與時間尺度的特徵，空間尺度決定系統範圍與大小，時間尺度則決定了系統的動態特性，但系統的複雜度則取決於系統中物件的數量以及物件關聯的複雜程度，因此大系統並不一定就是一個複雜系統。一般而言，一個具有較大空間尺度的系統，該系統的時間尺度也會比較大。在這樣一個大型的系統中，系統的動態性與反應的延遲性（Time-delay）通常無法被忽略，尤其是系統中包含經濟、社會與環境等不同管理層面的問題。從空間尺度來看，環境規劃與管理問題可區分成全球性、跨國性、區域性、行業性、部門性以及設施單元等不同尺度的環境問題。一般而言，大尺度的環境問題具有較高的複雜性，需要複合式的管理工具，小尺度的環境問題則偏好以技術性或法令規章與標準的方式來達成管理的目的。由於系統之間具有階層關係，小系統會受到大系統的制約，而小系統會影響大系統的效能發揮，因此無論進行哪一種尺度的系統規劃與管理，決策者都必須注意不同尺度系統之間的關係以及訊息的傳遞。

表 3.7　不同空間尺度下的環境問題

尺度	環境議題	現況與內容
全球性環境議題	全球氣候變遷	目前影響氣候變遷甚鉅的因素則是人類所排放能使氣溫上升的溫室氣體。聯合國政府間氣候變遷小組（簡稱 IPCC）指出，二十世紀全球平均溫度的上升幅度約為一百年上升攝氏 0.74 度。近年來「全球暖化」的名詞漸漸被「氣候變遷」取代，強調氣候的改變，並且不僅僅只有溫度的變化，氣候變遷攸關各國永續發展和人類物種的存續（氣象局，2017）。

（接下頁）

表 3.7（續）

尺度	環境議題	現況與內容
	臭氧層破壞	1987 年 26 個聯合國會員國共同簽屬蒙特婁議定書，管制 CFC、海龍等避免持續破壞臭氧層。目前北半球的臭氧層厚度每年大約減少 4%，全球約有 4.6% 的面積沒有臭氧層覆蓋。
	生物多樣性減少	生物多樣性與人口成長、經濟發展有關，人類活動可能導致棲息地破壞、資源過度利用、引進外來種、汙染及氣候變遷，降低生物多樣性。在熱帶雨林區平均每年有 2 萬 7 千類物種消逝。快速氣候暖化也是造成生物多樣性減少的主要原因。
	水資源危機	包括可用水匱乏及水體汙染。水資源危機會影響城市的衛生系統、生態系統崩解、作物欠收、國家衝突等問題。聯合國預測 2025 年全球會有 2／3 人口生活在缺水的國家，2030 年全球可用的淡水將減少 40%，而人口成長及都市化是造成缺水的主因（關鍵評論，2015）。
洲際性環境議題	森林與熱帶雨林	亞馬遜雨林面積占全球雨林面積的一半，因為不法砍伐、開採導致每分鐘平均消失 6 個足球場大小的面積，除了使物種消失外，也加速全球暖化。雨林退化使水土流失、自然災害頻繁發生（持續乾旱及異常降雨）。
	煙霧與沙塵暴	大草原的沙漠化經常導致沙塵暴，沙塵因為缺乏降雨加上地面強風或是季風的吹拂影響源地或鄰近地區，例如：中國西北方的沙塵可影響日本、夏威夷、菲律賓及台灣等地。可透過植樹林、建立生態保護區防止沙塵跨境移動。煙霧（又稱霾）與沙塵的傳輸型態相同，但煙霧是由硫化物等汙染物所組成，其對環境的危害更甚，歐盟制定空氣汙染上限標準要求會員國遵守，減少霾害的跨境傳輸。
	酸雨	酸雨是空氣汙染的產物，因為前驅物質（硫氧化物、氮氧化物）藉由大氣傳輸所致，會使湖泊酸化、森林死亡，甚至造成跨國傳送的爭議。此外，雨水的型態會因為地區及季節而有所差異。以越南為例，該國僅產生 35% 的酸沉降、19% 來自泰國、35% 來自中國。1985 年共有 18 國締結赫爾辛基條約承諾硫化物減排，減低酸雨的跨境傳輸。

（接下頁）

表 3.7（續）

尺度	環境議題	現況與內容
地區性環境議題	跨國流域管理	以羅馬尼亞為例，其境內有幾條河川流經匈牙利、烏克蘭、塞爾維亞等交界，因而變成一些重要的跨國界問題。2000 年拜亞馬瑞地區的氰化物洩漏造成跨界汙染事件，使羅馬尼亞、匈牙利、歐盟執行委員會與聯合國共同成立了一個國際任務組織，擬制定了一個羅馬尼亞、匈牙利與烏克蘭的提薩河流域上游緊急應變的三邊協力計畫（經濟部水利署）。
	廢棄物跨境處理	1992 年巴賽爾公約生效，目的在管理有害廢棄物、減少且避免跨國運送的環境汙染。在 2011 年所召開的第 10 次締約國大會中，明確推動「巴塞爾公約禁令修正案」以確保已開發國不再將有害廢棄物運往開發中國家。
	海洋資源破壞與汙染	過度捕撈使全球海洋 77% 的漁業資源完全枯竭、過度利用。 1982 年聯合國通過《海洋法公約》，劃分各國的經濟海域並執行環境保育。海洋汙染的主要來源包括石油，是船舶及原油開採所致。其他包括汙染物排放，形成近海口汙染；大氣有害物質沉降；濱海區或船隻的垃圾傾倒；先進國家將工業廢料轉往第三世界，導致不法傾倒或洩漏。
	持久性有機汙染物的汙染	POPs 因具有高脂溶性、不易分解等特性，故不斷透過揮發或風力釋放於大氣中，經由沉降作用回到陸地，POPs 經由大氣擴散形成無國界的汙染現象。國際上透過斯德哥爾摩公約管制 DDT 等 12 種 POPs。
	土地沙漠化	全世界約有 2/3 的國家、地區正面臨沙漠化的危機，全世界約有 1/3 的面積受到沙漠化的危害，約有 1/5 的人口受到沙漠化影響。每年約有 5 千萬～7 千萬平方公里的耕地被沙漠化，其中有超過 2 千萬平方公里的耕地完全喪失生產能力，經濟損失高達 423 億美元。

二、依參與對象

1. 政府部門

　　政府是推動公眾事務的主要參與者，它藉由制定與推動各種制度、規範來推動公眾事務，提升社會的總體價值。政府依法對整個社會進行公共治理，而環境管理則是政府公共治理中的一個重要分支。在環境規劃與管理的三個參與者中，政府不僅是主導者，更扮演著協調者的角色，它必須妥善處理「政府、企業、公眾」三者之間的利益關係，才能有效達到環境管理的效益。所以，政府是環境管理中的主導性力量。政府必須擬定環境發展策略、設置環境保護的專門機構，並提供有效、即時且公開透明的環境資訊予群眾。在國際社會中，政府做為一個國家的行為者，除了提升國家內部的發展程度外，也必須符合國際間對環境保育的規範，例如：履行京都議定書中的減排機制、落實生物多樣性原則、禁用流刺網等。國家也可以透過政府之間的合作達成經濟發展與永續環境的雙贏。

2. 企業部門

　　企業是一個以追求利潤為目的的經濟單位，也是產品與服務的提供者，在產品與服務的生產過程中會消耗大量的自然資源，也可能累積大量無法被環境淨化的汙染物。做為經濟、社會與環境樞紐的企業，經常是環境管理的主體，他們的行為對一個區域、一個國家乃至全人類的環境保護和管理有著重大的影響，因此國際上所發展出來的自願性協議與政府部門擬定的標準及規章，便希望利用法律、行政與經濟手段使企業能夠有效的進行環境管理、達成綠色企業與環境永續

的目標。企業自主管理包含：採行綠色會計、執行綠色生產技術、進行綠色供應鏈管理、強化企業的環保法規等，加強企業的環境管理機制、推動社會企業責任，使企業能夠兼顧環境、社會與經濟發展下，達到環境永續發展的目標。從系統的角度來看，不同的管理目標會有不同的管理範疇與管理重點，若從時間規模與組織規模來看，企業環境管理的問題與內涵會隨規模的大小而不同（如圖 3.19 所示），在小規模的系統中，環境工程與汙染防治是主要的管理內容，隨著組織規模與時間規模的擴大，企業環境管理的議題也會逐漸擴大，並逐步涵蓋綠色設計與生產、綠色工廠、產品生命週期、產業生態、與永續發展等管理議題。必須注意的是，小系統是大系統中的成員，大系統的整體效能必須建立在這些系統成員的績效基礎上，因此若以大系統的觀點進行企業環境管理時，小系統的管理議題也必須一併納入考量。

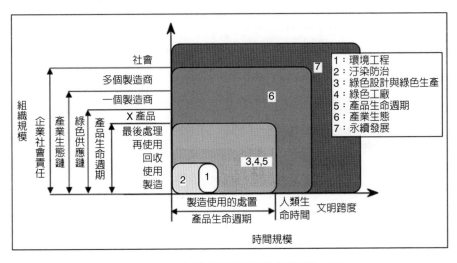

圖 3.19　企業環境管理的規模與內涵

　　如圖 3.20 所示，當企業環境管理的組織規模愈大，企業除了必須重視產品與製程的環境友善程度外，也必須建立線狀的綠色供應鏈以及網狀的產業生態鏈，同時從資源的供給面以及產品的消費面考量企業對環境的整體衝擊。作為一個永續經營的綠色企業，除了考量環境與經濟層面的問題外，企業對社會的影響也受到重視，因此企業社會責任（Corporate social responsibility，CSR）近幾年也成為企業環境管理的重要議題。為了評估企業對經濟、環境與社會等面向的影響包含評估經濟永續性的生命週期成本（Life cycle costing，LCC）、評估環境永續性的生命週期評估（Life cycle assessment，LCA），

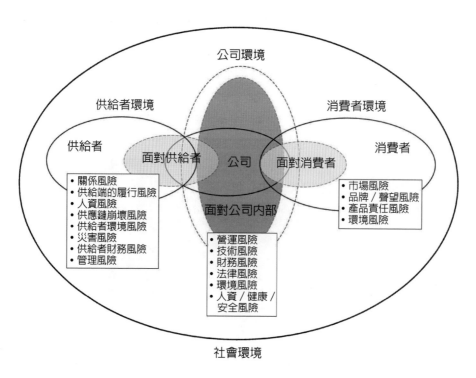

圖 3.20　不同尺度下企業環境管理問題

以及評估社會永續性的社會生命週期評估（Social life cycle assessment，SLCA）等評估工具被認為是企業環境管理的有效工具。圖3.20顯示完善的企業環境管理必須包含公司環境、消費者環境、供應者環境以及社會環境等不同面向的良善治理。當系統尺度逐漸擴大，利害關係者以及他們所注重的管理目標會逐漸多樣化，使用的管理工具也會逐漸由單一的工程與管理技術逐漸朝整合性管理的方向前進，作為一個管理者必須了解不同面向之間以及大小系統之間的連接介面，確認決策管理的目標與範疇才能有效的進行規劃與管理的作業。

3. 民眾和非政府組織

　　民眾是環境管理系統中的執行者與受益者，民眾在人類生活的各種領域中發揮著最終的決定性作用，民眾除了須落實政府所制定的法規外，還須扮演政府施政的監督者。而民眾能否有效地約束自己的行為、推動與監督政府和企業的行為是環境管理重要的關鍵因素。有時為了增加影響力以及一個共同努力或追求的目標，民眾透過組織各種社會團體和非政府組織來參與環境管理的工作，督促企業和政府增加環境管理的效果。

三、依組織層級

　　一個完整的系統性規劃與管理應包含長期的策略管理、中期性的經營管理、以及短期性的作業管理，從系統的觀點來看作業管理是經營管理的子系統，而經營管理則又可視為策略管理的子系統，小系統會受到大系統的制約，因此策略的擬定會影響經營管理的內容，同時也會影響作業管理階段的程序設計。當設定的環境管理目標無法達成

時，必須檢討無法達成目標的原因是發生在策略管理層級，還是經營或作業管理階段。一般而言，策略規劃屬於方向性的管理，著重在於願景與使命的描繪、目的的設定以及管理效能的達成，政策、策略、目標管理與政策溝通是這個階段的管理重點。經營管理的目的是在確保策略管理階段所設定的政策與策略能被正確而有效率的達成，因此這個管理層級的主要管理內容是建立各種管理方案、程序以及制定各種的管理規範，讓作業管理層級以最有效率的方式完成策略管理層級所規劃的行動方案，為了進行有效的管理，在經營管理階段會透過監測（如：建立評量指標）、控制（如：經費配置、績效評估、獎補助）、最佳化（如：建立標準化的管理程序）以及報告的方式進行行動方案的績效控管。經營管理重視目標的設定與達成，強調效能與效率管理，亦即以最佳化的經營模式使組織在最少的資源投入下獲得最大的產出。作業管理特別強調作業品質的管控，為了達成在策略與經營管理階段中對每一個操作單元所設定的標的，作業管理階段重視程序、排程與規則的達成及品質的控制。整體而言，作業管理偏向短期性、規律性的工作管理，它著重在短期效率的展現。策略管理、經營管理以及作業管理的差異整理如表 3.8 所示，可以發現不同的管理層級所著重的內容不盡相同，但都有緊密的關聯也會互相影響。一個組織的管理者必須了解它們之間的關係，並系統性的掌握它們之間的關係，對於一般的管理者而言，則必須了解自己所擔負的管理功能與目的，以適時調整自己的工作內容。

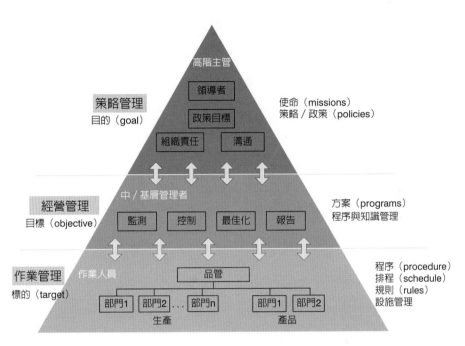

圖 3.21　環境管理的層級

表 3.8　三種管理層級之內涵

	策略管制	經營管理	作業管理
使命	目的：抽象的方向概念	目標：量化後的目的	標的：分工後的目標
尺度	大	中	小
時程	長期	中期	短期
管理目的	方向性（效向）	效向、效能	效率（效能）
管理內容	政策、策略、目標管理與政策溝通	監測、控制、最佳化以及報告	程序、排程與規則的達成以及品質的控制

第四節　環境規劃與管理的程序及內容

　　環境規劃與管理主要分成規劃階段與管理階段，規劃的目的是找到一個正確的管理方向確保目標的達成與問題的解決，而管理的目的則是以最有效率的方式、最佳的品質控制方式達成規劃階段所設定的目標。系統分析的功能就是利用組織化、程序化與科學化的方式簡化複雜的環境規劃與管理問題。一般而言，環境規劃與管理是一個連續而重複修正的過程，包含由上而下的整體性系統設計，也包含由下而上的問題管理與系統修正。任何的環境規劃方案進行規劃時，都必須考慮決策風險、決策的時效性、資源的需求、社會的衝擊、機會成本以及方案執行的時機。在網路發達的時代下，政府與群眾透過網路提供公開透明的訊息，對話並交流，成為環境規劃步驟中重要的一環。在永續環境管理過程中，決策者必須掌握國內任務環境的運作及總體環境的發展情況外，還需符合國外總體環境的法規架構，才能有效執行環境規劃與管理的工作。

一、系統分析階段

　　從系統的觀點來看，環境規劃與管理的過程主要分成系統分析、系統設計以及系統評估等三個階段（如圖 3.22 示）。系統分析階段的主要工作內容包含：現況分析、問題發現、確立決策目標、利用各種決策模式（包含：環境模式、經濟模式和社會模式）研擬各種可能的策略方案以及最適策略方案的選擇等幾個步驟，主要內容請參考其他章節的說明，簡要內容說明如下：

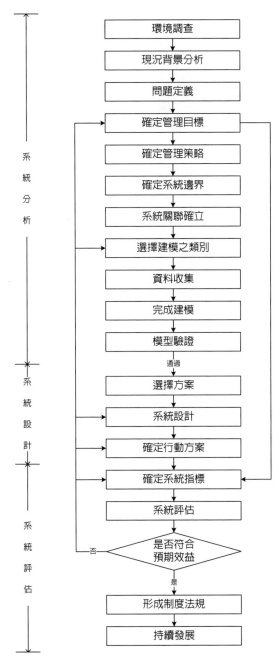

系統分析

系統設計

系統評估

圖 3.22　系統規劃與管理程序

1. 目標管理

在系統分析的階段中，必須讓相關利害關係者參與目標的制定與策略的擬定，目標是一個政策或方案的最終期望結果，因此目標的選擇決定了評估的範疇和內容，擬定合理可行的目標也是環境規劃與管理問題的重要議題。一個合理的決策目標具備以下幾項特性：

(1) 目標的層次性與互動性

如前所述，系統決策具有組織層級的特性，因此規劃與管理的目標也會是一個具有層級特性的網路系統。也就是說，整體的決策目標是由不同的行動方案所共同完成。如果各種目標不互相關聯，不相互協調且也不相互支持，則組織成員往往出於自利而採取對本部門看來可能有利卻對整個公司不利的方案。因此組織成員必須體認到，目標和行動方案之間的關係很少是線性的，而是一個互相聯繫的網路系統。因此組織中的各個部門在制定自己部門目標時，必須要與其他部門相協調。同時，組織在制定各種目標時，必定需要與許多約束條件進行妥協。

(2) 目標的多樣性

隨著環境問題的類型以及空間與時間尺度大小的不同，決策者與利害關係者的組成會有非常明顯的差異。決策是一種妥協的藝術，一個好的系統決策必須能夠讓管理者與利害關係者充分的溝通，並取得決策目標的共識，例如在撰寫企業社會責任書前必須進行範疇界定，以明確地定義利害關係者的組成以及他們所關注的決策目標。事實上，不同的利害關係者會有不同的目標偏好，而一個複雜的決策問題也通常會是多目標的管理問題。但是過多的目標會使決策者應接不

表 3.9　環境規劃與管理的程序及工作內容重點

階段	項目名稱	內容與目的
系統分析	資訊調查與問題確認	• 搜集決策過程中所需要的各種資料和數據。 • 利用各種質化或量化工具，分析問題趨勢、問題因果關聯。 • 確認環境內部與外部的環境條件。
	目標制定	• 確認利害關係者。 • 確認總體目標與分項目標。 • 確認參與者進行目標分配。
	方案分析	• 確定系統的空間與時間邊界。 • 確認子系統與其他單元組成。 • 根據參與者選擇合適的政策工具。 • 選擇分析模式產生候選方案。
	方案選擇	• 確認環境限制。 • 確認績效評估指標。 • 資源、時程、技術、人員等可行性分析。 • 綜合評價。
系統設計	資源與環境限制	經費、預算來源、現有組織與人員狀況評估。
	選擇政策工具	請參考表 4.1 政策矩陣。
	程序設計	建立標準作業程序。
	案例分析	設計方案的可行性與效應評估。
	規範、標準研擬	設施標準、程序、排程與規則之研擬。
系統評估	建立評估架構	• 確認評估對象（政策、策略、組織、程序、規範與人員）。 • 確認評估項目。 • 確認評估方法。
	建立資料蒐集機制	建立資訊流。
	進行績效評估	效能分析、效率分析。
	缺失與改善策略分析	確認回饋控制機制與對象。

暇，從而顧此失彼，更爲可怕的是，決策者若無法分辨目標的重要性，常會決策者、管理者或作業人員過於重視小目標而妨礙了主要目標的實現。因此，在考慮追求多個目標的同時，必須對各目標的相對重要程度進行區分。

(3) 目標的可考核性

目標是一種量化後的目的。量化後的目標有助於衡量政策或方案的執行成效，同時也有助於組織活動的控制與人員的獎懲。但是很多的決策內容是不能或不容易量化的，而質性的描述在某些環境目標（或問題）比量化數據更爲重要，而這也是一般數學模型不容易克服的問題。進行環境規劃與管理時，必須先釐清可量化以及不可量化的規劃目標，並適時的將這些目標反映在方案選擇的過程之中。對於一般性的環境規劃與管理問題而言，目標的量化與分配非常重要，因爲它可做爲行動方案績效的評估依據，因此只要有可能，就制定明確的、可考核的目標。

(4) 目標的可管理性與反饋性

以 PDCA 管理循環的概念來看環境規劃與管理的問題時，可以發現環境規劃與管理是一個動態回饋的管理過程，經營管理、作業管理過程中的各項訊息需能反饋到目標管理過程中，而目標的設置、目標的實施情況也必須不斷地反饋給目標設置和實施的參與者，讓員工知道組織對自己的要求與自己的貢獻情況。如果建立了目標再加上反饋，就能更進一步加強員工的工作表現。事實上，在系統分析的階段中，決策者就必須擬定相對的效能評估系統，而指標系統是效能評估系統中最爲常見的一種方式，但必須注意的是指標的項目必須能符合

評估的目的、必須能夠對目標、策略或行動方案提供反饋修正的訊息，也必須有評估資訊收集的程序規劃。

(5) 客觀性與可執行性

環境資源是有限的，在規劃各種目標時必須考慮包含技術、時間與成本在內的環境限制，也可以設定階段性的管理目標，分階段完成組織的長期管理目標。為了使目標具有可執行性，決策目標應需維持其客觀性，也因此除了採用由上而下的菁英式管理外，也可以採用由下而上的方式來取得作業單位與經營單位對決策目標的共識，減少目標推動的困難。例如以公民咖啡館的方式凝聚不同利害關係者對規劃與管理目標的共識。

2. 方案選擇

在環境評估問題中，我們經常面臨多準則或多目標的決策問題，且準則與準則之間經常會互相衝突，決策者面臨的是如何從多目標與多準則的環境問題中，尋找一些適當可行的方案。例如選購一間房子時，我們通常就會考慮多種因素，像是價格、地理位置、安全性、建材好壞、折舊率、外觀等評估屬性，而這些評估準則往往是相互衝突的，如價格與地理位置。在面對複雜的環境問題時，最小成本或最大效益已不是唯一的考量。進行環境評估時，決策者最大的難題是如何在諸多的衝突目標中進行權衡取捨。多準則決策（Multiple criteria decision making，MCDM）是指從具有相互衝突的有限（或無限）方案中選擇最適方案的一種決策分析方法，而根據決策方案是有限還是無限，多準則決策又可區分成多屬性決策（Multiple attribute decision making，MADM）與多目標決策（Multiple objective decision making，MODM）兩大類。

(1) 多屬性決策

多屬性決策也稱有限方案多目標決策，是指在考慮多個屬性（Attribute）的情況下，從一組備選方案中選擇最優方案或進行方案排序的決策問題。多屬性決策是由準則（Criterion）、權重（Weight）與方案（Alternative）等三個元素所組成，準則是影響我們作決定的因素，權重代表了我們有多在意這些因素，方案則是目前有哪些選擇，這三者彼此相互影響。準則之間可能是相互矛盾的，也可能是彼此獨立無關聯的，因此如何設立適當的準則是多屬性決策的關鍵議題。

(2) 多目標決策

多目標規劃是利用一組數學方程式來表示所有可行方案的組合，從無限多個（可行解區間）且事先未知的方案中尋求最佳方案的一種決策方法。多屬性決策所評估的可行方案是有限個，而且這些方案在事先是已知的。多目標決策是指需要同時考慮兩個或兩個以上目標的決策問題。例如：對於一個政策方案或開發行為，既希望它們帶來的經濟效益能夠最大化，又希望它們帶來的環境衝擊最小化，在經濟與環境兼籌並顧及所有的環境限制下所獲得的最佳方案才是最優的決策。在多目標決策中，要同時考慮多種目標，而這些目標往往是難以比較的，甚至是彼此矛盾的；一般很難使每個目標都達到最優，作出各方面都很滿意的決策。因此多目標決策實質上是在各種目標之間和各種限制之間求得一種合理的妥協，這就是多目標最優化的過程。

二、系統設計階段

　　經過了方案的選擇之後，就進入了系統設計的階段。系統設計階段的目的就是根據系統分析的結果，從各種不同的政策工具（詳見第五章）中選擇最合適的工具，進行方案的系統化設計。方案設計時須考慮政策工具的時效性、政策工具的行政可行性、所需的經費、預算來源、現有組織與人員狀況。對於一個複雜的環境管理問題（如：永續發展），管理者通常會同時採用各種不同的策略，因此也會進行不同的系統設計。若能在設計前進行充分溝通並建立彼此之間的訊息交換，則更能達到事半功倍的效果。為了確保設計後的行動方案可以被有效執行，管理者可以利用圖 3.8 的方式進行個別行動方案的測試。若發現具有可行性，則可進一步的將方案內容標準化與法制化，以利行動方案的推動。

三、系統評估階段

　　系統評估的目的是評估系統分析、系統設計以及系統執行的效能和效率。它是發現問題、持續改善的關鍵步驟。一般而言，在系統分析與設計的階段，就需要規劃詳細的系統評估機制（詳細內容請參考第七章），同時在執行階段逐次蒐集評估所需要的資訊。系統理論強調回饋控制的重要性，為了修正後續的策略、經營與作業管理，績效評估需要有系統針對政策、策略、組織、程序、規範與人員進行資訊收集，以釐清環境規劃與管理的問題，並進一步擬定後續的改善策略。

【問題與討論】

一、欲估計某受體對某汙染物質的暴露量，試說明有哪幾種方法？並分析各方法的優缺點。（99 年環保技術高考三級，環境規劃與管理，25 分）

二、行政院環境保護署依據「環境基本法」，以「藍天綠地，青山淨水，健康永續」作爲環保施政願景，訂定「節能減碳酷地球」、「資源循環零廢棄」、「去汙保育護生態」及「清淨家園樂活化」等四大策略，其主要策略目標有哪些？請說明。（100 年環保行政、環保技術特考四等，環境規劃與管理概要，25 分）

三、聯合國環境與發展會議 1992 年 6 月 3 日至 14 日於巴西里約熱內盧召開，並提出《里約環境與發展宣言》（rio declaration），又稱《地球憲章》（earth charter），其對永續發展（sustainable development）的概念及落實原則爲何？請說明。（100 年環保行政、環保技術特考四等，環境規劃與管理概要，25 分）

四、就系統化的組織及其組成架構而言，何謂管理（management）？管理的對象與目的爲何？何謂管制或管控（managerial control）？管制的對象與目的爲何？何謂控制（control）？控制的對象與目的爲何？環境保護主管機關對事業單位是管制或控制？試舉例申論之。（100 年環保行政、環保技術普通考試，環境規劃與管理概要，25 分）

五、爲達環境永續經營，並考量全球資源短缺與人口逐年增加，物質全回收一直是環境規劃與管理的重要課題，試以生命週期分析（Life Cycle Analysis, LCA）之原理或方法，詳細說明擬達到「物質全回收或循環型社會」之規劃架構及其相關管理措施。（100 年環保行政、

環境工程高考三級，環境規劃與管理，25 分）

六、試說明「環境決策」在環境規劃與管理工作上之意義。而常用的環境
決策型式有確定型決策、風險型決策、不確定型決策與序列型決策，
請依你所知的國內案例，舉例說明採用此等不同環境決策型式對環境
規劃可能產生之潛在影響或差異。（100 年環保行政、環境工程高考
三級，環境規劃與管理，25 分）

七、1. 試簡要說明生命週期評估中關於功能單位（functional unit）、系
統邊界（system boundary）、分配原則（allocation）與截斷準則（cut-
off）的考慮要點。2. 試以不同電力結構的政策環境影響評估為例，說
明如何進行生命週期評估，以輔助制定國內未來電力結構的政策。

（101 年環保行政、環境工程高考三級，環境規劃與管理，25 分）

八、試定義下列名詞並簡述其內容：（101 年高等考試環境工程技師，環
境規劃與管理，25 分）

1. 清潔生產

2. 社會成本

3. 環境決策分析

4. 優氧化評估指標

5. 成本效益分析

九、何謂生態工法（Ecotechnology）？試述其重要之基本理念與設計原
則。（101 年高等考試環境工程技師，環境規劃與管理，25 分）

十、試述地理資訊系統（GIS）與遙感探測（RS）二者的基本差異為何？
GIS（Geological Information System）與 RS（Remote Sensing）在環境
規劃與管理技術上有哪些的應用？（101 年高等考試環境工程技師，
環境規劃與管理，25 分）

十一、國內有許多不同性質的受汙染場址，這些場址應如何建立管理的優先次序？請說明應考量哪些因素，以及應進行之分析工作的程序與內容。（102 年高考二級環保技術，環境規劃與管理，25 分）

十二、環境基本法中，強調各級政府應建立綠色消費型態的經濟效率系統。試解釋何謂綠色消費型態的經濟效率系統，並提出有助於建立該系統的政策工具。（102 年高考二級環保技術，環境規劃與管理，25 分）

十三、在處理多面向的環境問題時，常會使用階層分析法（AHP, Analytical Hierarchy Process）。請說明階層分析法的執行步驟。（102 年高考三級環保行政、環境工程，環境規劃與管理，25 分）

十四、請說明下列三種歐盟環保指令。（102 年高考三級環保行政、環境工程，環境規劃與管理，25 分）

　　1. 危害物質限用指令（RoHS, Restriction of Hazardous Substances）

　　2. 廢電子電機設備指令（WEEE, Waste Electrical and Electronic Equipment）

　　3. 能源使用產品生態化設計指令（EuP, Energy-using Products）

十五、試說明環境規劃之目的與意義？若以環境汙染管制為原則，請輔以案例敘述環境規劃所需之分析或執行方法？（102 年特考四等環保行政，環境規劃與管理概要，25 分）

十六、何謂「環境荷爾蒙」？試以地方政府公部門角度，請舉例說明此等環境荷爾蒙（如戴奧辛）可行的環境管理相關工作或措施？（102 年特考四等環保行政，環境規劃與管理概要，25 分）

十七、「永續發展（Sustainable Development）」係從環境和自然資源角度，提出關於人類長期發展的策略模式，且涉及環境、經濟、社會

等三個層面之綜合概念，而非僅個別就經濟面或環境面來思索其意涵。若以環境系統的觀點來看，永續發展是一個涉及與環境、社會、經濟等三個子系統互動糾結而形成的一個大系統，且三者應同時被考量。試分別以「三角關係」、「交集圓」、「同心圓（或大圈圈中的小圈）」等模型觀點，論述三者間之互動關係與特色為何？（102 年普通考試環保行政、環保技術，環境規劃與管理概要，25 分）

十八、請敘述系統分析法的作業程序，有哪些步驟？（103 年特考三等環保行政、環境工程，環境規劃與管理，20 分）

十九、吾人在解決環境問題時，常會有一個盲點，就是僅針對該問題的現象去解決，也因此常會有解決了當下的問題卻衍生了其他問題的窘境。真正的釜底抽薪的辦法，應該是應用系統思考的方法（systems thinking approach），綜合考量與分析這問題發生的緣由及相互關聯性，據以提出最佳可行的解決方案。試問：（103 年高考三級環保行政、環境工程，環境規劃與管理，24 分）

1. 系統是甚麼？

2. 其主要特性為何？

3. 系統思考與一般性思考的差別為何？

4. 試以垃圾處理為例，說明如何結合系統思考及系統分析來解決此一環境的問題。

二十、環保政策的執行工具可分成哪幾類？其實際內容又為何？試以低碳城市之規劃及推動為例，說明如何綜合運用這些政策工具。（103 年高考三級環保行政、環境工程，環境規劃與管理，25 分）

二十一、就環境保護與環境管理而言，何謂環境？何謂環境資源？環境保

護所要保護的對象為何？環境管理所要管理的對象為何？為什麼？請申論之。（103 年普通考試環保行政、環保技術，環境規劃與管理概要，25 分）

二十二、「永續發展（sustainable development）」的目標與理念，是目前應用於制定國家環保政策的重要依據。請回答下列問題：（104 年升官考薦任環保行政，環保行政學，25 分）

1. 永續發展的基本概念與定義。

2. 制定永續發展策略應考量之基本原則包括哪些？

二十三、試申論為何環保政策常以「效率」、「公平」及「權」做為環境政策制定之基本信念。（104 年特考四等環保行政，環保行政學概要，25 分）

二十四、環境問題非常複雜，環境系統分析利用系統性思維（system thinking）分析複雜的環境問題，得以較有效地解決這些複雜的環境問題，請說明一般環境系統分析之程序與內涵。（104 年升官考薦任環保行政、環保技術，環境規劃與管理，25 分）

二十五、環境問題因為參與者之角色眾多、使用資源之性質（公共財）及承受之受體不同，因此，環境問題非常複雜。請說明環境問題具有哪些特性？解決這些複雜的環境問題過程大致可分為規劃與管理兩階段，請說明此兩階段之主要內涵。（104 年特考身心障礙人員四等環保行政，環境規劃與管理概要，20 分）

二十六、1. 依據國內「環境基本法」第 2 條所稱之「環境」為何？

2. 請說明何謂「環境規劃」？何謂「環境管理」？

3. 環境規劃與管理之目的為何？（105 年特考四等環保行政、環保技術，環境規劃與管理概要，25 分）

第四章　環境政策工具

環境可以被視爲一個複雜的巨系統，這個複雜系統的行爲可以利用各種指標來呈現，當系統的行爲不符合我們的期待或者是管理者希望它朝向一個更好的方向發展時，管理者可以透過政策或方案的介入，並藉由影響環境成員的特性以及它們之間的關聯，來改變系統的整體行爲。而「政策工具」的目的就是將抽象政策目標轉化爲具體行動方案的工具或機制，來改變行政系統的運作模式，常見的政策工具包含行政、法律、經濟、資訊、技術與教育等幾大類，政策工具的選擇需要考慮內部與外部環境的條件與限制，同時爲了達成既定的政策目標，不同的政策工具會被混合使用，以互補不足。近年來，環境政策的制定已經從國內走向國際舞台，這種變化反映了政策制定的國際化以及全球化競爭的趨勢。例如一個國家內的產業，它除了必須符合它們國家的相關環保法規外，也會在國際政策的壓力下，被迫採用更嚴格的生產過程與產品要求（如：無毒化、去物質化、節能化），那麼這些受到國際政策約束的企業便會試圖把相同的限制強加在它的競爭者身上。即使一開始沒有相關的法規限制，一旦某些法規限制被採用或接受時，而企業也發現推廣這些法規限制或標準到其他產業，對它們是有利的，那麼這些法規與限制也會成爲區域或國際的環境政策。因此，發達國家的工業便在不知不覺中迫使了發展中國家遵循這些標準，而成爲國際環保組織的一員。政策制定國際化的其他驅動力，還包括跨國公司管理標準化的需要，以及一批像世界銀行那樣有著重要作用的國際公共機構：日本經濟基金會、北美自由貿易協定祕

書處、歐盟以及聯合國。

第一節　系統失靈與矯正

一、政府失靈的原因

當外部性、資訊不對稱、自然獨占等情況發生時，會發生市場失靈的現象，而產生了各種不同型式的環境問題，政府的角色就是利用環境政策的提出與執行避免市場發生失靈的現象。解決這些因市場失靈所衍生出來的環境問題，一旦政府無法發揮矯正市場失靈的功能，便稱為政府失靈（Government failure）。導致政府失靈的常見原因如下：

1. 不完整的資訊

是指政府在擬定各項公共政策時沒有足夠的資訊，或是沒有適當的資訊用來評估環境政策實施後的結果，而不完整的資訊也會產生不完整的競爭市場，因此基礎資料的蒐集與公開會有助於解決不完整資訊的問題。

2. 公共財問題

所謂公共財是指具有「非競爭性」與「非排他性」的財貨。環境資源具有公共財的特徵，也因為這個特徵常使人們毫無限制的取用環境資源，造成過度使用與資源枯竭的現象。1968 年，美國生態學者哈定（Garrett Hardin）發表「草原的悲劇」（The Tragedy of the commons）一文，它說明了具有公共財特徵的環境資源所面臨的問題。公

共財特性也容易產生搭便車問題（Free rider problem），導致政府做出低效益的決策。所謂搭便車問題是指一些人需要某種公共財產，但事先宣稱自己並無需要，但是在別人付出代價去取得後，他們就可不勞而獲的享受成果，因為可以無償取得公共財，因此自願性合作會顯得困難而不易進行，搭便車問題也會使政府無法建立健全的市場機制，提供公共財（如：自來水的提供）。

3. 利益團體遊說

利益團體（Interest groups）參與政府決策過程的情況愈來愈普遍，他們遊說政府採納他們的主張、理念及立場。利益團體具有「狹義議題焦點」的問題，經常關注某特定價值而少有廣泛性的觀點，當某個特殊的需求或觀點被接受時，也容易形成寡占或獨占的市場。

4. 多數決矛盾

在民主政體運作的過程中，採取「多數決」的決策方式。因此，並非所有的決策都可以滿足所有人的需求、解決各種問題。

5. 肉桶法案

立法過程中，政策制定者為了滿足自己選區內選民的利益，支持了不利於總體價值的公共政策。

6. 外部性

也稱為外部成本、界外成本或溢出效應，指的是一個人的行為對他人福祉造成影響，卻不必負擔相應的成本或義務。外部性（Externalities）又可分為正的外部性與負的外部性，前者指的是「外部利益」，又稱「外部經濟」，也就是個人的經濟行為對他人帶來正向利益，自己卻沒有享受到的部分；後者是「外部成本」，又稱「外部不經濟」，指的是個人的經濟行為對他人帶來的成本，自己卻不必負擔的部分。以圖 4.1 為例，若低估或忽略外部成本，則最適產量將有高估的現象，而造成了額外的社會損失。

7. 資訊不對稱

是指市場經濟活動中，參與交易的成員他們擁有不同數量的資訊，這些資訊量與資訊品質影響了他們對市場價格和數量的判斷，而無法完全發揮市場的功能。在二手車買賣市場中，賣方比買方擁有更多的交易資訊，而在醫療保險中，買方所擁有的資訊通常大於賣方。透過資訊的揭露（如：環保標章的建立），可以解決消費者在購買綠

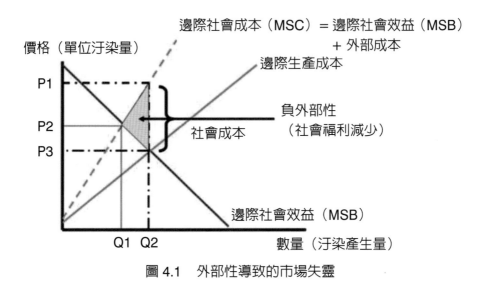

圖 4.1　外部性導致的市場失靈

色產品上資訊不對稱的問題，消費者可以判斷產品是否經過環保驗證或在製造過程中使用較環保的技術。但環保標章所提供的「資訊」也可能帶來資訊不對稱（Information asymmetry）的結果，因為企業為了提升產品的價值，而將沒經過環保驗證的產品貼上檢驗標籤，進而影響消費者的社會福利。

二、政府失靈的矯正

環境、政府、民眾與企業是環境政策的主要利害關係者，任何的環境政策必須考慮這些主要利害關係者的角色與功能。由於企業直接從事生產行為，他們在追求經濟發展與利潤的過程中，經常忽略了經濟活動對環境造成的衝擊，為了避免產生負面衝擊，政府或環保團體會希望透過各種政策工具以防止、抑制、消除企業或個人在經濟活動中所可能產生的環境汙染問題。政策工具的選擇具有目的性，亦即必須根據欲達成的政策目標進行規劃與選擇。例如：行政院環保署於2013年的環境白皮書中提到我國環境政策包含：1.組織建置邁向永續；2.節能減碳共利環境；3.資源循環完整利用；4.去汙保育同時並進；5.清淨家園全面展開等五大目標。因此在這樣的政策目標下，各種不同的環境政策才得以全面展開。一個良好的環境政策必須包含以下幾項特點，這些特點也常被用來評估一個環境政策的好壞。

1. 有效性：環境政策實施對總體環境的效益。

2. 公平性：達到社會公平正義之原則，滿足個人、團體及總體。

3. 可管理：用最容易操作的政策工具解決當前問題。

4. 合法性與可行性：由立法部門建立政策並由行政部門有效實施。

　　一般而言，政策工具可以區分成棍棒（Sticks）、胡蘿蔔（Carrots）與說教（Sermons）等三種類型。例如：政府明定法規管制、防範各種環境汙染源，透過環境績效檢視各行為者是否遵行法規，遵行法規者給予獎勵，而違反法規者則給予懲處。另一種介於胡蘿蔔與棍棒之間的機制──說教，它對於企業體的實際效用也非常顯著，因為注重綠色經濟的企業不但可以利用它來建立聲望、提升企業競爭力，也可以減少企業在實施企業環境永續發展過程中不必要的成本支出。在環境規劃與管理中，我們把這三種機制稱為「直接管制」、「經濟誘因」與「資訊工具」。除了這三大類的環境政策工具外，諸如環境服務設施的直接供應（如：市政廢棄物處理）、國際協議、企業形象（如：企業社會責任）也是常見的環境政策工具，基本上因為政府擔負了財政、管理、供應和控制的角色，因此政策工具的選擇也可從這些不同的觀點切入。

表 4.1　政策矩陣：工具與實例

政策工具	自然資源管理	汙染控制
	水、漁業、農業、礦產、生物多樣性	空氣汙染、水汙染、固體廢棄物、有害廢棄物
直接供給	公共設施的供給	廢棄物管理
詳細規章	分區規劃 捕魚規制（如日期和裝備） 為保護生物多樣性而對象牙貿易實施禁令	催化式排氣淨化器、交通規制等 化學物品禁令
靈活的規章	水質標準	燃料質量 CAFE

（接下頁）

表 4.1（續）

政策工具	自然資源管理	汙染控制
	水、漁業、農業、礦產、生物多樣性	空氣汙染、水汙染、固體廢棄物、有害廢棄物
可交易的配額或權利	個體可轉讓捕魚配額 土地開發、林業或農業的可流轉權	排汙許可證
稅收、費用或收費	水費 公園門票 捕魚執照 伐木費	廢棄物費 （道路）擁擠定價 汽油稅 工業汙染費
補貼與補貼削減	水資源 漁業資源 減少的農業補貼	能源稅 減少的能源補貼
押金—退款制度	造林押金或林業活動限制	廢棄物管理 硫、二手車 車輛檢查
退還的排汙費	-	瑞典氮氧化合物的消除
產權創建	私營的國家公園 產權和森林砍伐	-
公共產權資源	CPR 管理	-
法律機制、責任	採礦或危險廢棄物的責任限制	-
自願協議	森林產品	有毒化學物質
訊息公布、標籤認證	對產品進行標籤認證	其他標籤認證計畫
國際條約	保護臭氧層、海洋、氣候等的國際條約	
宏觀政策	總體政策改革與經濟政策的環境影響	

環境政策工具是政府用以解決環境問題、達成永續發展的手段，政府部門作為一個環境政策工具的執行者，它可以是一個採行命令管制的「大政府」，也可以當一個用市場上「看不見的手」來解決問題的「小政府」。然而，在資訊科技的發展下，原有的政治經濟結構正面臨重大的變化，凡政府與市場以外的行為者，例如，工會、非政府組織、社群網路等，都有能力發揮影響力且改變原有的環境政策工具運作模式，顯示公民社會參與永續發展及環境保護的議題正在迅速擴張。任何的政策工具都受到外部的國際環境、國內的政策環境以及組織內的任務環境所影響（如圖3.10所示），在經濟不具有競爭性、官僚機構不可信、信息失靈並具缺少執行政策所需的資金的情況下，任何的政策工具都不容易有效的發揮。

資訊與問題界定是選擇政策工具最重要的基礎，因為環境政策制定前必須要有充分的資訊用以了解問題的內涵，決策者也必須要有充分的資訊才能選擇適當的技術工具。此外，一個良好的環境政策必須能夠均衡不同利害關係者的利益，為了讓不同的利害關係者都能充分了解政策的目的與內容，充足的資訊公開與資訊流動是擬定環境政策的必要條件。若將資訊當成一種特殊的商品，則資訊的產生量會視市場的供需狀況而定，亦即在資訊供給和資訊需求的均衡下，會有一個最佳的資訊生產量（如圖4.2所示）。我們可以發現，最佳的資訊產生量會隨著邊際效益的增加以及邊際成本的降低而增加，亦即當決策問題具有重要性時，政府會投入較大的成本蒐集必要的資訊，或是在資料蒐集成本降低時也會有較大的資訊生產量。同時也顯示大部分的決策都是在資訊不完整的情況下進行，因此任何的決策都充滿了風

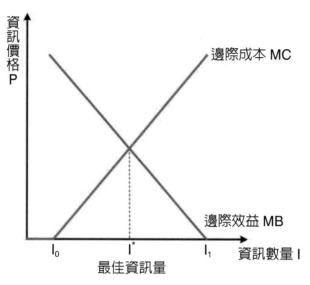

圖 4.2 資訊成本與決策資訊量關係

險，風險以及不確定性對政策效益的影響，應該在政策分析中被一併
討論。

第二節 環境政策工具

一、直接管制（**Command and control instrument**）

　　所謂直接管制就是利用標準、禁令、許可證與限額、分區管制與
環境責任等環境法規（Environmental regulations）來規範與環境保護
和資源利用的相關行為，它透過環境法規將立法和政策執行進行有效
的串連，讓政策的推動具有強制力。

1. 公共產品的直接提供

環境保護機構最直接的政策工具就是利用他們自己的人員、技術和資源去解決一個特定的環境問題，例如：清理公共街道、焚化爐、淨水場、公共下水道與汙水處理廠的設置。為了能提供足夠的服務，環境保護機構會收取各種使用費（如：廢棄物處理費、空汙費、能源稅或其他稅收）來彌補成本，但大部分還是會編列預算以公共產品方式來提供。但為了使提供的服務可以發揮它最大的效能，還是必須定期進行成本效益分析，進行費率的修正。若從工程經濟學的角度來看，這些效益分析需要包括貼現率、時間範圍、折舊率以及其他影響價格的重要因素。

2. 環境技術規範與設施標準

另外一種直接管制的方法是利用各種技術規範和設施標準來規範企業、個人、機構或其他經濟體的環境行為。這些技術規範與設施標準通常可依據實行對象的特性、所在區位以及可使用的技術條件進行，並利用分區或階段性的方式進行。因為環境技術規範與設施標準提供管理者和汙染者雙方明確的遊戲規則，相較於其他政策管理工具，它顯得更為簡易、明確，容易被接受，也容易在短期內達到預設的政策目的，因此環境技術規範與設施標準在不同領域的環境管理中非常普遍。其中，禁令與分區管制是技術規範中常見的手段，它們常被用來規範系統中某些特定程序、產品或原料的使用，例如，限制某些方法或技術（如：某種交通工具）只能在特地區域被使用或被禁止使用。

然而環境技術規範與設施標準屬於強制性手段，大部分的企業會

被動地遵守政府制定的各項規範與標準，讓企業失去開發清潔技術的誘因與動力，導致企業的環境保護措施偏重在管末（End-of-pipe）處理技術發展上，造成整體經濟效益的下降。在執行上，管理者不容易隨時掌握每一個企業的汙染防治技術的水準與執行現況，若要充分掌握，則資訊成本以及相對應的行政管理成本將大幅上升，因此，政府通常會擬定一個統一並且容易監控的末端技術（如：催化式排氣淨化器、過濾器或煙囪等「最佳可行技術」）或管制標準，讓不同技術水準的廠商共同遵循，而這些標準在製定時則必須考慮現有可行的處理技術成本，並根據技術的進展狀況進行修訂。事實上，不同的企業因為規模或技術能力的差異，會有不同的汙染防治成本，對於已經具有先進處理技術的企業而言，環境技術規範與設施標準是一種較低的標準，環境技術規範與設施標準的制定反而使他們降低了汙染削減技術、增加了汙染排出量。一般而言，當管制對象具有以下的特性時，便可考慮將環境技術規範與設施標準作為主要的環境政策工具：

(1) 複雜而多樣的控制技術，亦即當處理技術具有多元化特徵，導致管理者無法掌握或需耗費大量行政成本才能掌握所有技術資訊時，管理者為了簡化他們的管理程序與成本時，可以採用本方法進行管理。

(2) 核心知識掌握在少數的單位手中，大部分的企業或民眾不易取得時。

(3) 企業對價格訊號的反應遲鈍（如：無競爭性，可轉移的設置時），政府不易利用經濟誘因，誘使企業進行改善時。

(4) 技術標準化更具有很多優點。

(5) 可行技術的種類不多，只要有，就是好時。

(6) 監控成本高、很難進行排汙監控，但對技術進行監控卻很容易時。

案例 4.1：技術規範與設施標準之整合運用──移動性汙染源管理

移動汙染源是都會區空氣品質劣化的關鍵原因，也是環保及交通主管單位加強管制重點，因為管理者不容易隨時掌握每一個移動性汙染源的排放狀況，因此，政府擬定了統一的技術規範與設施標準，進行移動汙染源的管制工作。從系統的觀點來看移動性汙染源管制，若將移動性汙染源視為一個系統（如圖 4.3 所示），則排放的廢氣可視為該系統的輸出，若輸出不符合管理者的期待或是管理者希望有更低的系統輸出，則管理者可以藉由改變系統的輸入以及系統運作的方式來達成他的目的。因此在移動性汙染源的管制上，可以將管制的策略鎖定在油料（輸入）、引擎設計與保養（系統）以及防治設備與移動性汙染源的排放標準（輸出）上。

1. 油料標準：在移動性汙染源燃燒效率不佳以及汙染防治困難的情況下，為了有效管制移動性汙染源的汙染排出量，行政院環境保護署於 2009 年公告「車用汽柴油成分及性能管制標準」，規定汽柴油成分標準（如表 4.2 所示），希望進行源頭管制達成降低汙染量的目的。

2. 設施標準：移動性汙染源的引擎設計與使用者的操作及保養狀況，也是影響移動性汙染源排放量的關鍵因素。因此，新車與使用中車輛的管理顯得特別重要，因為管理者無法針對每一台新車進行查核管制，因此分別針對新車與使用中車輛設定各類管制標準（如表 4.3 所示）。

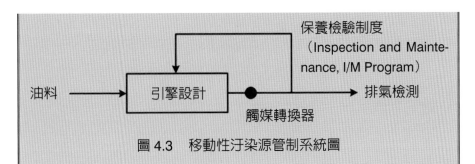

圖 4.3 移動性汙染源管制系統圖

　　3. 保檢制度：對於小客車車齡超過 5 年以上的使用中車輛的管制，除了地方環保局的不定期路邊攔檢、民眾檢舉外，最主要的管制措施係根據空氣汙染防制法第四十條規定「使用中之汽車應實施排放空氣汙染物定期檢驗」，也就是目前交通部監理所或所委託的代檢機構所執行的定期檢驗規定（如表 4.4 所示）。

表 4.2 汽油成分標準（中華民國 101 年 1 月 1 日起施行）

項目	標準值
苯含量	1.0%（v/v），max
硫含量	10 mg/kg，max
雷氏蒸氣壓	60 kPa，max
氧含量	2.7%（m/m），max
芳香烴含量	35%（v/v），max
烯烴含量	18%（v/v），max

資料來源：行政院環境保護署「車用汽柴油成分及性能管制標準」

表 4.3　交通工具空氣汙染物排放標準

交通工具種類	施行日期	適用情形	排放標準							備註
			行車型態測定				惰性狀態測定			
			分類	CO (g/km)	HC (g/km)	NOx (g/km)	HC + NOx (g/km)	CO (%)	HC (ppm)	
汽油及替代清潔燃料	發布日	新型審驗車檢驗	—	—	—	—	—	3.5	900	新車型審驗及新車檢驗：發布日以前量產之車型需達舊標準（CO:4.5%，HC:1200ppm），發布日以後量產之國產車及裝船之進口車，需達本標準。
		使用中車輛檢驗	—	—	—	—	—	4.5	1200	
	七十六年七月一日	新車型審驗新檢驗	考車重（公斤）≦1020	14.31	—	—	4.69	—	—	新車型審驗及新車檢驗： (一) 貨車及非轎車、行車式之客車，行車型態測定之HC+NOx標準值放寬25%。 (二) 七十六年六月三十日以前量產之國產車型，於七十七年七月一日以後出廠者，需達本標準。 (三) 七十六年七月一日以後量產之國產車及裝船之進口車，需達本標準。 (四) 行車型態測定之測定方法依國家標準（以下簡稱CNS）7895。
			1021-1250	16.54	—	—	5.06	3.5	600	
			1251-1470	18.76	—	—	5.43	—	—	
			1471-1700	20.73	—	—	5.80	—	—	
			1701-1930	22.95	—	—	6.17	—	—	
			1931-2150	24.93	—	—	6.54	—	—	
			≦2151	27.15	—	—	6.91	—	—	

資料來源：行政院環保署，環保法規查詢系統

表 4.4　移動汙染源空氣汙染防制之管制政策（梁漰云，2007）

稽查檢驗制度	汽車	1. 新車型審驗核章制度。 2. 使用中車輛召回改正。 3. 汽車排氣遙測及通知檢驗制度。
	柴油車	加強目視判煙、路邊攔檢、場站稽查、動力計檢測。
	機動腳踏車	1. 新車型式認證及抽驗。 2. 使用中機車定檢及攔檢。

案例 4.2：禁令——有毒化學品的禁用

　　有毒化學品的禁用是政策工具中常見的直接管制方式，由於從管末偵測有毒物質濃度並加以管控，這在技術上與行政成本不太可行，而由源頭管控的方式限制有毒化學品的使用，可避免損害的發生達成危害控制的目的。1989 年聯合國環境規劃署通過巴爾賽公約，探討關於危險廢棄物越境轉移及其處置。聯合國環境規劃署理事會和聯合國糧食及農業組織理事會於 1998 年共同訂定鹿特丹公約，約束締約方對某些危險化學品（包括農藥及其他工業用化學品）在國際貿易中分擔責任及進行合作。2001 年聯合國環境規劃署通過斯德哥爾摩公約，禁用或限制生產持久性有機汙染物（Persistent organic pollutants，POPs）。經濟合作暨發展組織（OECD）理事會在 1996 年呼籲會員國建立「汙染物排放和轉移登記」，隨後 2003 年締約方通過「汙染物釋出與轉移登錄議定書」（Protocol on pollutant release and transfer registers，PRTR），這是第一個對於汙染物釋放和轉移登記具有法律約束力的國際性工具。2003 年聯

合國經濟社會委員會議正式採用「全球化學品統一分類標示系統」
（GHS）。聯合國於 2006 年杜拜宣言簽署通過「國際化學品管理
策略方針」（UN strategic approach to international chemical manage-
ment，SAICM）等。

　　1979 年 2 千多人誤食受到多氯聯苯／多氯呋喃汙染的米糠油
而產生嚴重的中毒事件，使得國內更加重視化學物質的運作與管
理，促成 1986 年公布毒性化學物質管理法，並於 1988 年公告列管
毒性化學物質項目。直到 2013 年 11 月 22 日「毒性化學物質管理
法」部分條文修正案通過後，列管的毒化物已達 302 種。毒性化學
物質管理法將毒性化學物質分成四類，第一類爲難分解且會經生物
濃縮或轉化的毒性物質；第二類爲致癌或具生殖或遺傳毒性的慢毒
性物質；第三類爲會立即造成人體健康或生物危害的急毒性物質；
第四類爲有汙染環境或危害人體健康之虞者的化學物質。

案例 4.3：禁令——保育類動物的禁捕、流刺網的禁用

　　流刺網是一種用於捕撈迴游性魚類的捕魚方式，捕撈過程漁網
會隨海流移動，而被纏住的魚像是被刺掛在漁網上一般，故稱「流
刺網」。流刺網的殺傷力很大，因流刺網範圍可長達數十公里，且
流刺網往往由大、中、小網目的三層網子所構成，捕撈過程不論是
大魚、小魚都全部落網，一網打盡的捕撈方式，對於魚類繁衍產生
重大衝擊，因此 1986 年國際開始提議禁用流刺網，並於 1993 年禁
止於公海上使用流刺網，這是一種利用設施標準來規範並減少環境
損害的具體做法。

案例 4.4：設施標準

　　除了有毒化學品的禁用這類源頭控管方式外，政府也會制定各類設施標準來進行設備單元或處理程序的管制工作，以達到安全與基本的處理效率的目的。例如在工業安全衛生法規明定鍋爐及壓力容器製造設施標準；自來水法中對用水設備標準與工程設施標準的要求；事業廢棄物貯存清除處理方法及設施標準；下水道工程設施標準；廢容器回收貯存清除處理方法及設施標準等。雖然環境技術規範與設施標準是最常被使用的環境政策工具，但在政府部門建立、執行直接管制的過程中，也可能會產生政府失靈的負面結果。例如在立法過程中，立法者為了照顧選區內選民的權利，因此做出不符合總體價值的決策。抑或是在執行過程，政治制度的立法過程繁雜，同樣的，修改法規的程序更是繁瑣。所以經常會面臨到執法僵局，也就是過去的法規已經無法符合現今的需求。

案例 4.5：最佳可行技術

　　空氣汙染防制法第 2 條將「最佳可行控制技術」（Best available control technology，BACT）定義為考量能源、環境、經濟之衝擊後，汙染源應採取之已商業化並可行汙染排放最大減量技術，而最佳可行技術的則可做為廠商在設計、規劃汙染防制工程時的依據，使廠商可以在最少投資下獲得最佳的控制效果。例如：行政院環保署空氣汙染防制法中便規定，凡三級防制區內，當新增或變更的固定汙染源的排出汙染物達到一定規模者，應採取最佳可行控制

技術，其申請流程如圖 4.4：

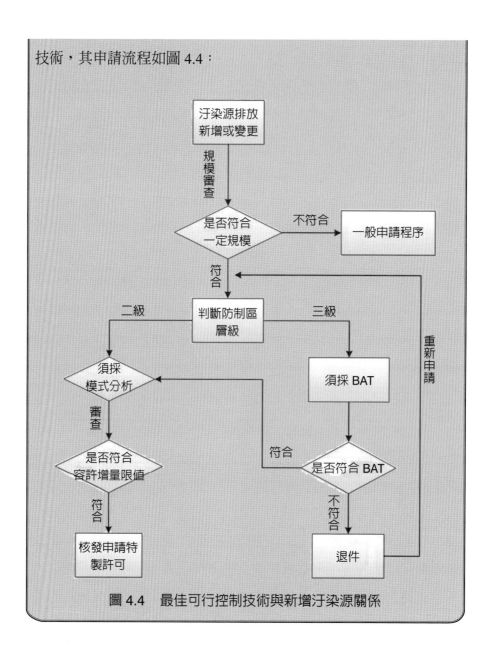

圖 4.4　最佳可行控制技術與新增汙染源關係

3. 環境品質標準與排放標準

　　環境品質標準是一種屬於直接管制（Direct control）的政策工具，在環境品質管理與控制的問題上，可以依據管制的對象將品質標準區分成針對汙染源所擬定的排放標準以及針對環境爲對象的環境品質標準（兩者之間的關係與差異如表 4.5 所示）。簡單來說，排放標準以濃度管制方式來限制汙染物的排放濃度，是一種用來管制汙染源排放量的管制工具。環境品質標準則是規範環境介質在所定義的用途下的最低品質要求，基本上它是一種總量管制的概念，因爲它間接規範了不同環境容量下環境可以承載的最大汙染量。但無論是環境品質標準或是產業的排放標準，環境品質標準或排放標準的設定通常必須考慮：汙染物的毒性（特性與濃度）、汙染物監測與檢測技術的可得性與成本、汙染處理的技術能力與成本、社會經濟條件以及生活品質等（如圖 4.5 所示）。

　　(1) 排放標準

　　排放標準是一種常見的環境標準，它以汙染源爲管制對象，是一種用以限制汙染物排放濃度的管制標準。排放標準的設定除了客觀的考量（圖 4.6 所示的重要因子）外，也會因爲管制目的而進行調整，

表 4.5　排放標準與品質標準的差異

	品質標準	排放標準
管制對象	以環境為對象	以汙染源為對象
管制原則	總量標準	濃度標準
管制類別	用途標準	管制標準

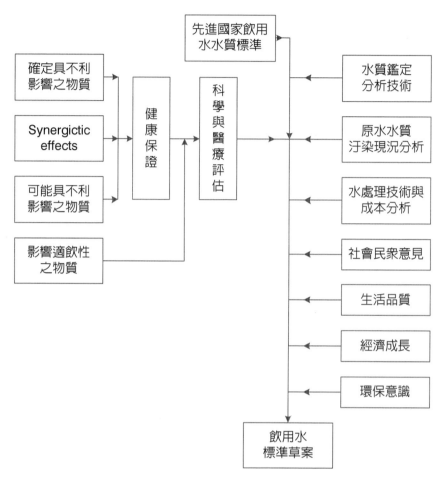

圖 4.5 環境標準的制定（林建三，2006）

例如：依據總量管制的涵容總量來分配汙染源的容許排放量，或是針對某些特定的保戶區域增設加嚴的管制標準。就經濟學的觀點而言，排放標準可由汙染防治的邊際成本（MC）與邊際效益（MB）曲線共同決定之（如圖 4.6 所示）。亦即，若現有汙染防治的成本曲線為 MC_1，則最佳化的汙染削減量為 W_1，因為削減量超過 W_1 成本增加

量將大於效益的增加量，因此在考慮企業的成本支出與現有的技術可行性，排放標準將會設置在 W_1 的位置。若因為汙染處理技術的提升，使得汙染防制的成本曲線由 MC_1 轉變成 MC_2 時，則可以得到一個較為嚴格的排放標準，使得總排出汙染量下降。因此，排放標準的設定必須根據技術發展的狀況進行調整，而調整後的嚴格標準則有助於現有汙染防制設備的升級。在現有成本可行的排放標準下，政府可以公告現行的最佳可行技術，以協助企業進行汙染量的削減，而這一類的最佳可行技術也是進行總量管制與汙染交易重要的基礎規範。

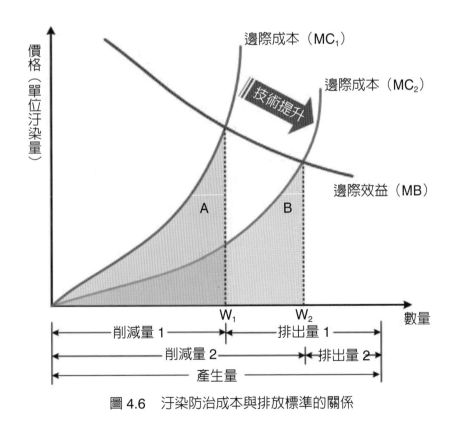

圖 4.6　汙染防治成本與排放標準的關係

　　但從執行、政治經濟以及道德風險等角度來看，排放量的監控是排放標準這類政策工具面臨的最大問題。事實上，環境品質與汙染排放量的量測與監控是相當昂貴的，為了減少行政成本，通常採用企業自我申報或委託環境檢測業的方式完成，但這些數據不一定可信，也就有容易產生高度道德風險的問題了。為了避免發生類似的問題或為了簡化監控的難度，管理者會採用特殊或比較容易控制的標準（如捕魚天數、每個人的漁網數），或是完全禁止排放的手段，這樣就可以不用去量測汙染物的實際濃度，來判定排放濃度是否超過法定的排放標準。

(2) 環境品質標準

　　為了滿足人類與生態活動的需求，避免因為環境介質的惡化危害了人類與生物的正常活動，政府根據環境介質（如：空氣、土壤、水體）的現有用途，並定義各種用途的品質標準，以確保環境用途的正常化。以陸域地面水體（河川、湖泊）的用途為例，政府將水體區分成甲類、乙類、丙類、丁類與戊類等五種用途，並說明各類水體的合適用途，並規範相對的水質標準（如表 4.6 所示）。也就是以目的導向的方式進行環境受體的品質控管。

甲類：適用於一級公共用水、游泳。

乙類：適用於二級公共用水、一級水產用水。

丙類：適用於三級公共用水、二級水產用水、一級工業用水。

丁類：適用於灌溉用水、二級工業用水及環境保育。

戊類：適用環境保育。

表 4.6　陸域地面水體用途與水質標準

分級	陸域地面水體（河川、湖泊）基準值						
	氫離子濃度指數（pH）	溶氧量（DO）（毫克/公升）	生化需氧量（BOD）（毫克/公升）	懸浮固體（SS）（毫克/公升）	大腸桿菌群（CFU/100ML）	氨氮（NH₃-N）（毫克/公升）	總磷（TP）（毫克/公升）
甲	6.5～8.5	6.5 以上	1 以下	25 以下	50 個以下	0.1 以下	0.02 以下
乙	6.0～9.0	5.5 以上	2 以下	25 以下	5,000 個以下	0.3 以下	0.05 以下
丙	6.0～9.0	4.5 以上	4 以下	40 以下	10,000 個以下	0.3 以下	—
丁	6.0～9.0	3 以上	—	100 以下	—	—	—
戊	6.0～9.0	2 以上	—	無漂浮物且無油汙	—	—	—

環境品質標準是一種以目的導向的品質管理方式，它根據環境的使用用途來決定環境品質的標準，並作為後續環境品質管控的基準，這些基準可以根據外在環境的變化狀況以及品質需求進行調整。在少數的情況下，環境介質是以單目標用途的方式使用（如：以給水為單一目的的單目標用途水庫），其餘大部分的環境介質都具備多目標用途，例如：河川同時具備了休閒遊憩、生態保育、漁業養殖、灌溉與納汙的功能，對於作為多目標使用的環境介質而言，不同的使用目標經常是衝突的、對環境品質的要求也有高低之分、不同目標用途所在意的品質項目也不盡相同。目標之間的重要性排序與目標之間的妥協是訂定某一個特定環境介質的品質目標時非常重要的步驟。因此無論在擬定方案或評估一個開發行為對環境的衝擊時，不同利害關係者

（Stakeholder）之間的對談、溝通與妥協是非常重要的，經由這樣的對談才能明確的定義，應該評估的項目以及這些評估項目的品質基準。

　　環境品質標準是總量管制與環境品質控制的基礎。一般而言，環境的可涵容總量可以方程式 (4.1) 表示之，其中 W 為可涵容總量；V 為環境容量；C 為環境品質標準（如圖 4.7 所示）。從方程式 (4.1) 可知環境的可涵容總量與環境容量息息相關，在估計可涵容總量時必須先估計環境的容量，但因為環境的季節性變動與不確定性，使得環境容量的選取並不容易，一般會以機率的方式估算之，以河川水質管理為例，設計流量通常採用日流量延時曲線法以 75% 時間等於或大於該流量（Q75）為設計流量以及枯水期實測流量。因為自然環境與社會環境的變動，環境用途必須隨時進行檢討，以符合現有的環境狀況。

$$W = V \times C \tag{4.1}$$

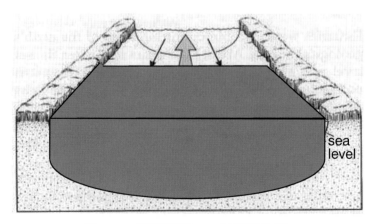

圖 4.7　環境容量──以河川為例

案例 4.6：環境容量的計算——以河川為例

所謂的 Q_{xx}，係指該條河川於一年內大於該流量的機率為 $xx\%$。以 Q_{95} 為例，表示該條河川在全年 365 日內，有 95% 的河川水量都會大於 Q_{95}。以圖 4.8 為例，若將河段中的流量資料以圖 4.8(a)X_0 的機率分布圖表示之，則陰影部分表示流量大於 X_0 的累積次數。若以累積機率圖表示河川流量的分布狀況、Y 軸表示河川流量的累積機率值，則 qdist(x_0) 相當於圖 4.8(a) 中的陰影面積，X^* 則表示 95% 的河川水量小於 X^*。

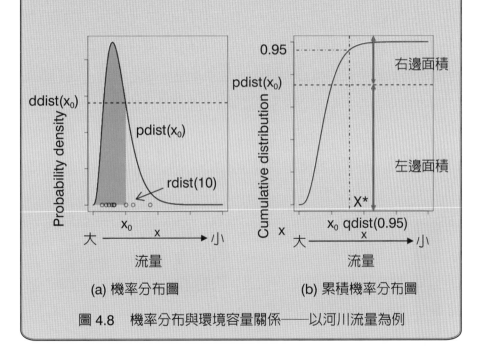

圖 4.8　機率分布與環境容量關係——以河川流量為例

(3) 排放標準與品質標準之間的關係

以圖 4.9 為例，汙染源在生產過程中所產生而未經削減的汙染量可稱為產出汙染量（W_0），產出汙染產生量的大小與產品的原物料

以及製程有關，要降低產出汙染量可由生產規模、製程與原料等不同方向著手。爲了符合政府所制定的排放標準，企業會設置各種汙染防治設備來進行汙染減量的工作，經過削減並實際排放至環境的汙染量稱爲排出汙染量（W_1）。一般而言，排出汙染量的大小會受到排放標準與環境費（如：空汙費與水汙費）的影響。由於環境介質具有稀釋、沉澱、轉化與同化等自淨能力（Self-purification capacity），因此當排出汙染量經由環境介質流布到環境受體時，該受體所承受的汙染量則可稱之爲流達汙染量（W_2）。其中，汙染流達量與汙染排出量之間的比值，稱爲流達率（Delivery ratio）（如方程式 (4.2) 所示），而流達率的大小與環境介質的自淨能力有關，在具有較高自淨能力的環境系統中流達率較小。也就是說，透過環境系統的改造（如：增加河川溶氧量、草溝設置等）可有效的降低流達汙染量。

$$流達率（\alpha）= \frac{汙染流達量（W_2）}{汙染排出量（W_1）} \quad (4.2)$$

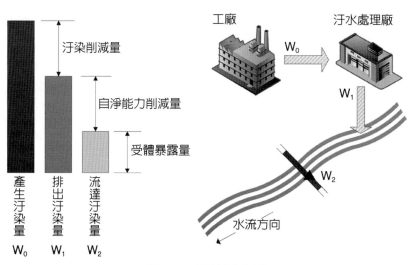

圖 4.9　汙染示意圖

　　流達量的推估，可以現地實驗的方式進行，也可以利用水質模式、空氣擴散模式等模擬模式取得。因爲資訊成本的關係，政府無法在每一個環境受體進行環境品質監測，因此會選擇在敏感受體、水質條件較差或是匯流點位置進行環境監測，並將這些監測點當成環境品質的控制點，用以確認水體用途品質的達成狀況。以河川水質管理爲例（如圖 4.10 所示），若流域內有五個汙染源，他們的汙染排出量分別爲 $W_a \sim W_f$，若流域內共有 $S_1 \sim S_4$ 四個水質控制點，則這四個水質控制的總承受汙染量，將分別如方程式 (4.3)～(4.6) 所示，其中 α_{ij} 代表第 i 個汙染源至第 j 個水質測站的流達率。

$$S_1 = W_d \times \alpha_{d1} \tag{4.3}$$
$$S_2 = W_d \times \alpha_{d2} + W_c \times \alpha_{c2} \tag{4.4}$$
$$S_3 = W_a \times \alpha_{a3} + W_b \times \alpha_{b3} \tag{4.5}$$
$$S_4 = W_a \times \alpha_{a4} + W_b \times \alpha_{b4} + W_c \times \alpha_{c4} + W_d \times \alpha_{d4} + W_e \times \alpha_{e4} + W_f \times \alpha_{f4} \tag{4.6}$$

　　若環境品質標準以 C 表示，V 代表環境容量，則 CV 值可被視爲環境的可承載總量。若承載量 W 以 $W = \sum_i a_i(c_i \times q_i)$ 的方程表示。方程式中的 α_i 表示第 i 個汙染源至品質標準點的流達率，q_i 表示第 i 個汙染源的排出流量，則 c_i 大約就等於排放標準。利用圖 4.11 就可以了解品質標準與排放標準之間的關係。當一個開發方案所帶來的環境增量使得總承載量超過環境的可承載總量時，這個開發方案便應考慮改變規模或另提替代方案，避免因開發方案的介入，使得環境介質無法發揮它們正常的功能與用途。

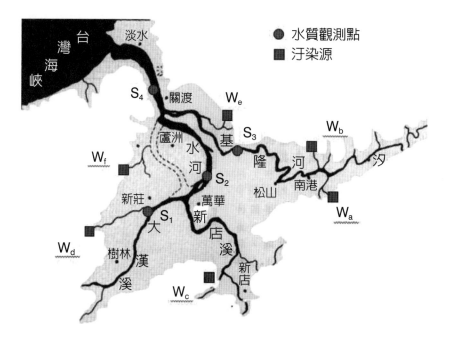

圖 4.10　河川水質管理

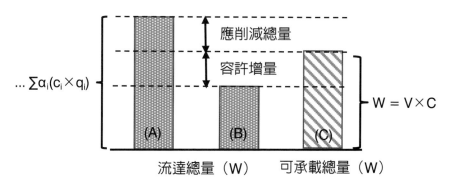

圖 4.11　容許增量、應削減汙染量與可承載總量關係圖

　　環境品質標準確保了環境介質的正常使用，也決定了一個區域的可承載汙染總量，若以總量管制的概念來進行環境衝擊評估，使開發方案所引起的環境衝擊量限縮在容許的增量範圍之內，那麼便可避免開發方案破壞了環境介質的正常使用。但是，如何評估環境承載量（Carry capacity）是一件非常不容易的事情，尤其是對於具有累積性或延遲性的環境品質項目。

案例 4.7：最佳化的案例—汙染減量計畫

　　假設有 m 個工廠鄰近於某一河川，並且將生產過程中所製造的汙水排入此河，i 表示汙水排入的位置；W_i 表示第 i 點汙染物排入量（kg/day），a_{ij} 為在 i 點單位排放量流至 j 點，因自然衰變後所剩餘的比例，q_j 為 j 點水質的背景濃度，S_j 為 j 點可接受的最低水質標準，C_i 為 i 點之單位汙染量去除成本，Q_s 為河川上游之流量，Q_j 為 j 點處理廠之放流水量，見圖 4.12。為了改善河川下游的

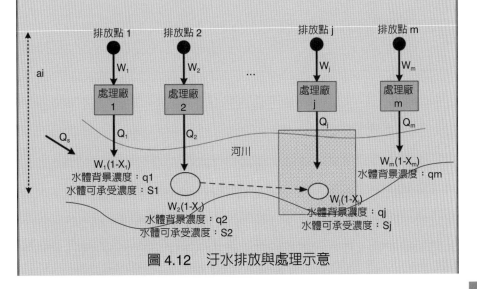

圖 4.12　汙水排放與處理示意

水質，必須在每個排放源設立廢水處理設施，若 X_i 為汙染量 W_i 被處理後去除之百分比，則建立一個模式估計每個排放點所需去除的量，使在總成本最小化的目標下，仍能維持河川在可接受的水質標準內。

解答 4.7：

定義 X_i = 在第 i 個排放點汙染物必須被去除之比例

依題意由數學模式表示之：

目標函數：

$$\min \ Z = \sum_{i=1}^{j} C_i W_i X_i$$

s.t.

(1) 水質限制式

$$\sum_{i=1}^{j-1} a_{ij} W_i (1-X_i) + q_j Q_S + W_j (1-X_j) \le S_j \left(Q_S + \sum_{i=1}^{j-1} Q_j \right) \text{，} \forall j$$

(2) 處理能力限制式

$$X_i \le 1 \text{，} X_j \le 1 \text{，} \forall i \text{，} j$$

(3) 非負限制式

$$X_i \ge 0 \text{，} X_j \ge 0 \text{，} \forall i \text{，} j$$

二、經濟誘因

當直接管制工具失靈或考慮政策工具的經濟效率時，可考慮採取以「經濟誘因（Economic incentive instrument）」為主的政策工具來解決環境問題。和直接管制工具不同的是，以經濟誘因為主的政策工具是一種市場工具，它可以提供生產者自主選擇的空間，使生產者能

在最低的汙染防制成本下達到最高的防治效益。從經濟學的觀點來看，市場失靈是導致環境問題發生的主要因素，在一個健全的交易市場中，財產和產權是產品或服務交易的基礎，依據排他性（Exclusiveness）與敵對性（Rivalness）兩種特性，財產可區分成私有財、公共財、共有資源、自然獨占等四種類型的財產（如表 4.7 所示）。其中，排他性指的是能利用個人消費所獨享的，換句話說，無付費者不具使用權；敵對性是指個人對物品、服務的消費，會減少他人可以消費的總量；非排他性是指無須消費也能獲得的財貨；非敵對性是指個人對財貨的消費，不會減少他人可以消費的總量，但公共財也會因為汙染和消耗變成具稀有性與排他性的特徵。基本上，環境資源都具有公共財的特性，也因此常會產生外部性的問題。而市場經濟工具有助於外部成本的內部化，減少政府及公共資源不必要的耗損，以經濟誘因為基礎的環境政策工具主要包含：「利用既有市場」與「創建新市場」兩種方法，利用既有市場的政策工具常見的有補貼、環境稅費、使用者收費以及押金─退款制度；而產權與地方分權、可交易許可證和權利、國際補償機制、碳交易市場則是創建新的市場中的具代表性政策工具。

表 4.7　財產的類型

指標	排他性	不可排他性
敵對性	私有財 房屋、食物、農地	共有資源 海洋的漁獲、乾淨的空氣
不可敵對性	自然獨占 游泳池、無線網路、隧道	公共財 法規、陽光

1. 可交易許可

環境具有同化汙染量的能力，這個能力被稱為涵容能力（Assimilative capacity），以水體介質為例，我國水汙染防治法將水體涵容能力定義為：「指在不妨害水體正常用途情況下，水體所能涵容汙染物之量。」並規定為了避免妨害水體之用途，利用水體以承受或傳運放流水者，不得超過水體的涵容能力。換言之，涵容能力指的是在不妨害環境介質正常用途的情況下，環境介質所能涵容的汙染總量（Total mass），而涵容能力則由環境系統中的物理、化學及生物條件而定，因為這些條件會隨著人口增長、技術更新、交通發展和經濟增長等因素的變遷而產生變動，因此一個特定的環境系統的涵容能力需要隨時檢討、修訂。以河川為例，環境的功能並不只是承載汙染量這樣一個單目標用途，它同時具有防洪、生態與遊憩等功能，此時，涵容總量的計算便必須同時確保這些目的的正常用途。

如圖 4.13 為例，若兩間工廠其生產量相同且剛好等於環境的最大涵容量（W_0），第一間工廠的削減量為 W_1，第二間工廠的削減汙染為 W_2，此時兩間工廠的汙染排出量分別為 $W_0 - W_1$ 與 $W_0 - W_2$。此時，兩間工廠所負擔的汙染防治成本的總和為面積 A ＋ B ＋ C ＋ D ＋ E。若兩間工廠啟動汙染交易計畫，由第一家工廠增加 $\triangle W$ 的汙染量削減量，使第二間工廠的汙染削減量由 W_2 減少至 $W_2 - \triangle W$，則此時兩間工廠的兩間工廠所負擔的汙染防治成本總和將減少為面積 A ＋ B ＋ C。若汙染的交易價格為 P_1，則交易後第一和第二間工廠的獲益將分別為面積 E 和面積 D，因此透過總量管制和汙染交易制度，將使得總汙染防制成本降低。

寇斯定理（Coase theorem）認為「只要將財產權明確劃分，便能

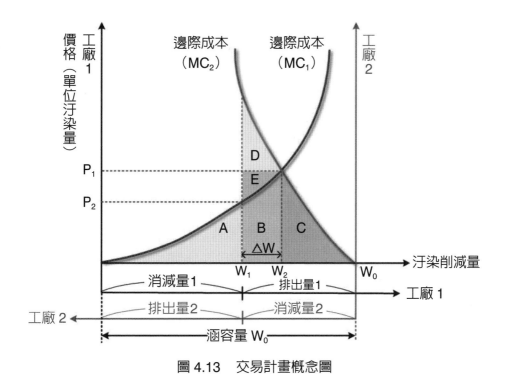

圖 4.13 交易計畫概念圖

透過市場機制有效解決外部性問題」，因此在最大涵容總量確定之後，將汙染總額分配給不同的生產者，生產者便可自行對汙染額度進行最有效的分配。排汙量較少的生產者可以出售多於的配額給其他生產者，汙染較多者則可買進所需的額度來降低他的汙染防治成本，達到全域性的最佳化。可交易的許可（Tradable permits）就是一種將環境資源轉換爲財產權，且透過交易達到資源的最佳分配的機制，它的目的是消除隱含在財產權缺失中的外部性，以及因爲「公共財（Public goods）」特徵所造成的外部性。可交易許可被應用在自然資源管理（如：放牧權）或其他領域上，爲履行《京都議定書》的決議事項，歐盟建立歐洲排汙／排放交易計畫（European union emission trading scheme/EU ETS），將減碳目標區分為 2005～2007 年與 2008～2012 年兩個階段，計畫的內容是限制會員國境內大型企業及電廠等的二氧化碳排放量，是目前世界上唯一強制性的交易計畫。到目前為止，歐盟已建立了全球最大的排放牌照貿易市場，且大部分集中在碳排放市場上。建立可交易許可制度的幾個要素包括下列幾項：

(1) 賦予產權

產權交易是將財產的所有權以商品的型態進行等價交換的市場活動，使市場產生一套交易規則與監管制度。產權可以是有形的，也就是能滿足人類慾望的商品；也可以是無形的，如：思想、勞動力或資訊，寇斯認為，產權界定不清會導致外部性問題。因此，可交易許可這項政策工具的基礎原理是將具有公共財特性的環境資源轉換為財產權，讓環境資源透過自由經濟市場的作用，達到自然資源的最佳利用，而政府則可以作為環境產權交易的管理者，使自然資源進行有效分配並得到保護。因此如何賦予自然資源財產權的特徵（如：持久性和可靠性）是可交易許可制度的基本要素。但是要建立持久性和可靠性，通常需要花費大量時間，承擔大量的義務，而且由於我們對大部分的生態系統缺乏了解，同時該如何有效的管理這些生態系統常缺乏一致性的意見，這些因素都對建立自然資源財權的持久性和可信性帶來困難。

(2) 總量管制與排放交易

如前所述，涵容總量的大小會隨著環境系統中的物理、化學及生物條件呈現動態性變化，也會受到人口增長、技術更新、交通發展和經濟增長等因素的影響而改變（如：每年可捕獲的漁量）。時間與空

間的環境差異會使得管理者在定義許可證的內涵、數量、有效時間以及空間上的有效性發生困難，因爲具有相同排汙量的排放源，對某一個特定受體（或控制點）而言，通常會有不同的流達汙染量。爲了解決這個困難，進行總量管制與排放交易（Cap-and-trade）時必須搭配專利許可證和技術標準等政策工具，逐步取得必要的基礎資訊，以校正許可證制度中的各項規範，並適應實施可交易許可制度對象的環境變化。

因爲社會、經濟與環境條件的變動，交易許可證需要維持彈性，以應付變動的系統環境。如隨時間變動的管制總量，這個方法可被應用在可以預期的汙染減量上（如汙染削減技術與法規標準被建立後）。在這些情況下，管理者可以設定許可證的使用期限，而不同階段的許可證分配可採用拍賣法（Auction）或溯往原則〔又稱祖父原則（Grandfathering rule）〕。拍賣法可以創造一個自由的內生市場，促使各汙染源彼此相互競爭，取得最佳化的配置。但從政策的推行角度來看，在推動總量管制並進行汙染量分配時，必須考慮產業的既有排放量，而溯往原則可以照顧到一些既存的產業，推動時所遇到的阻力也相對較小，但必須注意的是許可證使用期限（Tenure）的安全性，可以增加人們把許可證視爲財產的信心，也是許可證交易系統能否成功的關鍵問題。因此，一個成功的總量管制與排放交易計畫，通常必須階段性完成以下的內容，包含：

①設定容許總量

確定保育或管理對象，估算區域性的環境資源或環境涵容量，將管理的目標鎖定在區域的汙染總量控制上，而非個別汙染源的減量目標，同時提供企業對汙染排放與控制的靈活性，讓他們在最佳化的成

217

本效益下選擇最佳的控制技術與管理策略。

②排放量分配、許可證制度以及交易市場的建立

設計排放量分配機制、建立市場機制，使產業能夠自由地在汙染權所有者之間進行交易，在不增加汙染總量的情況下，允許企業的新建或擴建。

③保證交易市場的存在與彈性操作

建立較具彈性的排放交易制度並且可以運作。常見的排放交易制度包含泡沫政策（Bubble policy）與抵銷政策（Offset policy）。其中，泡沫政策是將管制區域視為一個整體，在這個管制區內最大可承受的汙染總量視為一個定值。在符合排放標準的要求下，企業可以增加汙染削減量，以彌補因新增或擴廠所增加的汙染量，若無法增加削減量則可從其他企業中購得。在汙染泡制度下，政府只需管制某一汙染源所排放之總排放量，而非個別排放口的排放量。另外，只要是同一種汙染物，亦可在不同汙染源間從事許可權的交易，所以一個單獨廠商或同一區域的所有廠商皆可視為一個汙染泡。在這個政策下，可使廠商更具彈性地選擇最低的防治成本。而抵銷政策則是要遵守嚴格的排放標準外，允許新企業的成立（或舊企業的擴建），為了保持區域的汙染總量，該企業可向同一地區現存的企業購買排放權。但限制條件是交易後的汙染排放量不能大於原來未交易前之排放量。

④必須保證有效率的監測系統等。

許可證交易的問題之一是地區性「汙染熱點（Hot spots）」的產生，在有多個汙染源和多個汙染受體的交易模型中，汙染交易量並不採用等值交換，而是必須考慮汙染源到受體的流達率（Concentration ratio 或 Delivery ratio）。對於空間熱點的問題，一般可以透過建立分

區且互相獨立的許可證交易制度，並鄰近分區間的交易體系（Ambient permit system，APS）來解決，這種採用不同的交易率的制度稱爲區域交易（Zonal trade）。但是隨著系統複雜性的增加，交易成本將會不斷增加。

案例 4.8：硫氧化物（SOx）和氮氧化物（NOx）的排汙交易計畫

　　美國自 1970 年代起，便在「清淨空氣法（Clean air act）」中建立用市場機制削減汙染排放量，1990 年通過酸雨計畫，以削減造成酸雨的汙染物爲目標，並推動 SO_2、NO_2 的排放交易。1995 年起，美國環保局每年定期分配排放許可，包括：無償分配、獎勵及拍賣三種。美國酸雨計畫初始分配主要採取無償分配的模式，約占分配總額的 97.2%，只有很少的比例用於拍賣和獎勵。基於公平的原則，酸雨計畫無償分配的依據是以受限單位歷史年分熱投入爲基準的，而不是建立在受限單位歷史排放量的基礎上。具體目標是 2010 年 SO_2 的排放量需在 1980 年的排放基礎上削減 1,000 萬噸。美國每年需花費 50 億美元的社會成本達成減排目標，但自酸雨計畫的排放權交易實施後，費用降低爲 20 億美元，且參與酸雨計畫的企業排放量平均減少了 45%，未參與者卻增加了 12%。

> **案例 4.9：限額交易計畫**
>
> 美國加州於 2012 年 11 月 16 日舉辦了該州史上首場碳排放拍賣會，這場拍賣會是在加州的限額交易計畫下實施，目的是藉由市場機制減少溫室氣體排放。事實上，加州在 2006 年已經通過《全球暖化解決方案》（Global Warming Solution Act），限額交易只是七十項法案中的其中一條。加州政府對當地約 350 家企業設定溫室氣體排放「限額」，規範各企業「降低排放水準」或「獲得許可額度」才能排放，企業可以在拍賣會上買入或賣出額外的排放量。每年允許排放的水準和額度數目都要下降，目的是在 2020 年達到加州的溫室氣體排放量降低至 1990 年的水準（也就是減少 15%）。這項措施不僅大幅減少溫室氣體排放，此外，透過拍賣會還替加州政府帶來約 10 億美元的收入。

2. 稅、費與指定用途

屬於使用者付費的概念，依照生產者排放的汙染量課稅，簡稱為庇古稅（Pigouvian tax）。庇古稅將生產者強加給他人的汙染成本「內部化」，使生產者承擔自己所致的負面影響，藉由將外部問題內部化，除了可以達到使用者付費原則外，也可以使資源得到最佳化的配置。一般而言，稅率和費率的決定需要經過反覆試驗後逐步調整而得，但必須注意的是稅（Taxes）和費（Charges）的內容是不太一樣的。稅通常是留作政治而不是行政管理的費用，因此稅收一般進入國庫而不是指定為地方或部門所用（如：能源稅），而「費」則是由部門機構使用的（如空汙費與水汙費）。由部門機構所徵收的「費」，通常會以指定用途的方式進行，例如美國超級基金（Superfund）、

美國溢油責任信託基金（Oil Spill Liability Trust Fund，OSLTF）和其他基金，以及國內的空汙費與即將徵收的水汙費都以指定用途的方式進行經費的支用。

當排放物與排放量的量測非常困難或昂貴，或是投入物比排出物更容易被量測時，這些投入物也可以成為課稅的依據，這樣子的稅稱為推定稅（Presumptive tax）。在發展中國家監控個別排放源非常困難，如果投入物與汙染排放密切相關，則推定稅會是一個非常有效的政策工具，特別是對貧窮或沒有任何環境控制經驗的發展中國家來說，常見的案例如對汽車、燃料和菸草等產品課稅。另外，對於不存在任何削減汙染技術的汙染物而言，這種以推定稅為基礎的產品稅也會是一種有效的政策工具。以汽油為例，汽油消費與尾氣排放所引起的環境損害之間的關係與機制非常複雜，而且對汽機車進行汙染物排放監控又不容易，以至於汽油稅變成課徵汽機車汙染稅的依據。

案例 4.10：排放費之徵收

管理者可以利用稅和費的方式，將生產者造成的外部成本「內部化」，使生產者承擔自己所致的負面影響，藉由將外部問題內部化。以圖 4.14 為例，生產者會根據排放標準的要求，利用汙染防制設備進行汙染量的削減，汙染防治成本如面積 A 所示，若排放費的收費標準定為 P_1，則生產者除了需要負擔面積 A 的汙染防治費以外，還需要額外負擔面積 E ＋ F 的汙染排放費。若政府提高收費標準至 P_2，則生產者在未增加任何防治作為的情況下，所需負擔的總成本將變為面積 A ＋ B ＋ C ＋ D ＋ E ＋ F。一般而言，在成本的考量下，生產者會將汙染削減量由 W_1 增加至 W_2，如此雖然增加面積 C 的防治成本支出，但總成本可以降低面積 B 的量。

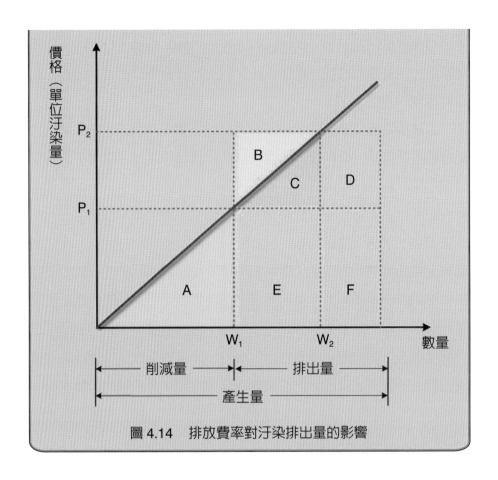

圖 4.14　排放費率對汙染排出量的影響

案例 4.11：危害物質的清除與救助 - 美國超級基金

　　為解決危險物質洩漏所延伸出的管理與整治問題，美國國會於 1980 年通過《綜合環境反應補償與責任法》（又稱美國超級基金法）。在這個法案中，明確規範了應負治理責任的主體，包括了：總統、州政府、地方政府、印第安部落、危險廢物設施的所有者和營運人，以及法律規定的其他主體。明定在清除與救助治理的行動中所負擔的治理費用，應由發生危險物質洩漏設施的所有者或營運

人或該設施所處土地的所有者或營運人來承擔。爲了解決應承擔人不明確或承擔者無力承擔治理費用的問題，該法案規定建立信託基金以承擔受危險物質汙染場址的整治費用。

3. 政府補貼

政府利用財務補貼鼓勵企業或生產者從事汙染防治或推動企業永續，這種方式適用於鼓勵某些投入或技術更新，利用補貼手段使市場規模得以建立，稱爲政府補貼（Government subsidy）。例如政府在推動電動車、太陽光電初期，爲了增加這些設備的市場占有率，利用補貼政策使企業的成本降低，使得圖4.15的供給曲線由 S' 右移至 S，補貼使得市場價格由 P_1 降至 P_2、流通量由 W_1 增加至 W_2，進而達成鼓勵投入和技術更新的目的。也就是說當企業明確地擁有了社會所需要的某一資源的財產權，爲了滿足未來的社會需求，補貼是一個不錯的階段性政策工具。尤其是當補貼對象具有正外部性時。

但是某些類型的補貼會產生一些不合理或者相反的效應，如果對於某些高汙染的產業進行補貼，則補貼有刺激生產並傾向於鼓勵排汙企業的進入（或延遲其退出），這也就導致了太多的企業以及很大程度的生產和汙染，因此不恰當的補貼非但沒有防止不經濟的和對環境有破壞作用的行爲，反而促進了這些行爲的發展。爲了克服這種問題，補貼額度的計算應避免直接以削減汙染量進行估算，而是在確認企業的減汙成本（如：過濾器、催化式排氣淨化器或者其他項目的固定資產成本）進行支付。補貼政策缺乏汙染者付費原則，但若是爲了解決一些無法識別汙染者或是一些既存的汙染問題，政府除了利用一

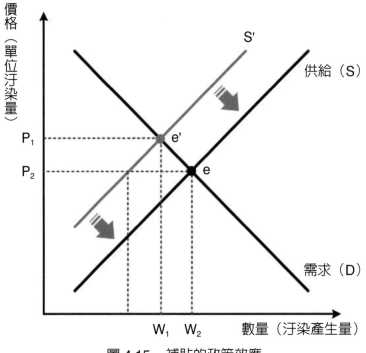

圖 4.15　補貼的政策效應

些公共基金（如：土汙基金）來資助清理行動外，也可以利用補貼企業的方式來完成清理。

　　圖 4.16 展示排放費、管制措施、補貼等不同政策方案對生產者的影響，不同的政策方案造成生產者成本的變化。其中，補貼會降低價格，也會提升價格，而採用排放費會提高更多。價格的改變會影響留在此一市場中廠商的數目。採用行政管制時，需要付最多汙染防治成本的廠商會退出市場。若採用排放費的辦法，某些在行政管制辦法時即處於邊際的廠商會再退出。補貼辦法會吸引廠商加入此一產業，因為他們能獲利。廠商的家數在補貼制度時最多，排放費辦法中最少，在採用行政管制時介於兩者之間。

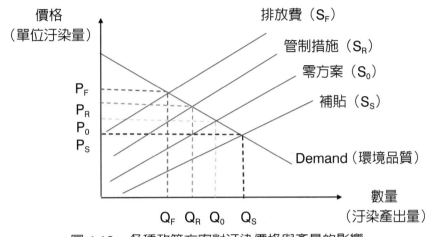

圖 4.16　各種政策方案對汙染價格與產量的影響

4. 市場主動削減

　　生產者在生產過程中履行企業責任，使得「環保」成為產品中的另一項價值，因此創造出一個新的環境品質市場，稱為市場主動削減（Market friction reduction）。在這個新創立的市場中環境被視為一項產品，企業會透過彼此之間的協商議價進行環境品質的交易，達到汙染量削減的目的。當市場主動削減做為一種保護環境的政策手段時，健全市場的運作機制以及資訊流通的環境是必要的基礎。美國西部便曾利用自願交換水權的方式，來改善水資源分配不均的問題，其他如洛磯山地區（都會區）也以簽訂水權交換協議的方式來解決缺水問題。後來這個方式也相繼出現在新墨西哥州、科羅拉多、亞利桑那等地區。

5. 其他經濟政策工具

(1) 環境保護保證金制度

　　環境保護保證金制度（Performance bond system），也稱做押金退款制度（Peposit/refund system），它先針對潛在的汙染者（包括廠商、消費者）預先收取一筆費用（押金），並在確定該汙染者沒有發生汙染行為後，再將該筆費用退還給潛在汙染者，它可被視為一種「預防性汙染者付費原則（Precautionary polluter pays principle）」的措施。當潛在汙染者數量眾多或是汙染行為具移動性且不容易直接觀察得到時，押金退款制度會比其他政策工具來得有效，例如：有毒化學物質與全球暖化等具有高風險、高度不確定性的環境管理問題。當隨意棄置成為一種常見的汙染行為時，押金退款制度就成為一個非常有效的政策工具，它可以用以鼓勵消費者進行資源回收再利用（如：回收飲料容器）。為有效執行，押金必需夠高，才有足夠誘因以鼓勵消費者回收。此制度可由政府或民間建立。押金制度與保證金制度具有相同的政策意義，但徵收對象有異。押金制度通常是以較小的廢棄物為徵收實體（如：寶特瓶），它以消費者為徵收對象；而保證金的徵收實體是屬較大型的廢棄物，以企業、生產者為徵收對象，由政府訂定廢棄物管理辦法。若生產者對於生產過程中所產生的廢棄物能依法處理，則依規定退還保證金，反之則沒收。採用押金制度與保證金制度是為強迫產品使用者負擔真實的邊際處理成本（Marginal disposal cost），政策所要達到的目的有二：一是使得可再利用的資源達到回收的目的，進而減少能源與初級原料的使用；一是為減少廢棄物處理的問題，也就是降低處理成本。

(2) 環境責任保險制度

環境汙染責任保險（又稱綠色保險）是指當企業發生汙染事故且對第三者造成損害時，由保險支付該企業應承擔的賠償責任，是一種以第三者損失責任為標的的責任保險。環境責任保險制度可以市場機制自然產生或是由政府以法令規定強制投保，但無論是用哪一種方式，環境責任保險制度都會有保險費率不易訂定、逆選擇（Adverse selection）及道德危機（Moral hazard）等問題。例如，廠商為了要節省保費，可能會隱藏部分的環境風險資訊。如果取締認定困難、被稽查處罰的機率很低或裁罰的金額不高的情況下，廠商通常只願意負擔些許保險費。更重要的是，環境責任保險是一種救濟的概念，是針對發生汙染事故後的一種救濟行為，不容易起汙染預防與源頭管理的效果。

三、公眾參與與資訊揭露

包括公眾參與（Engaging the public）、資訊公開、社區營造、環境標章、環境教育等，目的在於將利害關係者之間的對話與合作融入於環境保護機制之中，讓公眾與汙染者達成自願協議，這種方法已經成為當前非常流行的工具。

1. 資訊公開

有時候環境問題的主要決策者並不是政府部門的委託人，而是一般消費者。消費者進行消費時會在價格與質量之間進行權衡，除了符合自己口味和經濟能力外，也會考慮產品對健康與環境的影響（如農藥量殘留）。但在缺乏充分資訊的情況下，消費者便無法對不同選擇

做出合適的判斷。雖然環境問題的複雜度，外行人很少能夠掌握複雜問題的核心機制，也就是說如果劣質產品難以與高質量的產品區隔，消費者將無法區隔產品的品質好壞，高質量的產品可能因為價格較高而無法獲得青睞。好的產品總是較貴，但是高價格卻不能保證高質量，因為劣質產品也會以高價出售，結果便形成了一個不合乎常理的均衡，在這個均衡中只有質量低的產品可以賣掉。如透過證明、資訊和標籤等政策工具讓消費者有能力辨識出產品的好壞，那麼高質量並具有環境友善性的產品或技術才容易受到肯定和激勵。

　　資訊是環境規劃與管理的基礎，也是決定決策有效性的重要依據。資訊是一種有價的資源，傳播或解釋這種具有公共財特徵的環境資訊也可算是一政府部門的公共投資。資訊提供需要很多花費，但是因為資訊解讀的障礙，它不一定可以獲得很好的效果。舉例來說，消費者是否能判斷毒性物質在不同濃度條件下的相對危險性呢？通常外行人並不知道毒化物的劑量效益（Dose response），當他看到產品中含有某種化學物質時，便會對該產品產生疑慮。因此，提供資訊（尤其是原始數據）會有引起恐慌的風險，因此另一種資訊揭露的方法是提供處理過的資訊，但若由一方（政府或企業）制定信息的解釋與公開方式，則可能又會引發另一個問題，因此資料收集方法的標準化與品質控制便顯得非常重要。因此很多獨立機構開始提供資料的驗證與揭露，如：美國的綠色印章、加拿大的環境選擇、北歐的白天鵝標章、德國的藍色天使和日本的生態標誌，便是為了向消費者闡明產品的資訊內容而建立的。

案例 4.12：資訊公開現況

　　我國於 2002 年 12 月 11 日通過環境基本法，其中第十五條規範各級政府對於轄區內之自然、社會及人文環境狀況，應予蒐集、調查及評估，建立環境資訊系統並供查詢，其目的在保障民眾知的權利與參與權。此外，為了建立政府資訊公開制度，便利人民共享及公平利用政府資訊，保障人民知的權利，增進人民對公共事務之了解、信賴及監督，並促進民主參與，於 2005 年 12 月 28 日公布「政府資訊公開法」，而行政院環境保護署也於 2009 年 6 月 1 日重新修訂「行政院環境保護署政府資訊公開要點」以有效落實「政府資訊公開法」，在兼顧資訊公開透明與國家機密保護原則下公開環境資訊。雖然「環境基本法」與「政府資訊公開法」中明文規定政府資訊的公開可解決資訊不對稱所衍生的問題，但事實上，民眾很可能無法得知敏感的環境資訊，各種環境資訊也會因為個人隱私、企業營業機密或國家機密而被隱瞞，無法實質且全面性的公開環境資訊。而且除了公部門的資訊透明化，政府同時也需要鼓勵或強迫民間機構與企業提供環境相關的措施與成效，以建立與民眾溝通的基礎，達到環境資訊公開之目的。

案例 4.13：資訊公開與有毒物質管理

　　美國於 1986 年實施「有毒物質排放清單」（Toxics release inventory system，TRI）後，將工廠排放的有毒化學物質清單公開於網路上，使民眾了解自己的暴露風險、關心環境的品質，並得以監督業者。除了美國之外，荷蘭也在 1974 年建立「排放清單」

（Emission inventory system，EIS），英國則於 1990 年建立「汙染物質清單（PI）」、加拿大亦於 1993 年實施「全國汙染物質排放清單（NPRI）」。我國則於 2013 年 11 月 22 日三讀通過《毒性化學物質管理法》修正案，建立化學品登錄制度，以及毒化物釋放量紀錄資訊公開。

2. 環境標籤

　　透過證明、資訊和標籤等政策工具可以讓消費者有能力辨識產品的好壞，使具有環境友善性的產品或技術受到肯定和激勵，並藉此改善消費者的消費型態與企業的生產模式是環境標籤的主要功能與目的。一般而言，大部分的環境標籤計畫多屬於自願參與性質的環境政策工具，環保標籤標誌該產品或服務有良好的環保表現，以及供應商對保護環境的承諾，這有助改善企業的形象、品牌的認同性及產品聲譽，甚至有助於產品市場的推廣。同時，環保標籤反映企業在生產過程中，會透過善用資源、減少廢物及循環再用等措施來減低營運成本以及企業的外部成本，減少企業可能必須承擔的環境責任風險。

　　1970 年代末期世界各地開始推行「綠色消費」概念，用以減少過度生產與消費的生活型態所造成的環境衝擊，德國於 1977 年推出的「藍天使」（Blue angel）環保標籤計畫，是全球第一個環保標籤計畫。截至目前為止，全球已有超過 70 幾種不同的環保標籤計畫。環境標籤主要可以分成三種類型：(1) 公司申請的自願證明，由獨立的機構設立標準並評價產品。如：北歐的「綠色標籤」；德國的「藍色天使；瑞典的「環境選擇」。(2) 公司內部進行的環境標籤，

這種標籤沒有固定的標準或者獨立的外部檢查。(3) 公司提供原始數據，不進行解釋或者評判，但是有時候會以生命週期分析（Life cycle analysis，LCA）的形式出現，如碳標籤，而標籤計畫的對象涵蓋了產品、公司、過程與管理程序。

第二類和第三類的環境標籤不需要經過機構認證，他們是根據某些標準和企業自己內部的目標來評價自身的表現，並把結果公布在企業的環境報告上的一種資訊揭露方式。例如美國的毒物排放清單。這種資訊揭露的政策手段近幾年被廣為應用，已經成為法律規範和經濟市場工具以外的主流工具。但值得注意的是，過多的標籤計畫可能會阻礙國際貿易，特別是如果存在許多單獨的國家性標籤時。

(1) 產品標籤

產品標籤通常用來標註一個商品、服務、建築、法律或政策對環境所造成的損害相對較少。透過產品標籤計畫除了可以鼓勵生產者提升產品的環保價值外，也可以讓具有環境保護意識的消費者共同參與環境保護的行動，表 4.8 中彙整台灣目前所使用，以及國際上常見標籤／標誌種類，其中包括環保標籤、碳標籤、節能標籤與省水標籤等。目前我國依據「機關優先採購環境保護產品辦法」條文內容，將環境保護產品分為三大類別：

- 第一類環保標籤：已取得環保署認可之環保標籤使用許可，或與我國協議相互承認之外國環保標籤認證產品。

- 第二類產品：產品或其原料之製造、使用過程及廢棄物處理符合再生材質、可回收、低汙染或省能源者，非屬環保署公告之環保標籤產品項目之產品，經環保署認定符合此條件，並發給證明文件者。

- 第三類產品：該產品經相關目的事業主管機關（如經濟部工業局、經濟部能源局）認定符合「增加社會利益或減少社會成本」之產品，並發給證明文件者。

表 4.8　國際間與台灣環保相關標籤或標誌

名稱	圖樣	主管機關
美國綠標籤		美國綠色印章機構（Green Seal），該機構為美國環保署核可之第三方認證機構。
德國藍天使標籤		德國聯邦環保署（Federal Environmental Agency）。
加拿大生態標誌		加拿大環境部（Environment Canada）。
美國能源之星標籤		美國環保署與能源部結合製造商、零售業及企業，推動自發性能源之星標籤制度。
北歐白天鵝標籤（Nordic Ecolabelling）		北歐各國共同發展之獨立公正的標籤制度，為全球第一個跨國性的環保標籤系統。
歐盟花卉標籤		歐洲執委會（European Commission）。

（接下頁）

表 4.8（續）

名稱	圖樣	主管機關
荷蘭生態標章 （The Netherlands Stichting Milieu-keur）		荷蘭在歐盟生態之花外，創立屬於自有的環保標章。這是除了歐盟生態之花外，亦將食品標準納入之環保標章制度。
法國 NF 環境標誌 （NF-Environnement Mark）		屬法國官方的唯一環保標誌。該標誌驗證範圍有 6 大類，超過 300 多種的產品。
澳洲良好環境選擇標章 （Good Environ-mental Choice）		由多部門組成的澳洲非營利組織。近年最熱門的認證單位為「綠色建築部門」。
日本環保標章 （Japan Eco Mark）		由日本環境部設立。該標章納入政府採購法。
韓國環保標章 （Korea Eco-label）		韓國環保署下的次部門。
台灣環保標籤		行政院環境保護署。
產品碳足跡標籤		行政院環境保護署。

（接下頁）

表 4.8（續）

名稱	圖樣	主管機關
節能標籤		經濟部能源局。
水標籤		經濟部水利署。

(2) 程序標籤

　　資訊公開的另一種形式是通過 ISO14000 或者歐盟的 EMAS 標準對公司進行環境認證。這類標籤計畫是針對企業的管理程序和管理結構進行認證，而不是針對環境產品、環境標準或是企業的環境表現進行認證。以 ISO14000 為例，它要求企業建立一個系統性的環境管理系統，並詳細說明企業的：確立環境政策、產品或服務對環境的影響，研擬改善的計畫並透過可量測的標的（Target）逐步的、持續的改善公司內部的程序，來達到企業的環境目標（Objective）。這樣的程序認證提升了公司的信譽，並增加了公司的市場價值。

3. 公共參與

　　是指民眾在公共事務決策的形成過程中，參與表達意見並行使權利，是一種試圖由下而上的去影響公共事務決定的手段。過去政策的擬定大部分都依賴由上而下的菁英決策模式，在缺乏政策溝通、沒有形成共識之前，政策推動與執行常發生困難。近年在資訊科技快速發

展的情況下，資訊的流動除了由上（政府）而下（大眾）以外，由下而上、平行式（大眾間）的傳遞也逐漸便利，民眾參與政府治理也較過去容易。若能在公眾參與的過程中，藉由集體智慧（Collective intelligence）達到問題解決的目的，則許多衝突性的政策問題將有機會獲得解決。

　　一般而言，公共參與的民眾，可能是相關的利害關係者、機構、組織或利益團體，也可能無直接利害關係的新聞媒體工作者或社會運動參與人士，常見的公共參與人員包括：(1) 國內與國際的非政府組織；(2) 地方社會運動；(3) 基金會；(4) 媒體；(5) 教會、商會、消費者組織及知識分子；(6) 政府組織、立法機構、行政機構等相關部門；(7) 區域及國際非政府組織相關部門，他們可能是該項公共事務的專業人士，也可能不具專業但勇於表達意見的一般民眾。

　　簡言之，一個良好的大眾參與必須建立在以下幾個基礎上：(1) 提供更充實、公開與正確的資訊；(2) 選擇適當的時機使民眾進入政策制定程序；(3) 參與人應具多元性、代表性；(4) 參與人數應該有一定的基準；(5) 參與的方式應具多元性；(5) 政府與民眾雙方的互動應該是雙向而非單向；(6) 政府應有負責及有效的意見回饋機制，並不是只是單方面的回應。

案例 4.14：公共參與─公民咖啡館

　　世界咖啡館（World café）是一種對話的型態，透過小團體相互探討的方式，促進公民互動，引發對問題的反思，相互分享知識，尋求合作的新契機。世界咖啡館推翻了傳統會議中「坐而言、起而行」的運作形式，利用會談，建立動態的反思、規劃並執行理

念。2011 年由行政院環保署發起多場「議題蒐集與共識凝聚」的公民會議，便以世界咖啡館的型態舉辦。這是為了 2012 年所召開的全球氣候變遷會議所舉辦的會前會，也是國內環保議題透過世界咖啡館實踐公民參與的行動。

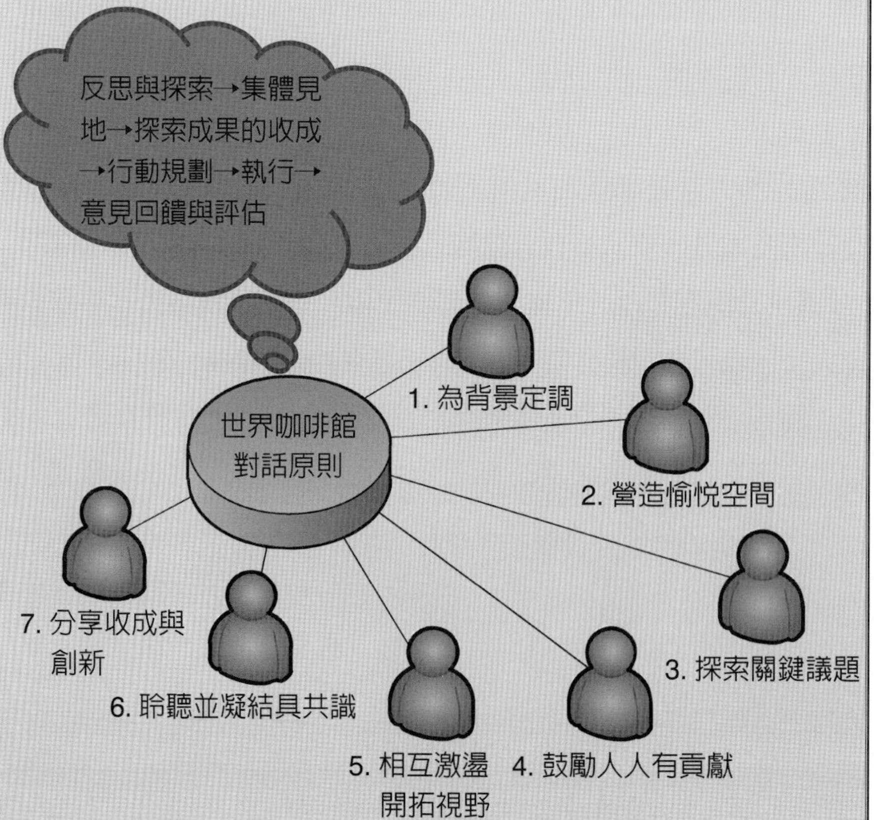

圖 4.17　　世界咖啡館運作示意圖

四、其他環境政策工具

1. 責任和其他法律工具

　　爲了確保政策工具能被遵守，懲罰、罰款、責任以及履約擔保（Performance bonds）等法律工具也必須被加入不同的政策工具之中。法律工具與其他政策工具的區別，在於法律工具規範了對他人造成傷害或者經濟損害時，個人所需要承擔的責任程度。一般而言，責任程度與裁罰內容取決於因果關係的程度，對於新的環境問題，汙染者可能不知道生產行爲、使用原物料或汙染排放的嚴重性，這時政府部門的應對措施可能是提供汙染的威脅信息以及可能的技術方案給企業，並設立各項管制標準。一旦因果關係進一步確立，主要的政策關注會逐漸集中在汙染排放量的減少、排放的時間、地點和汙染物性質上。之後，行政法規將逐漸成爲主要的政策工具。

　　另一種情況是，當規範等其他政策工具不被遵守，就必須利用法律工具對企業造成威脅（如：停工或罰款）。若當一個公司有意破壞環境與人體健康來獲取盈利，那麼罰款可以消除企業因爲不遵守法律而獲得的競爭優勢。當這種違法行爲過於嚴重，以致損害到人體健康或者致人死亡時，行政和財政的制裁通常是不夠的；這種情況下，負有責任的經營者或者雇主可能要受到刑法的處罰。

2. 環境協議

　　自發性協議（Voluntary agreement）是目前最常見的環境協議（Environmental agreements），有時也被稱爲自發性途徑（Voluntary approach）。自發性是一種非強迫性的自主管理，也是環境管理者和

案例 4.15：環境正義與不法得利

　　違背社會規範所獲得的財富就是不當得利。當有一方獲得財產、有一方遭受損失、且取得利益與遭受損失之間存在因果關係、不存在法律依據，四個條件同時存在時，便存在不法得利的問題。為了避免發生不法得利的問題，行政院環保署修正了各項的罰鍰額度的裁量基準，並於 2015 年修訂《水汙染防治法》，將「強化刑責與罰則」、「追繳不法得利」、「鼓勵檢舉不法」及「資訊公開」等精神納入《水汙染防治法》之中。並明定「違反水汙法義務者除依法處以罰款外，得追繳其不當得利，並提撥作為「水汙染防治特種基金」，優先用在受汙染水體整治上，促環境回復原狀。

汙染公司談判後的一種契約。契約中企業同意投資汙染防治的相關設備、同意進行汙染整治或者進行變革，以減少企業對環境的負面效應，換取政府的補貼或是其他的好處，例如：汙染者同意採用更清潔的技術以換取更寬鬆的規範。政府若能和業界協議一個共同的管理目標，在一定的期限內允許業界自主行動，在這種自主行動的策略下，因為產業界擁有比政府更豐富的相關資訊，也較能以成本最低的方式進行減量工作。自發性協議可以使業者減少法令限制下的依從成本（Compliance cost）和執行成本（Enforcement cost），並且可以讓產業以更彈性、更創新地選擇防制方法。在政府方面，要在嚴格的環境標準下要求廠商達到汙染減量的目標，而廠商也必然主動參與腦力激盪，否則政府要針對不同產業的不同生產過程，擬定解決方案是相當困難的，尤其是當產業擁有所有的生產資訊時。因此，當環保機構沒

有足夠的權力強制汙染者時，自發性協議是一個非常具有吸引力的環境政策。

因為這種主動的、自願的自發性協議可以建立企業良好的公共形象。因此，自發性協議通常受「主動的」或者「綠色的」公司的青睞，這些綠色企業可能在公司的經營理念上或需求上便有強烈的環境意識（如：健康產品和生態旅遊），可能是管理者的偏好或遠見，也可能是先發制人的企業戰略。目前常見的自發性協議可以區分成三種：

(1) 公共性自發方案（Public voluntary program）：由環保單位邀請廠商參與，由於參與與否是個別廠商的選擇，因此被視同為一種「非必須性」的管制措施，例如：美國的 33 / 50 環境夥伴計畫。

(2) 談判協議（Negotiated agreement）：泛指政府和產業之間的環保協議，通常在談判協議過程中，環保單位會承諾放棄新的立法，而產業則承諾達成比目前法令要求更高的目標。

(3) 片面性承諾（Unilateral commitment）：大多屬於產業的自發性行為，過程中沒有任何政府單位介入。例如：美國化學產業的「責任關懷計畫」（Responsible care program）。

3. 環境教育

環境教育（Environmental education）源於 1972 年聯合國發表的人類環境宣言（又稱斯德哥爾摩宣言），主張各團體必須共同承擔環境責任，要求公民、團體、企業及各級機關需共同努力，因此開啟人類注重環境保育與永續發展的篇章。1975 年貝爾格勒國際環境教育會議提出「貝爾格勒憲章」，明確指出環境教育的內涵及目標。1977

案例 4.16：片面性承諾—化學品管理

　　由企業制定，並用來與利益相關者（如：雇員、股東、顧客等）進行溝通的環境改善計畫，片面性環境承諾中的環境目標與規範會由企業自行提出。而為了強化環境計畫的可信度和其承諾的效力，企業會向協力廠商託付監督及解決爭議的權力，加拿大化工生產者協會發起的責任關懷計畫便是片面性承諾的一個著名例子。在這個計畫中約有 70 多家化工類企業簽署了這個責任關懷計畫，而每一個參與的企業則必須定期向由專家和社團代表組成的外部委員會提交他們遵守的計畫狀況，例如：運輸、儲存、廢棄處理等，這些監督結果則會向公眾披露，藉由責任關懷計畫的提出，來改善企業在安全和環境保護方面的指導原則和規則。

年聯合國教科文組織召開環境教育會議，發表「伯利希宣言」，使環境教育的理念更加明確，宣言中強調環境教育是一個教育的過程，透過此過程可以使個人與總體社會更加認識所處的環境，並透過知識與技術解決環境問題。1980 年由國際環境保育聯盟、聯合國環境發展署、世界自然基金會共同發表「世界自然保育方略」，首次提到永續發展的概念，並認為環境教育負有培養與環境共存的態度及行為之責任。1987 年聯合國環境發展委員會提出「我們共同的未來」宣言，再次強調永續發展的重要性。也因此永續發展成為爾後環境教育中最重要的課題。1992 年聯合國發表的 21 世紀議程中便提及「提升人員訓練」的重要性，顯示永續發展教育已成為環境教育中重要之目標。環境主要的發展歷程如圖 4.18 所示。

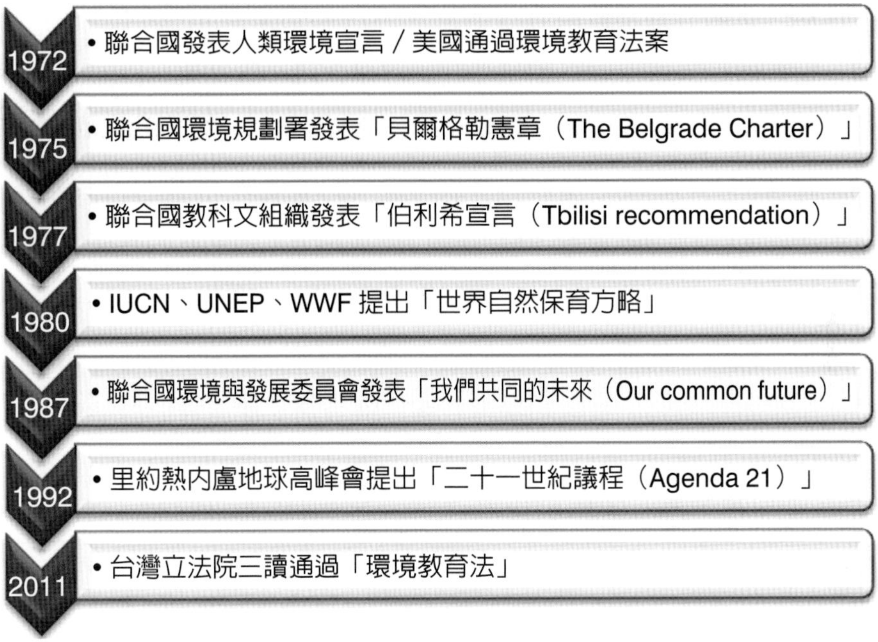

1972	• 聯合國發表人類環境宣言／美國通過環境教育法案
1975	• 聯合國環境規劃署發表「貝爾格勒憲章（The Belgrade Charter）」
1977	• 聯合國教科文組織發表「伯利希宣言（Tbilisi recommendation）」
1980	• IUCN、UNEP、WWF 提出「世界自然保育方略」
1987	• 聯合國環境與發展委員會發表「我們共同的未來（Our common future）」
1992	• 里約熱內盧地球高峰會提出「二十一世紀議程（Agenda 21）」
2011	• 台灣立法院三讀通過「環境教育法」

圖 4.18　環境教育重要歷程

　　除了國際社會積極推動環境教育外，台灣自 1987 年成立行政院
環保署以來便設置環境教育宣導科推動環境教育，並於 2010 年 6 月
公布環境教育法，其目的在於推動環境教育，促進國民了解個人及社
會與環境的相互依存關係，增進全民環境倫理與責任，進而維護環境
生態平衡、尊重生命、促進社會正義，培養環境公民與環境學習社
群，以達到永續發展之目的。和其他管制性與限制性的規範不同的
是，環境教育法是一部藉由促進學習以促進永續發展的法律，而我國
也是繼美國、日本、巴西、韓國後將環境教育立法的國家。

4. 風險、保險與環境政策

當經濟結果嚴重地依賴自然的隨機變化時，就需要有保險（或其他機制來拉平收入流，如：儲蓄）。偶發性的汙染物洩漏事件具有複雜性和管制上的難度，這類的事故所造成的環境損失可能會超過該企業的淨值，因此需要考慮各種可能的制度安排，如嚴格的責任、強制性保險和綠色債券（實質上是存錢供企業失職或破產時使用）以分攤母公司、股東、債權人和其他機構的風險。而透過保險的需求和供給迫使市場本身預測、披露和提供有關風險資訊，從而有助於社會各方面作出理性決策。

> **案例 4.17：綠色債券**
>
> 　　綠色債券（Green bonds）是綠色金融領域中的一項產品，它是企業透過發行金融債券籌措資金，作為發展環保專項、低碳經濟、再生能源等的一種手段。企業發行綠色債券時，需要獲得第三方機構的認證才能生效。全球第一檔綠色債券是在 2008 年由世界銀行與瑞典銀行共同合作發行，主要的標的是用於發展並投資綠色經濟。過去絕大多數的綠色債券是由政府機構發行，但自 2014 年起綠色債券的市場結構逐漸改變，私人企業逐漸取代政府機構成為主要的發債人，這種結果與投資人逐漸重視綠色經濟有關。例如：日月光集團在 2012 年底爆發廢水案後，2014 年日月光透過海外子公司在新加坡發行一筆新台幣約 90 億元的綠色債券，向市場募資做環保，所籌措的資金將用於興建綠建築、設立廢水設備等，搖身一變成為台灣發行綠色債券的企業。

案例 4.18：道德風險

在資訊不對稱的情況下，環境保險可能會面臨道德風險的問題，所謂道德風險是指在銷售合同、雇傭合同或者是社會契約（Social contract）制定後，參與合約的一方改變了行為而迫使另一方的利益面臨損害的風險。例如，如果一個人替自己的車子投保，就會在駕駛或者是停車時比沒有保險的人更加的大意，被保險人在投保後的行為改變帶給了保險公司損失。同時，因為被保險人不用再負擔行為的所有費用，也不必承擔醫療服務的費用，因此被保險人就會提出更高價值但卻非必要的醫療服務要求。被保險人多消費的誘因，僅僅因為他們不用再承擔醫療服務的全部費用。當沒有健康保險，有些人因為費用太高和生病不嚴重，放棄醫藥治療。但是投保健康保險後，消費者就醫時的價格降低了，相對地消費者醫療需求會增加。

第三節　環境政策的制定與選擇

環境政策的目的是透過一些行動（Actions）、方案（Programs）、計畫（Plans）或政策（Police）等干預手段（Intervention）來改變現有的狀態，達成現在或未來期望的環境品質目標，因此環境政策的制定與選擇需要有目的性，也必須能夠回應社會與民眾的需求。但是必須了解的是，環境管理的目標經常是互相衝突的，任何的政策工具都無法同時滿足所有的利害關係者，而且在經費與資源有限的情況下，政府無法同時執行所有的行動方案。在有限的資源下，要處理這麼多

的競爭性需求，政府僅能在不同的決策方案中，選擇最適合或最符合大多數人利益的方案。任何的政策選擇都存在機會成本（Opportunity cost）、理性選擇、政治選擇的問題。所謂理性選擇是指政策方案的選擇僅基於政策方案是否達成政策目標，以及政策的決策過程是否符合理性決策程序的一種選擇方式；而政治選擇則是除了政策目標外，還必須考慮回應選區的利益以及選民的持續支持。事實上，環境政策的制定與選擇除了理性選擇外，通常都加入了政治性的選擇。

管理者在選擇環境政策工具時，未必十分了解汙染控制技術，也可能在不完整或不正確的資訊下進行決策，因此管理者經常必須面對資訊不確定以及資訊不對稱的決策難題。環境政策所涉及的層面、影響的範圍經常都是廣泛的，因此任何一個環境政策都必須具備穩定性和可信性的特質，任何缺乏可信而長期有效的政策工具都容易受到司法和行政手段的抵制。當相關的利害關係者認為該工具不會持久，那麼它對企業、公共機構和個人的管理決策就幾乎發揮不了作用。一般而言，沒有什麼政策工具是最好的，被選擇的政策工具通常是管理者在權衡問題、目標、國際環境、總體環境以及任務環境（如：效率、分配效應、行政成本和政治上的可行性等）等現況後做出的決策。經濟學家通常贊同稅收這類的市場化工具，而律師和工程師則贊同法律規範，社會學家或教育學家則可能更傾向以教育以及環境正義來解決環境問題。但事實上，針對某些特定的環境議題，例如永續發展，則必須讓多種的政策工具混合使用才能有效地達成政策目標。整體而言，而政策工具的選擇必須考慮：外部的國際環境、內部的社會經濟與技術條件以及政策工具本身的效率（有很多不同的形式，如：靜態和動態的分配效率，還包括公共基金的使用效率和處理成本）、效果、公平、激勵性以及政治上的可行性。

一、影響環境政策工具選擇與修正的因素

1. 技術創新

　　由於人口、收入水準、可用技術和經濟條件（如價格）的變化，通常執行一段時間後環境政策都必須進行調整或重新設計，調整的幅度根據所使用的政策工具類型而定，其中技術的進步（包含：工程技術與管理技術），是政策調整的最大驅動力，這個驅動力也有可能改變下一階段政策工具的選擇。例如：在企業尚未掌握汙染防治技術時，環境法規可以強制企業保持某一個減量水準，也會迫使企業發展汙染防治技術，但是當企業能達到要求水準以上的汙染減量技術，除非修定排放標準，否則這種法規標準就失去了約束力，也不會產生進一步汙染減量效果。但如果使用的是收費政策，則可以透過徵收環境稅的方式不斷提醒管理層採用新的汙染防制技術與策略以節約企業成本，而達到汙染減量的目的。於是管理者在進行政策工具的選擇與修訂必須考慮國際環境、整體環境與任務環境的變動，因此可以發現技術創新、傳播和應用是市場工具非常重要的元素。有了汙染防治技術的突破才能讓企業獲得更多的減汙獎勵，進而使企業願意投入清潔技術的開發。如圖 4.4 所示，當技術提升之後，企業在相同的防治成本下，可以獲得更高的汙染削減量。

2. 收入水準和價格水準

　　環境政策工具基本上可以分成數量管制與價格管制兩個類型（如圖 4.19 所示）。經濟增長或是通貨膨脹會產生貨幣價值上的變化，對於屬於像許可證之類的數量型政策工具，經濟增長或是通貨膨脹對

他們的影響不大可以不必調整，但是對所有價格型工具（尤其像稅收、補貼、退還費、押金退款制度、責任債券及罰款）而言都需要進行調整。由於稅率或費率的變更通常必須通過一個行政或立法的程序，會使得結果變得複雜而無法推測，管理費的變更相對容易，但稅收因可能引起通貨膨脹問題，制定或變更稅率時管理者會顯得更加謹慎。經濟增長會使得汙染防制的邊際成本曲線和汙染邊際成本曲線發生移動，因為物價水準的增加使得成本與效益的均衡發生變化。雖然這個過程通常是緩慢的，但是在某些環境條件下，一些極具吸引力或活力地區的經濟增長率可能會很高，這就要求政策制定者做出快速反應。

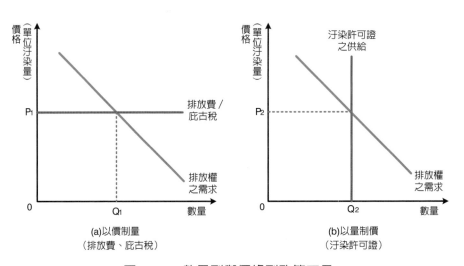

圖 4.19　數量型與價格型政策工具

3. 不確定性和資訊不對稱

　　清潔環境的效益具有不確定性，使得合理的收費水準也同樣具有不確定性，同時如果汙染防治成本也是不確定的，那麼政策工具的期望結果也會隨著工具的不同而不同。舉例來說：如果汙染防治的邊際效益是相當穩定的，而汙染防治的邊際成本具有不確定性，那麼利用稅收作為政策工具是較為有效的。但如果採用交易許可作為環境政策工具，則許可證的數量需要不斷的做出調整，才能發揮經濟交易許可的精神和目的。相反的，如果汙染情況急遽增加並大幅超過原有的排放水準，那麼許可證這種數量管制型的政策工具會比較適用，而需要精確計算的稅收工具這時反而不容易發揮作用。

　　如果分成數量管制與價格管制兩個類型的政策工具，分別說明錯誤的成本估算對預期管制成效的影響，以圖 4.20 為例，當邊際成本（虛線）被高估時，管理者將會以 OE 代替 O 為目標，會使稅收水準（P）偏高，並導致過多的汙染削減量（AP）以及過於寬鬆的法規標準（AQ）。同時，錯誤估價所造成的期望損失，在價格型和數量型的政策工具是不同的。假設成本與效益曲線是線性的，如果汙染防治的邊際效益曲線是平緩的，而汙染防治成本的邊際成本曲線是陡峭的，那麼價格的估算不會受到錯誤的成本估算的影響，也不會造成很大的稅收（或收費）損失。但是排放標準的制定則很難精確地制定，因此在很難確認排放標準的情況下，採用數量型工具的成本風險會較高。相反的，若汙染減量的效益曲線（或汙染損失）較為陡峭，而汙染防治成本曲線相對平緩時，法規標準的估算會較為準確。同時高估的價格會對汙染稅造成很大的淨損失，這時選擇一個汙染削減水準，其引起的損失則很小。因此，如果汙染防治成本曲線比汙染減量的效

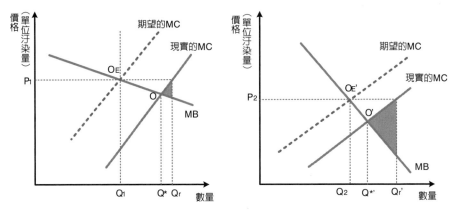

圖 4.20　價格型和數量型工具的期望損失

益曲線平坦時，就應採用數量型工具。

　　隨著新的清潔技術的出現以及工業結構的調整，汙染防治成本會快速發生變化。在擁有大量高汙染性企業的國家（和發展中國家），在進行產業轉型與汙染削減時所必須負擔的汙染削減成本會非常高昂。一個既定的環境標準就有可能使一個企業破產，在一個高失業率和普遍貧窮的國家，這樣的環境政策會遭到嚴重的抵制，這樣子的總體環境會讓管理者採取較低的環境費率，讓企業承擔較低的可預計負擔，再漸進式提供環境淨化的激勵，使企業逐步改善排汙狀況，避免企業破產後政府還必須利用一些環境基金（如：土壤防治基金）進行汙染整治的工作。

> **案例 4.19：資訊不對稱與逆向選擇**
>
> 　　資訊不對稱是指交易各方各自擁有可影響交易的不同資訊量，以二手車為例，賣方所擁有的資訊通常比買方多；而以醫療保險為例，買方擁有的資訊通常大於賣方。因此在進行交易時，因為無法取得足夠的決策資訊，因而無法做出正確判斷，資訊揭露（如：環保標籤）可以解決資訊不對稱的問題，但是資訊揭露所提供的「資訊」也可能帶來資訊不對稱的結果，因為企業為了提升產品或是公司的價值，而將沒經過環保驗證的產品貼上檢驗標籤，反而影響消費者的社會福利。在資訊不對稱的環境中，也容易發生逆向選擇的問題，簡單來說，逆向選擇可能會產生「劣勝優汰」的狀況，進而造成市場產品平均品質下降的現象。逆向選擇最經典的例子是二手車市場。例如有一輛品質較好的二手車，準備進行交易，因為買車的人無法辨識車輛的品質，只看到市場中其他劣質車輛的定價都相對較低，賣車的人堅持要價，買家則拼命殺價，在僵持不下的情況下，這輛品質較好的車只好退出市場。若狀況持續，品質較好的二手車陸續退場，剩下的車品質愈來愈差。

二、政策工具的選擇

　　不同的政策工具會產生完全不同的成本分配，這樣子的分配效應會增加排汙者、受害者和社會的經濟負擔，因此選擇時需要考慮很多因素，比如與責任分配、交易成本、決策的政治經濟及汙染者的勢力等有關的因素。比如：設計一套複雜的工具（如：由立法機構通過的稅法），但僅用規範少數企業，那麼花費的成本是很高的。這種情況

表4.9 政策選擇舉例

編號	標準與條件	稅收與收費	雙重政策工具	補貼	可交易排放許可證	控制-命令式政策	訊息發布及其它
1	靜態效率	最佳：當減汙成本異質時，可以透過市場化工具降低成本				成本高，特別是委託管技術	
2	邊際成本曲線陡峭、收益曲線平緩時	最佳：在收益曲線趨緩、減汙曲線陡峭時，價格型政策是較好選擇					訊息提供和責任是立法的先決要件或替代條件
3	損害成本異質時的效率	稅收變量既不公平也不可行，但現代技術可以增加可行性			實施環境證可比較困難	最佳：頒發、分區，執照、開發是得選擇	
4	邊際成本曲線平緩、收益曲線陡峭	難以達到準確的目標，因為市場化工具取決於需求預測。低收費導致過度汙染			最佳：總排放量可以得到控制	可控制個體排放，但不能控制總量排放	
5	通貨膨脹	價格型工具較為靈敏			不受通貨膨脹影響		
6	動態效率	市場化工具可節省成本，提高跨期效率。補貼會扭曲企業的進出條件。必須注意許可證分配和退費的細節。在技術快速發展的情況下，數量型工具效果不甚理想				命令與控制執照不能起到激勵作用	
7	複雜情況	當技術或生態的複雜性較高時，市場化工具便處於不利地位				執照、責任、信息發布等可能是最佳工具	自願協議或最佳是工具

（接下頁）

表 4.9（續）

編號	標準與條件	稅收與收費	雙重政策工具	補貼	可交易排放許可證	控制-命令式政策	訊息發布及其它
8	分配和政治問題	汙染者不喜歡稅收而喜歡收費	靈活是個優點	廣為接受	靈活程度與分配可許有關	汙染者因為他們只需付費為減汙，喜歡	訊息發布是貴重第一步。也許是的
9	非對稱訊息與風險，非點源汙染	無良好控制，難以使用；周邊環境稅難以徵收	最佳手段；自我舉證合約	若找不到汙染源，則為最後選項	若無良好控制則難以實施	託管技術容易監測	責任、標籤與公共管理是很好的例子
10	少數汙染者	鑒於管理效率和市場缺乏原因，並不適用				汙染少時也許是最佳方案	
11	發展中經濟	通貨膨脹和腐敗使價格型政策複雜化。環境基金有吸引力。需要注意監控與實施的政治方面因素	可能是較好選擇		有前景，但必須解決相關法律問題	訊息發布與建立規則是必要的。建立管理公共財機制。必須建立相關機構	
12	全球汙染：小型開放經濟	需要協調，尤其是在競爭性行業		常與貿易規則抵觸	在國際條約框架內，適合使用數量型工具		國際條約、資金轉向貧困國家

下，直接的協商也許更為合適。而在競爭不激烈的情況下，政策工具的選擇要避免利害關係者利用它來提高自己的市場競爭力、簽訂共謀協議或阻止新企業加入，而減汙的補貼、自願性協談、產權的創建以及標準（尤其當標準嚴格區分新、老企業）這類的政策工具便可能存在這類的風險。表 4.9 是各種不同政策工具的比較表，管理者可以根據成本、效益、通貨膨脹以及環境的複雜程度進行選擇。

第四節　環境政策制定的程序

　　制定環境政策的目的是針對某個特定的環境問題，尋求因應以及有效的解決方法（如：法律、行政命令、規章、方案、計畫、細則、服務與產品等），無論是哪一種方法都可以圖 3.22 所示的系統分析概念進行設計。簡言之，環境政策的制定過程主要可分成：1. 確定議題：是否具備了可以解決環境問題的政策環境；2. 定義議題：確認導致環境問題的原因以及原因與問題之間的因果關聯，利用科學化評估分析得到具體證據，並推演環境問題的可能演進趨勢；3. 回應問題：確定問題、確定原因，並在符合經濟與社會文明發展的需求條件下，確定政策方向與目標；4. 選擇政策：制定法律、行政命令、規章、方案、計畫或細則以擬定有效可行的解決途徑；5. 執行：行使各項政策；6. 評估：測量政策執行後的反應，評估結果是否如預期等六大步驟。

　　過去單向的線性制定程序已經無法解決複雜、多元的社會議題，系統性地從科學、政治、社會與執行等不同面向來制定不同的環境政策，並且利用徵詢、諮詢進行反覆修正是環境政策制定的必要過程。

在歸納與修正的過程中，有些議題會相互競合，不同的利益關係者對核心問題的看法也不盡然相同，經常需要反覆折衝、相互妥協才能歸納出適當且較易執行的措施與方案。因此溝通必須具有彈性，決策資訊必須能夠透明公開，適當的溝通平台也必須被建立。一般而言，政策的產出基本上由技術專家與決策者相互組織建立而成，技術專家或是科學家提供問題或議題之相關論證，而政治專家則為科學家界定並劃分範疇，以維護政策對於解決問題切中要點的恰當性。

一、環境政策制定的途徑

1. 菁英途徑

　　菁英大多數來自社會、經濟的中上階層，若將參與決策的人員區分成決策菁英、底層菁英與一般大眾（如圖 4.21 所示）。其中，決策菁英為上層的決策者，底層菁英則是底層的政策執行者。在菁英決策模型中，菁英用權力實現目標，而底層菁英（如：文官、官僚組織）則依附著菁英的權力而生，協助菁英達成利益與目標。菁英途徑的決策模式通常是由菁英進行政策發動、底層菁英執行一般民眾配合的方式進行。這種環境政策的制定是從菁英向下流動至人民，政策並非政府響應民情的結果，民意向上流動是非常有限的。這種決策方式偏向認為菁英與群眾關係是穩定的、單線的靜態結構，忽略了民主決策過程中權力互動和參與流動對於政治菁英的影響。菁英決策模型是許多開發中國家最主要的決策模型，在這些民主政治尚未制度化的國家，民眾的政治參與感相對較低，絕大多數的公共或環境政策多由少數菁英主導。

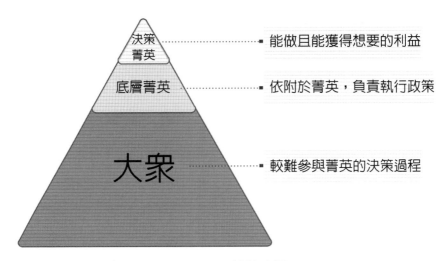

圖 4.21　菁英途徑

2. 團體途徑

　　因為環境政策會對某一部分人民的利益產生直接或間接的影響，而利益相同的人結合在一起便會組成團體，設法影響政策，以爭取或維護團體成員的利益，這類團體即為利益團體（Interest groups）。團體途徑認為政策的產出是不同利益團體彼此協商、討價還價後的結果，而政府的角色則是建立遊戲規則與調停妥協（如圖 4.22 所示）。不同利害關係者透過互動產生共同利益，團體與團體間透過協調達成共識與平衡。而不同團體對於公共政策的影響力決定於團體成員的數量、財富、組織強弱、領導、人脈與內在聚合的程度。一旦某些團體取得優勢，則公共政策會由占有優勢的團體所主導，而協議一旦達成，要改變原有的協議會顯得困難與侷限。在已開發的民主國家，因為中產階級普遍接受較高的教育，經濟力量也比較強，有興趣也有能

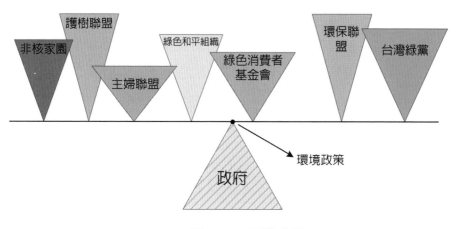

圖 4.22　團體途徑

力組織團體來影響政策，因此團體理論常被作為政策制定的途徑。但團體途徑必須重視團體的代表性，並避免群體決策可能引發的問題。

二、環境政策制定的參與者

政策規劃是一個集體互動的動態過程。一般而言，參與政策規劃過程的人員分為三種：

1. 行政人員

行政人員是政策方案或計畫的主要發動者。行政人員包括政務官與事務官，但在政策規劃的過程中，行政機關有時也須依賴來自行政機關以外的單位，如：議會、利益團體、私人研究機構和大學等的支援。

2. 民意代表

民意代表參與政策規劃。他們適時表達對公共事務的看法與理念，要求行政機關將社會大眾所關心的公共問題列入政策議程中討論，他們也會對行政機關所提出的政策方案表達建議，甚至提出新的政策方案。在美國，民意代表有時也能形成一種特別的規劃系統（Formulating system），如淨化汙染空氣、老人醫療照顧與能源儲備政策等，國會議員透過議會助理廣泛蒐集資料、分析資料、研擬草案，並經由各地方之連署，送交國會議決，形成政策。可見，民意代表也具有政策規劃者之身分。

3. 民間團體

隨著社會結構的快速變遷，各式各樣的公益性及相關利益團體如雨後春筍般出現，顯現政策規劃的參與者趨於多元化。除了政府部門外，利益團體、私人或非營利性的研究機構、基金會等，亦經常透過遊說、談判或施壓方式來影響法案的草擬與審查。某些民間研究機構也會依自己具備的專業知識，成立對特定議題具有影響力的組織，例如美國的福特基金會（Ford foundation）、蘭德公司（Rand corporation）、布魯金斯研究所（Brookings institution）、美國企業研究所（American enterprise institute）等，這些組織在政策規劃上所扮演的角色愈來愈重。通常，這些組織會透過各種調查研究，提供構想與建議，將自身的意見直接傳達給決策者。政府也可以經由委託研究方式，委由這些民間組織進行研究計畫，或藉由不定時所舉辦的公聽會、研討會等各種會議，聽取各方意見及建言。這些機構所出版的研究報告、著作，也在專業背境的襯托下，成為決策者制定政策時的

重要參考資料之一。

　　近年來，由於社會環境日趨多元化，民眾知識水準及民主化程度普遍提升，民眾對政府施政品質的要求亦日益提高。為因應民眾之要求，認為一項完善的政策規劃程序，至少應考慮以下各點原則：

(1) 公正原則（Principle of impartiality）：從事政策規劃時，規劃者應無偏無私，對於標的團體與社會大眾之福祉皆應通盤考量，去除先入為主的價值偏好，將社會資源做最公平的分配。

(2) 個人受益原則（Principle of individuality）：從事政策規劃時，規劃者對於應採行何種方案解決問題時，應以民眾之需求為最後依歸。再者，任何層次的政策規劃都應落實於日常生活之中，不但個人的權力不可受損，且在進行社會資源分配時，也應盡量以個人受益為規劃原則。

(3) 弱勢者利益極大化原則（Maximum principle）：正義觀念的應用。規劃者於從事政策規劃時，應考慮使社會上居於弱勢的團體或個人，能夠獲得最大的照顧，享受最大的利益。例如助學貸款，即是幫助少數貧窮學子，使其也有接受教育的機會，達到社會資源人人均可使用的方案。

(4) 分配原則（Distributive principle）：所謂分配原則係指規劃者於從事政策規劃時，應站在社會整理的立場，將利益、服務或負擔成本之義務，分配給不同標的人口（Target population）享受或承擔。換言之，應盡量使標的團體或個人享有社會共同資源，或共同分擔應盡的義務。

(5) 連續原則（Principle of continuity）：規劃者於從事政策規劃

時，也應考慮政策的延續性。換言之，規劃者對政策問題的認定及方案的研擬，應考量過去、現在及未來的觀點。一些改革性或革命性的政策規劃，如果與以往脫節太大，形成中斷，往往將導致政策難以順利的推行。

(6) 自主原則（Principle of autonomy）：所謂自主原則係指政策規劃應只針對國民本身不能做的，才由政府運用職權加以處理。因為如果所有的問題均需由政府規劃，則政府的人力、物力與財力將無法集中用以處理重大的政策議題。因此，政策規劃時，規劃者應斟酌政府與可用的資源，如果民間有能力參與，則應交由民間處理，俾便培養民間自主處理與自身有關問題的能力，也可藉以減輕政府的負擔。

(7) 緊急原則（Principle of urgency）：事有輕重緩急，國家各項公共政策亦然，有些政策問題若不立即採取行動進行規劃，則問題將益形嚴重，難獲解決。故政策規劃應具備權衡輕重與緊急處理的機制。

【問題與討論】

一、請說明何謂可交易（或稱可轉換）排放許可？為何其具有經濟誘因？什麼情形下才會促使交易發生？哪些情形會影響交易？（95 年環保行政、環保技術特考四等考，環境規劃與管理概要，25 分）

二、法規中常訂定汙染源的排放標準，根據排放標準的訂定基礎，說明並比較各類的排放標準。（95 年環保行政、環保技術普考，環境規劃與管理概要，20 分）

三、何謂總量管制？實施總量管制的理由與條件爲何？試以一集水區管理爲例，說明進行總量管制的程序，以及可能遭遇的困難。（95 年環保行政、環保技術普考，環境規劃與管理概要，20 分）

四、何謂「環境政策」（environmental policy）？並就環境政策之主要制定「原則」（principle）及其實踐方式加以申論之。（96 年環保行政特考三等考，環保行政學，20 分）

五、某一事業廢棄物清理機構具備清理一般事業廢棄物及有害事業廢棄物之能力，其清運容量分別爲：一般事業廢棄物 60 ton/day、有害事業廢棄物 40 ton/day；處理設施不論處理一般事業廢棄物或有害事業廢棄物，其容量皆爲：50 ton/day；該機構設有最小契約清理量，亦即事業廢棄物量須達到：一般事業廢棄物 30 ton/day、有害事業廢棄物 20 ton/day，方進行清運、處理；清理費用則爲：一般事業廢棄物 1000 元 / ton、有害事業廢棄物 3000 元 / ton。請建構一數學規劃模式（僅需建構線性規劃模式，無需求解），以最大化此清理機構之營業收入。（96 年環保行政高考一級暨二級考，環境規劃與管理，20 分）

六、民國 90 年 6 月 29 日行政院環境保護署動員上千名警力監控、拆除二仁溪 46 家位於公有地違章熔煉廠，以杜絕汙染，試就環境經濟學觀點申論造成上述環境汙染之原因？再者，爲矯正上述汙染問題，試申論政府可採取之政策工具，並比較其優劣點。（96 年環保行政特考高等考三級考，環保行政學，20 分）

七、請說明爲何排放費具有經濟誘因？試繪一個成本函數示意圖說明之。且說明在什麼情形下，排放費不具經濟誘因，爲什麼？（96 年環保行政、環境工程、環保技術特考高等考三級考，環境規劃與管理，20

分）

八、試說明「排放標準」、「空氣汙染防制費」及「排放交易制度」，在「空氣汙染防制法」中，執行上述管制工具之相關規定。再者，比較上述三種管制工具之優劣點。（96年環保行政普考，環保行政學概要，20分）

九、請簡述（一）水汙染〔總量管制〕及此政策是要改善哪種法規的什麼缺點；（二）涵容能力；（三）爲何排放源位置不同會影響涵容能力之推估。（96年環保行政、環保技術普考，環境規劃與管理概要，25分）

十、何謂經濟誘因政策（Economic Incentive Policies），試舉二例說明之，並說明會讓二個例子成功及失敗的因素或原因。（96年環保行政、環保技術普考，環境規劃與管理概要，25分）

十一、就環境汙染防治而言，有哪些「經濟工具」可資應用，試申論之。（101年環保行政普考，環保行政學概要，20分）

十二、近年來諸多環保議題，政府均採用事前、公開、透明的方式讓公民及早介入，建立共識，試問：

（一）有那些作爲可以落實此一理念，減少衝突。

（二）試舉行政院環境保護署已執行成功的2個案例說明。

（103年環保行政高等考三級考，環保行政學，20分）

十三、爲何行政院環境保護署近年來力推「公民咖啡館」，目的爲何？

（103年環保行政普考，環保行政學概要，10分）

十四、經濟誘因理論係由經濟的角度分析環境問題，期將經濟的外部性成本「內部化」，成爲生產活動的成本。請說明在符合總量管制之精神下，下列經濟誘因政策工具之特色與應用實例。

（一）徵收汙染排放費用（Emission fee）

（二）補貼（Subsidy）

（三）排放抵銷策略（Offset policy）

（四）排放交易策略（Transferable pollution permit strategies）

（五）賦稅減免（Tax break）

（105 年環保行政特考四等考，環保行政學概要，25 分）

十五、請說明我國空氣汙染管制在行政管制方面及經濟誘因方面之策略。

（96 年環保技術升官考簡任，環境汙染防治技術研究，20 分）

十六、試定義「Total Maximum Daily Load（TMDL）」，並說明其如何應用於河川流域管理訂定合理汙染削減量？（103 年環保技術高等考三級考，環境汙染防治技術研究，15 分）

十七、我國空氣汙染防制對策中「經濟誘因」方面有哪些政策？（96 年環保行政特等考三等考，空氣汙染與噪音防制，20 分）

十八、何謂「行政管制」（Command and Control）制度？何謂「經濟誘因」（Economic Incentive）制度？試申論比較此兩種制度應用於空氣汙染防制之優缺點。（97 年環保行政高等考三級考，空氣汙染與噪音防制，20 分）

十九、現階段環保執行機制之經濟工具者有哪些？請說明。（100 年環保行政、環境工程、環保技術特考三等考，環境規劃與管理概要，25 分）

二十、以空氣汙染管制為例，說明總量管制之目的、策略、方式及可能之經濟誘因。（100 年環保行政、環境工程、環保技術特考三等考，環境規劃與管理概要，25 分）

二十一、環保政策的執行工具有哪些？其特性各為何？環境教育法之實施

對環保工作的推動有何助益？（100 年環保行政、環保技術特考
四等考，環境規劃與管理概要，25 分）

二十二、環境基本法中，強調各級政府應建立綠色消費型態的經濟效率系
統。試解釋何謂綠色消費型態的經濟效率系統，並提出有助於建
立該系統的政策工具。（102 年環保技術高考二級考，環境規劃
與管理，25 分）

二十三、請說明「汙染者付費」原則各國常採行之經濟誘因制度包括哪
些？（102 年環保行政、環保技術特考四等考，環境規劃與管理
概要，25 分）

二十四、在汙染管制執行機制中常使用「命令管制」及「經濟誘因」，請
問在減碳過程中所使用「命令管制」及「經濟誘因」機制為何？
並說明二種機制優缺點。（104 年環保行政特考四等考，環保行
政學概要，25 分）

二十五、環境品質是指哪些東西的品質？為什麼要保護環境的品質？要如
何保護環境的品質？請申論之。（104 年環保行政、環保技術特
考四等考，環境規劃與管理概要，25 分）

二十六、基於使用者付費原則的垃圾隨袋徵收制度，能否導致綠色生產與
可持續的發展？為什麼？試申論之。（104 年環保行政、環保技
術特考四等考，環境規劃與管理概要，25 分）

二十七、在要求環境品質不變下，請以益本分析說明汙染防治的手段中經
濟誘因（排放收費及補貼）與直接行政管制間的可行性與影響。
而可轉讓的許可證及排放抵銷策略如何可以改善上述的不足？
（105 年環保行政、環境工程特考三等考，環境規劃與管理，25
分）

第五章　環境分析工具

　　環境資料是實驗、監測、測量、觀察與調查後的結果，透過環境資料的解讀與分析可以協助管理者了解問題現況、作出判斷並採取適當的行動方案。環境資料分析的目的是從雜亂無章的環境資料中，萃取、提煉隱沒在這些數據中的內在規律，協助管理者掌握或控制這些規律。為了滿足管理者的決策需求，數據分析前必須先了解決策目的、決策工具的特性、資料需求（數據量與數據品質）以及演算負荷之間的關係（如圖 5.1 所示）。一般而言，環境資料分析可以區分成資料導向（Data-driven）與模式導向（Model-driven）兩大類的分析方法，模式導向方法常見於與工程相關的課程之中，它透過嚴謹的學理假設，將環境系統的運作模式科學化與系統化，並利用數學方程式來解釋系統物件的特徵與行為。模式導向的數學模式通常無法適應過度複雜的系統程序，特別是面對過多的雜訊（Noisy data）及變數時會面臨一些計算上的問題。由於該方法受限於系統的複雜性，因此在實務應用上，都必須適度的簡化問題的複雜性，建立模式導向的數學模式都相當耗時，因為它必須建立在科學理論的基礎上，且必須反覆假設及驗證，找到或建立一個適用的數學模型，過程通常都相當冗長，環境規劃與管理中常見的模式導向方法如：空氣擴散模式、水質模式、水理模式等。模式導向的環境模式，資料大都用來律定模式參數以及驗證模式的準確度與可信度。

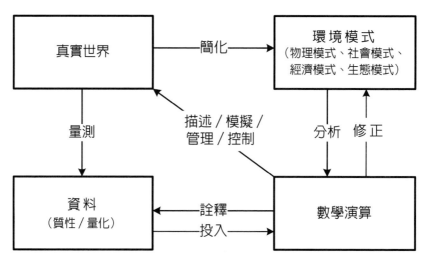

圖 5.1　環境資料分析架構圖

　　資料導向方法則是另一個不同的思考概念，它認為數據隱含了真實世界的規律，如果利用機器學習（Machine learning）、計算智慧（Computational intelligence）、柔性計算（Soft computing）與資料挖掘（Data mining）等方法可以發掘出隱含在資料集中的系統特徵，則有助於決策與管理的進行。資料導向模式不以程序以及系統知識為基礎進行模式建構，而是將分析重點集中在系統狀態變數（輸入與輸出變數）的關聯分析，為了獲得有效、可信的結果，它通常需要大量且具代表性的資料。圖 5.2 說明了資料導向與模式導向模式的差異，各種環境模式都有各自的優缺點，進行資料分析時應以目的為導向，在了解資料分析的目的以及決策的需求後選擇合適的分析工具。

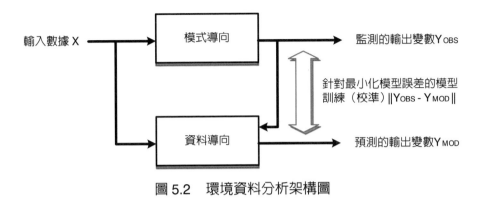

圖 5.2 環境資料分析架構圖

第一節 環境資料的內涵

一、資料、資訊與知識的差異

　　從資料的特性來看，環境資料可區分為結構性（Structured data）、半結構性資料（Semi-structured data）與非結構性資料（Un-structured data）。其中結構性資料是指可以利用二維資料表結構來表達資料內容，而不方便利用資料庫二維邏輯來表現的數據則稱為非結構化數據，如：圖片、網頁、電子郵件、多媒體、聲音、社群資料等，都是常見的非結構性資料。這些結構性或非結構性資料會藉由觀察、監測、調查及驗證等各種不同方式從真實世界中獲得，這些結構性、半結構性資料與非結構性資料，會在組織、分析、整合、決策與行動的過程後被賦予不同的意義。從知識管理的角度來看，知識包含了資料（Data）、資訊（Information）、知識（Knowledge）及智慧（Wisdom）等四種不同層級概念（如圖 5.3 所示）。所謂資料是對

事件審慎、客觀的紀錄，即未經整理的原始資料。就組織而言，數據資料可能是結構化的交易紀錄，數據本身不具備任何目的或關聯性的意義。而資訊則是因某個特別目的而被整理過的資料，具有傳送者與接收者，它最終目的在於調整接收者對事情的看法，並影響其判斷與行為，是一種有目的性的資料傳達。知識則是透過人的客觀解釋與主觀認知將資訊轉化為具行動或決策的能力，它與資訊的不同點，在於它牽涉到人的經驗、承諾、行動。一般而言，資訊可以回答簡單問題，譬如：誰？什麼？哪裡？什麼時候？為什麼？知識則可以回答「如何？」的問題。另外，透過智者間的溝通及自我反省，知識將可

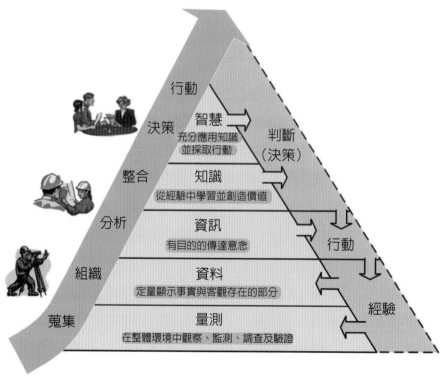

圖 5.3　資料、資訊、知識與智慧的關聯

轉化成智慧,管理者利用資訊來了解現況與問題,利用知識與智慧進行判斷與決策,並在行動與經驗中取得額外資料形成了生生不息的資料循環。

二、資料生產與資料品質管理

為了維持環境資料品質,美國環保署於 2000 年 EPA Order 5360.1 A2 法案,要求 EPA 及其所屬單位建立品質系統(Quality system),以確保美國環保署有正確的資料可支援美國環保署的決策及相關環境計畫的擬定。美國環保署的品質系統由政策(Policy)、組織／計畫(Organization/Program)及專案(Project)等三個層次所組成。

1. 政策

說明美國環保署階層(Agency-wide)內的品質政策及相關法規。

2. 組織

說明組織如何執行及管理品質系統(如:Quality management plan 及 Quality system audit)。

3. 專案

說明屬於各別計畫之品質計畫執行與管理之要件。專案層級將資料生產程序區分成規劃、執行與查核等階段,在規劃階段強調資料收集計畫的系統化設計(如:資料品質目標程序(Data quality objective process, DQOs)以及品保專案計畫(QA project plan, QAPP)的擬定;執行階段則強調分析程序的標準化(Standard operation procedure,

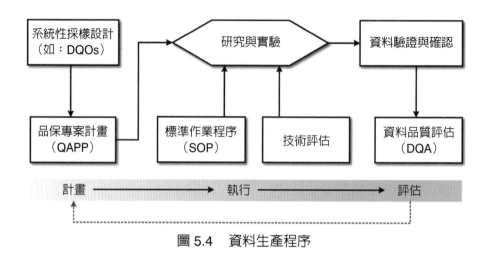

圖 5.4　資料生產程序

SOP）以及技術評估（Technical assessment）等作業內容；評估階段則以資料品質評估（Data quality assessment, DQA）為主要內容（如圖 5.4 所示）。

　　美國環保署要求環保署及其所屬單位依系統化規劃程序（Systematic planning process）發展建立之一種應用於環境資料之調查、收集、評估及使用的可接受度標準（Acceptance criteria）或績效標準（Performance criteria），資料品質目標程序即在滿足此要求下發展之程序。DQOs 是以科學方法為基礎且符合邏輯及系統化之規劃程序，主要強調規劃及發展一套符合資料使用需求之採樣設計（Sampling design）及資料收集（Data collection）之程序，使得相關環境決策及環境計畫可獲得適當格式、數量及品質之資料支援，因此 DQOs 定義及發展相關之數量及品質之標準以決定何時（When）、何地（Where）、收集／調查多少（How many）資料以達到某相對資料用途所需要之信賴度。DQOs 應與其品質保證（Quality assurance, QA）及品質管制（Quality control, QC）計畫一同並入採樣品質計畫中（QA project plan）。因此，DQOs 是在資料產生前即規劃及設計其格式、數量及品質等特性，屬於資料前置性（Prospectively）處理程序。DQOs 中主要包含了 7 個步驟：

(1) 問題之陳述（State the problem）：包括對問題之定義、規劃團隊之界定、預算之評估及採樣時程之分析。

(2) 決策之定義（Identify the decision）：主要之工作包括界定決策中可能之關鍵性問題內涵為何？初步評估可能方案有哪些？建立有關於問題之決策陳述（Decision statement）、若屬於多目標決策問題則需進一步整合其標的。

(3) 界定決策之輸入資訊（Identify the input to the decision）：界定決策所需之資訊範圍及特性、確定這些資訊之可能的來源、決策所需符合之基礎（如排放標準或風險分析之閾值）及確認符合決策資訊可能之採樣及分析方法。

(4) 定義計畫之邊界（Define the boundaries of the study）：包括界定研究／計畫之主題及目標、界定計畫之空間範圍及邊界採樣位置與尺度、界定計畫之時間架構（Time frame）如採樣時間間隔及尺度等、確認採樣計畫是否有特殊之限制等。

(5) 建立決策規則：（Develop a decision rule）：內容包含定義決策之關鍵參數、確認必需性的採樣和分析及相關活動、與這些活動之水準及程度。

(6) 確認決策可容忍之誤差限值（Specify tolerable limits on decision error）：包括確認關鍵參數之可能範圍、選擇零假設（Null hypothesis）、評估決策錯誤可能導致之結果、確認參數可接受之次要範圍（Gray region）、決定可能產生錯誤決

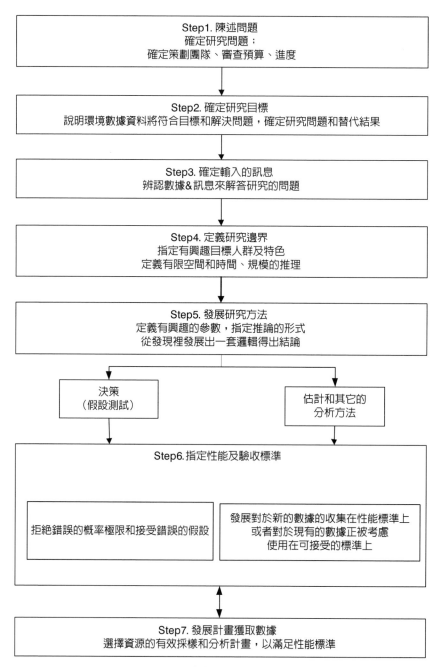

圖 5.5　系統性採樣設計程序

策之可容許之機率。

(7) 資料獲取之最佳化設計（Optimize the design for obtaining data）：此步驟包括重新審查及分析 DQO 各階段之結果、發展與建立資料收集設計之各替代方案、建立各資料收集設計之數學表示法（Mathematical expressions）、選擇可以符合 DQO 之最小採樣規模、決定資源最有效使用之最佳設計或可接受之設計、將此設計之細節資料文件化。

妥善確實執行 DQOs 除獲得適當格式、數量及品質之資料，以支援相關環境決策及環境計畫外，尚明顯具有下列效益包括：DQOs 之架構提供資料收集者、決策者及其他資料使用者一個非常便利之溝通管道，使得個別之需求及資訊得以表達並得到適當之滿足；透過其分析過程決策者可以進一步較為了解其決策之風險度及可能造成錯誤決策之機率，可有效提升決策之品質；透過 DQOs 之分析使得關鍵性之決策問題及參數得以發覺，因此有助於掌握主要關鍵性資訊，因此將有效降低不必要之資料收集或分析所耗用之資源。

三、資料、資訊與知識的流動及管理

資料收集是指透過量測、監測、問卷與訪談等不同方式，用以建立具體可用資料的過程，如上所述資料的收集必須有目的性，根據問題內容、決策目標與資源限制規劃資料收集的規模，對於大尺度的環境管理問題，可能需要考量更多的環境因素，同時也可能有較大的樣本需求。從資料生命週期管理（Information lifecycle management, ILM）的觀點來看（如圖 5.6 所示），資料管理必須包含資料的創造、抓取、保留、備份到銷毀等一系列的過程，資料會在這過程中產生質

與量的變化，管理者必須跟據資料的存取頻繁度、新舊或是資料的層級（資料、資訊與知識）將資料搬移到合適的儲存媒體當中。這過程中，資料的生產計畫、資料的品質控制以及資料的整合應用是資料、資訊與知識的流動及管理議題的重點，三者缺一不可，系統工程師必須同時檢視三者間的連動關係，才能做好資料與知識的管理。資料的收集以及資訊與知識的挖掘，是環境規劃與管理中最基本也是最重要的一環，透過資料的蒐集與資訊的分析可以讓決策者了解問題的本質、預測問題的發展以及了解問題的因果關係，並進一步規劃後續的管理方案，這過程中資料生產、品質控制與應用分析的能力扮演非常關鍵性的角色。

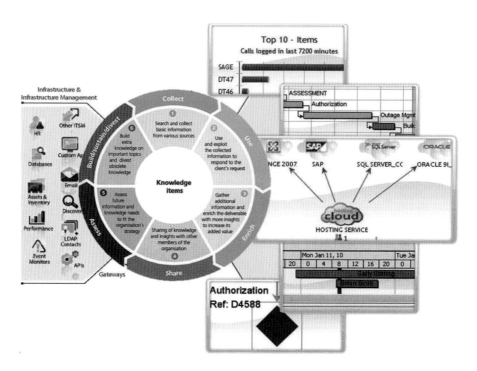

圖 5.6　資料、資訊與知識的流動

四、資訊分析與知識擷取

環境資訊學是結合了空間資訊技術、人工智慧、計算機圖形、環境數據管理和環境統計的一門綜合性科學，它的目的是為了處理環境科學中有關數據或資訊的生產、收集、儲存、處理、模式、解釋、展示、傳播與知識整合等問題，是一種常被用來進行環境資料處理、資訊分析與知識擷取的重要工具。環境資訊學是一個跨領域的整合性科學，它包含了理論、環境資訊庫、環境計算（Envcomputation）、技術工具／軟硬體系統以及環境應用等不同技術層次（如圖5.7所示）。

1. 理論層

為了解決環境問題中資料、資訊與知識管理的問題，通常必須利用各種的質化或量化的工具進行資料的整理與分析，以擷取隱藏在資料裡的資訊與知識，常見的數學理論包含：人工智慧（Artificial intelligent）、機械學習（Machine learning）、環境計量學（Environ-

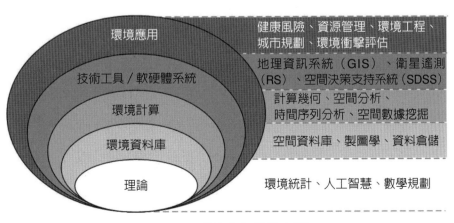

圖 5.7　環境資訊學的內涵

metrics）、數學規劃（Mathematical programming）、環境模擬（Environmental simulation）等各種不同的數學方法。這些數學方法的主要目的是爲了透過資料的解析進行環境問題的描述（Descriptive）、預測（Predictive）與診斷（Prescriptive），以釐清環境管理可能遭遇到的問題，圖5.8說明不同決策目的可能需要的分析技術與資料投入。舉例來說，在環境問題的描述上，決策者可能想要了解某一個開發行爲對環境造成的最大衝擊量以及這個最大衝擊量發生的時間與地點，他可以利用圖表或文字的方式來展示現有的資料，達到問題描述的目的，這類描述分析通常發生在圖5.1中資料與資訊層級中。一般而言，除了解決過去與現在的問題外，環境規劃與管理主要目的是在預防問題的發生，例如解決未來十年人口成長與經濟發展所帶來的用水需求與環境壓力、解決數年後地球暖化所可能造成的環境變遷問題。在解決這類問題時決策者必須具有預測分析的能力，以了解未來的用水需求以及環境壓力，而提前做出反應避免問題的產生，這類預測分析的問題通常是圖5.1中資訊層級的主要問題。問題的釐清有時是環境規劃與管理最困難的部分，決策者在面對一個複雜的社會、經濟與環境系統時，不容易找到正確的決策變數，要正確釐清系統成員之間的因果關聯與互動關係更是困難，而結合領域知識進行問題診斷是確定決策問題與目標的一個重要方法，診斷分析通常發生在圖5.3中知識與智慧層級。

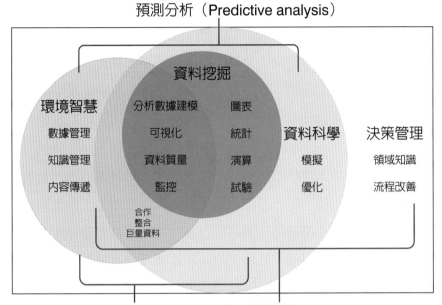

圖 5.8　資料處理目的與相關的技術內容

2. 環境資料庫層

　　環境資料庫層（Environmental data warehouse）的目的在於利用資訊技術進行資料的儲存、管理、分享與傳遞，如何有效的整合異質性資料庫，是這個資料層的主要任務。其中，環境資料倉儲是用以統合環境資料儲存及應用的基礎性系統及工具（如圖 5.9 所示），美國已發展 10 年餘，歐盟國家如德國及英國等亦有多年經驗。我國亦參考美國環保署 EnviroFact 計畫、歐盟 SEIS 計畫及德國 PortalU 計畫的架構及推動機制，發展設計具分析決策能力及彙總性架構之「環境資料倉儲系統」，並於 2009 年初上線取代現有之環境資料庫。現行

「環境資料倉儲系統」整合多個不同單位與機關的 30 個資料庫，建立類似「資料大賣場」的資料倉儲系統，涵蓋空氣、水、廢棄物與資源回收、毒化物與環境用藥、土壤、噪音與非游離輻射、環境管理等八大類環境監測資料，總共匯入過去 10 年資料，並重新以時間軸與空間軸的面向來擺放資料，或利用線上分析處理（On-line analytical processing, OLAP）以圖表來展現各項環境監測資料，開放公部門單位及一般民眾使用，可依地區、時間、關鍵字或特定主題進行查詢。

為推動台灣永續發展，近年「國家永續發展委員會」與原國科會自然處「永續學門」等政府相關單位已推行相關永續發展專案計畫，並建置各類型基礎資料庫，其包含環境、經濟及社會等各資料，科學評估工具與方法之綜合成果，並已逐步彙整於國土資訊系統（National geographic information system, NGIS），以供個人、機關單位，甚至各類型產業在業務上的查詢、管理、規劃及決策分析使用。國土資訊系統又稱國家地理資訊系統，是指全國性的地理資訊系統。NGIS 將土地的地上及地下的圖形（如：地形、地質、水文、地籍）和屬性（文字、符號）資料，儲存於電腦資料庫中。各業務單位或是個人，可以將相關的主題圖加以套疊，進行空間上的資料存取、處理、分析，如：交通路網圖、門牌位置圖、自然資源圖、公共管線圖、都市計畫圖等各種具主題性的圖資。就管理層面而言，這些圖資可以提供做為規劃與決策分析使用，因此也成為政府及民間不可缺少的重要決策資訊。

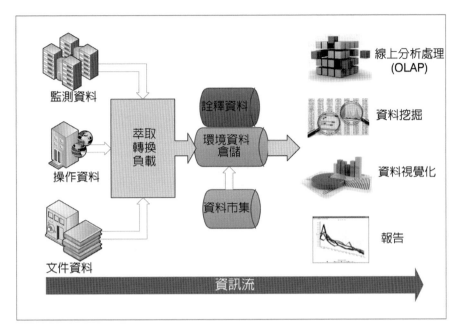

圖 5.9　環境資料倉儲系統

3. 環境計算

　　計算模型（Computational model）是計算科學中的數學模型，它是利用數學、物理和計算機科學來模擬複雜系統行為的一種方法。一個計算模型，包含系統中特有的觀測與控制變量，藉由調整或觀察這些變數的變化，以了解這些變數如何影響模型預測的結果。透過大量的計算機模擬讓科學家在短期內進行上千次的模擬試驗，幫助研究人員找到解決問題的最佳參數組合或方案。環境系統是一個複雜且動態的非線性系統，利用直觀與線性的觀察與分析不容易獲得的有效的方案，為了解決這些問題，除了利用實驗模型或理論推導出數學模型外，還必須利用計算機科學在電腦求解模式上的系統參數，進行參數的最佳化，常見的參數優化方法有：

- 遺傳演算法（Genetic algorithms）
- 模擬退火法（Simulated annealing）
- 禁忌搜索（Tabu search）
- 登山法（Hill climbing）
- 梯度下降法（Gradient descent）
- 牛頓法（Newton's method）
- 拉格朗日乘數法（Lagrange multiplier）
- 蜜蜂演算法（Bee colony optimization）
- 螞蟻演算法（Ant colony optimization）
- 有限差分法（Finite differential method）
- 有限元素法（Finite element method）
- 邊界元素法（Boundary element method）

4. 技術工具／軟硬體系統

決策支援系統（Decision support systems，簡稱 DSS），是一種結合模型、數據存取和資料檢索功能的分析技術，通常以交談式的方法用來協助決策者解決半結構性（Semi-structured）或非結構性（Non-structured）的問題，幫助決策者彙編有用的資訊，從原始數據、文件和個人知識、或者商業模式的組合，發現和解決問題並做出決策。決策支援系統有以下幾種常見的類型：

(1) 模型驅動式決策支援系統（Model-driven DSS）：模型驅動的決策支援系統強調優化和／或模擬模型的操作，利用簡單的定量模型與有限的數據和參數，幫助決策者進行基礎的決策分析。

(2) 數據驅動式決策支援系統（Data-driven DSS）：強調存取與

運用數據進行包含時間序列在內的各種資料分析，例如以線上服務分析處理為主的數據驅動決策支援系統。

(3) 通信驅動式決策支援系統（Communications-driven DSS）：是指利用網絡和通信技術，以促進決策相關的協作和溝通。在這些系統中，通信技術是主導地位。使用的工具，包括群組軟體（Groupware）、視頻會議和計算機為基礎的電子公告板，在一般情況下，組件、電子公告板、音頻和視頻會議的主要技術是通信驅動的決策支援。在過去的幾年中，語音和視頻使用網際網路協議，大大地擴大了同步通信驅動的決策支援系統。

(4) 文件驅動式決策支援系統（Document-driven DSS）：使用的計算機存儲和處理技術，提供文獻檢索和分析。大型文檔數據庫包括：掃描文件、超文本文檔（Hypertext documents）、圖像、聲音和視頻。這可能由文檔驅動的決策支援系統來存取文件，如：政策和程序、產品規格、產品目錄和公司歷史文件，包括：會議和信件紀錄。搜索引擎是一個文檔驅動的決策支援系統相關的主要決策輔助工具。

(5) 知識驅動式決策支援系統（Knowledge-driven DSS）：可以為管理者建議或推薦行動。這些 DSS 都是有解決問題的專業知識，是人—計算機系統。人工智能系統已被開發用於檢測欺詐與加速金融交易。許多附加的醫療診斷系統已使用人工智能。專家系統已用於調度在生產操作和基於 web 的諮詢系統。近年來，連接專家系統技術來與基於 web 的前端相關數據庫，已經擴大了知識驅動的決策支援系統的部署和使用。

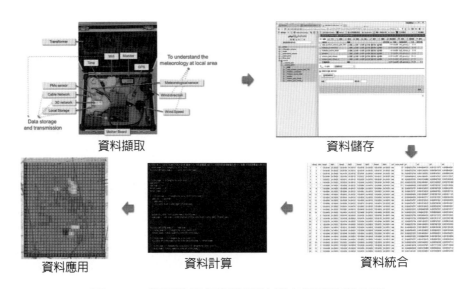

圖 5.10　環境物聯網暨雲端決策支援系統概念圖

5. 環境應用

　　環境資訊學在環境工程與管理上的應用十分廣泛，環境物聯網（Environment interest of things）暨雲端決策支援系統就是一個常見的應用案例。例如：為了有效掌握區域性空氣品質並進一步預測未來的空氣品質狀況，可以整合即時感測器、資料儲存、雲端計算等技術建立物聯網與雲端決策支援系統（如圖 5.10 所示）（Knowledge-driven DSS），利用可視化與決策管理工具的整合分析，進行空品資料的分析、預測與管理。

五、模型建立的目的與組成

　　環境模式的目的是希望利用各種以數學、物理、化學或生物理論

為基礎發展出來的模式，來描述、模擬、管理或控制眞實的世界。也就是說，模型是為了整合理論和實驗（或觀測）結果，了解系統行為的變化以及了解各種環境因素是以何種機制影響系統行為的重要工具。模型可以發揮模擬和預測的兩種功能，前者透過模型結果的比較與過去變化的觀察，以測試系統中的模擬變化的準確性，後者用於計算系統去推斷未來變化。基本上，模式的核心包含資料、模式與計算等三個重要組成。其中，決策者可以根據決策目的、決策的品質要求以及環境問題的簡化程度選擇不同的環境模式，但複雜的環境模式通常需要較為龐大的資料以及計算資源。因為效率與成本的考量，美國環保署認為不同的用途需求，環境模式以及模式所需要的投入資料它們的準確度也應該有所區別（如表 5.1 所示）。

表 5.1　品質保證的層級（U.S.EPA，2000）

取得模型整合資訊的目的 （預期的需求）	典型的品質保證（QA） 議題	QA 的 層級
• 管理的承諾 • 訴訟 • 議會的證詞	• 具防禦性的合法資訊來源 • 法律與管理承諾 • 數據採集遵守法規及規範	↑
• 管理發展 • 取得州執行計畫（SIP） • 模型驗證	• 具管理指南的承諾 • 在合適的 QA 程序下獲得現存的數據 • 查核及數據檢閱	
• 趨勢監測（非管理的） • 技術發展 • 原理檢測	• 使用可接受的數據整合方法 • 使用獲得廣泛認同的模型 • 查核及數據檢閱	
• 基礎研究 • 模型測試	• 設備的 QA 計畫及憑證 • 新理論及方法論的同儕檢閱	

環境模式可以區分成資料導向（Data-driven）與模式導向（Model-driven）兩大類的環境模式，模式導向模型指的是以物理、化學或生物原理爲基礎所推導出來的數學模式，用來代表在眞實世界中觀察到的物理過程在這類的模式中，資料主要被用來率定系統中的參數，如：氧垂曲線、吸附曲線等。以資料爲導向的模式不以明確的知識來描述系統的行爲，而是以分析系統的相關數據來建立系統中不同變量之間的連接（輸入、內部和輸出變量），藉以發現、模擬系統的眞實行爲，主要的建模工具包含：人工智慧（Artificial intelligence, AI）、環境統計與數學規劃等。無論是資料導向或是模式導向的模式，模式的組成主要包含以下幾類的系統變數：

1. 可控制變數／外在變數

可控制變數與外在變數（Forcing function/External variables）是指會影響系統行爲的系統輸入、外在函數或變數，這些外在函數與變數可被視爲系統的輸入或邊界條件，如果想知道這些輸入和邊界條件的變化會對模型帶來什麼影響，則決策者可以透過情境模擬的方式，利用不同輸入和邊界條件的組合，來測試當系統輸入或邊界條件隨著時間變動時系統行爲的變化。可受控制變數通常是系統的輸入函數。例如：生態系統內的有毒物質，便可被視爲生態毒物學模型中的可控制變數（或系統輸入項）；在優養化模型中，則代表營養物質，其他的外在變數則有氣候變數等，他們會影響生物及無生命物質的組成及處理的速度。

2. 狀態變數

狀態變數（State variables）用來描述系統的狀態或行爲的觀測變

數，通常被用來反應一個系統的績效或性能（Performance）。狀態變數的選擇必需有目的性，能夠反應決策者關心的決策目標，因此狀態變數的選擇對模型的建立至關重要。倘若我們欲建立一個與有毒物質在生態系統中累積情況有關的模型，狀態變數應該是食物鏈中的有機體以及有機體內的有毒物質。在優養化模型中，狀態變數應是營養物質及浮游生物。當模式被作為管理用途時，透過改變可控制函數（或變數）所測得的狀態變數值，可被視為模式的結果，利用這些結果便可進行系統行為的控制。

3. 關聯方程式

關聯方程式（Mathematical relation equations）是用來描述生態的、化學的及物理的過程，它們主要的功能在建立可控制函數（輸入變數）及狀態變數（輸出變數）之間的關聯性。從過去的研究可以發現，相同的方程式可以運用在不同的模型上，但是一個同樣的過程並不一定可以持續的使用同一個方程式來解釋。原因是：在其他條件因素的影響下，利用其他方程式來解釋，可能會得到一個較佳的結果，而不同的事件（Case）也可能改變系統中生態、化學及物理的過程。

4. 參數

參數（Parameters）用來表示數學過程中的係數（Coefficients），對於特殊的生態系統或是部分的生態系統而言，參數可視為常數（Constant）。在一般模型中，參數通常具有科學定義，如：魚類排出鎘的比率。許多參數並非用常數表示，取而代之的是一個範圍（Range），但對於估計參數而言，仍具參考價值及效力。在真正的生態系統反饋中，將參數視為常數並不真實。在模式中，生態系統的

變動性及適應性與參數固定的特質並不一致,新的模式試圖利用某些生態學規則改變參數的特性,以解決問題。但無論如何我們應先改變模式的過程,提高其與真實世界的相似性,才能有效透過模式解決問題。

5. 通用常數

氣體常數及原子量等是最常在模式中使用的通用常數(Universal constants)。

第二節　模型建立的程序

模式建立是一個嚴謹而有條理的系統分析過程,可以區分成以下幾個主要步驟(如圖 5.11 所示):

一、界定問題、確認決策目標

所欲探索的問題是什麼?在現實生活中,這經常是最困難的部分,因為必須過濾大量的資料,並做出選擇。如何將口語化、抽象化的問題轉換為數學符號,並藉由數學方程式進行問題解析與方案擬定是模式分析的基礎。從系統分析理論觀點來看,就是必須先確認系統的邊界,以及邊界內與問題、決策目標相關的系統單元。而所謂系統單元是指在時間架構內相對穩定或緩慢變動的元件(Components),這些元件可能包含建築、設備或產品等實體元件,也可以是邏輯性、功能性或其他智能結構單元,如:替代方案、優缺點、資訊或資料以及規則。同時建立模式前,也必須確認系統內的重要程序,這裡所提到的系統程序指的是系統內的動態組成,如正在變動中的改變、穩定的通量、正在發生中的活動以及系統中的資訊流、能量流或物質流。

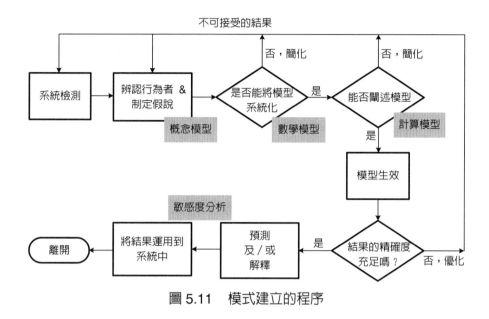

圖 5.11　模式建立的程序

二、建立假設與概念模型

　　由於無法採納所有因素建立方程式解決問題，因此決策者只能盡量降低系統變數的個數，並利用各種假設簡化系統的複雜度。系統關聯指的是單元與程序之間的互動與因果關聯，亦即系統結構如何影響程序的進行以及元件的狀態。建立模式前必須先確認系統中的可控制變數／外在變數、狀態變數、關聯方程式、參數與通用常數。爲了觀測或控制系統行爲，系統狀態變數需被有效定義出來，一般而言系統變數可區分成：可量測的狀態變數、不可量測的潛在變數（Latent variables）以及可控制變數等幾類，這些變數的資料取得將影響後續數學模式的選擇。爲了正確、有效的確認這些系統變數，決策者可以根據問題的狀況、決策的目的以及系統的時間與空間邊界建立完整的

系統模型，但為了降低模式求解時所需要的時間與計算成本，決策者可以進行各種假設以簡化系統，並以圖形、視覺方式表現自變項、應變項之間的：差異、或相關之關係。一般常見的系統概念模型如下：

1. 空間結構類型的概念模型

環境規劃與管理重視環境問題在時間與空間上的影響，如：**最大衝擊量發生的時間與地點。因此，空間上的關聯是環境規劃與管理會經常遇到的問題。**以圖 5.12 為例，管理者可能想了解人口在一個區域內的遷移與增減情況；想了解垃圾清運的路徑與居民關係；亦或是正在進行防救災的規劃。對這一類的問題而言，物件分布以及它們在空間上關聯便顯得十分重要。管理者可以利用圖 5.12 來代表該地區

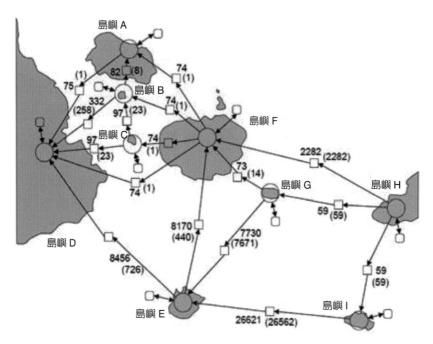

圖 5.12　空間概念模型（Ralf, 2003）

淨人口變化的模型，圓角形則表示持續性的人口動態模型及不同的方程式，弧形上的數字則表示島嶼上可能的殖民人數，括弧內的數字表示島嶼間移動所需的時間（年平均），如此便可進一步利用數學方程式來模擬人口在研究區域內的變化。

2. 時間演替類型的概念模型

　　真實的環境系統是一個隨時間演替的動態系統。在演替的過程中，生態或社會經濟環境會在演替的過程中，由低級到高級，由簡單到複雜，由複雜而逐漸崩解，一個階段接著一個階段，一個群集代替另一個群集的自然而持續的演變。例如，森林裡的樹木被砍伐並開墾為農田，在這塊農田被廢棄後，自然地發育出一系列植物群落並且依次替代。由一開始首先出現的雜草群落、逐漸出現了多年生雜草與禾草所組成群落、之後在灌木和喬木聚落出現後，慢慢地在回復到過去森林的樣貌。這種植物與環境之間的相互作用，不斷變化而引起的自然演替過程也是環境規劃與管理常見的概念模型，透過模式的分析管理者可以用以預測群落的演替過程

3. 因果關聯類型的概念模型

　　因果關聯類型分析被用來描述與環境現象及環境變數之間的依存關係，決策者在掌握因果架構、了解變數之間的相互影響程度之後，便可建立相應的數學模型來推測事物發展的趨勢。以圖 5.13 為例，管理者利用結構關聯模型，界定環境態度、風險認知、補償、社會壓力、公平性、信任度、社會支持度之間的關係，之後透過問卷或其他方式取得必要資料。在印證變數之間的相互影響程度後，便可以預測

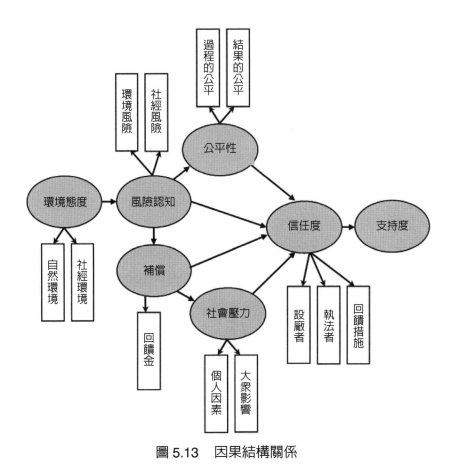

圖 5.13　因果結構關係

某一個變數發生變化後其他決策變數的變化情況，並採取適當的政策
作為調控系統行為。

4. 多介質傳輸類型的概念模型

　　1970 年代以前，環境品質監測、評估、規劃與管理，大都以單
一介質，如：空氣、地面水等主體。近年來，管理者逐漸發覺汙染物
質會在不同介質之間傳遞、轉化與累積。完整的環境評估（如：健康

風險評估）必須從了解汙染物複雜的環境生命歷程開始。因此,使用
多介質傳輸模式預測化學物質在環境中流布的情形,才能有效評估這
些化學物質對人類及環境的安全性。如圖 5.14 所示,管理者可以從
物質流與能量流的觀點來看化學物質的傳遞路徑,了解汙染物從汙染
源擴散,各種環境介質傳輸,再經多種暴露途徑,對附近居民造成健
康危害風險。

圖 5.14　多介質傳輸（Robert, 2007）

四、選擇數學模型

　　系統模型的選擇必須根據決策問題、決策目標、決策準確度需求以及資訊供需狀況而定。一般而言，當決策問題的複雜度愈高、問題的結構愈不明確時，通常會採用定性或半定量的非結構性模型，而定量模型則常被應用在具有清楚行為機制的系統中（如圖 5.15 所示）。模式的種類很多，一般都根據系統的特性（如：時間的連續性、空間性的連續性、模式的原理等）進行分類，以下根據這些特性進行分類說明：

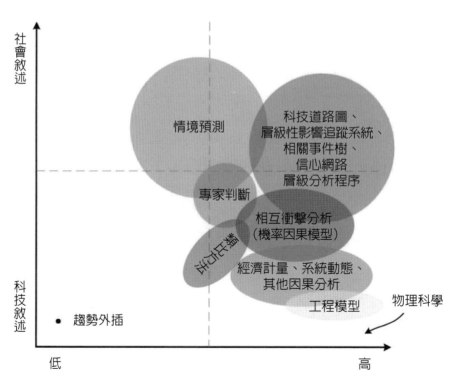

圖 5.15　常見數學模式類型

1. 以形式來區分

(1) 敘述性的概念模型：僅以口頭描述方式呈現，如描述我家的方向；描述一個人的外貌；描述一個人的行為；描述下雨這個事件。

(2) 圖型化的模型：用圖型的方式來表達模型中組成的關聯，圖型化的模型具有簡化溝通，避免文字帶來的贅述，如以圖形化方式表達水文循環（如圖 5.14 所示）。

(3) 物理性模型：以小尺度重建實體，如將人體模型放到車子裡做撞擊測試，以測試汽車安全；利用風洞模型測試飛機風壓與高層建築的行人風場。

(4) 數學性模型：利用方程式或公式重建自然界物體的行為，如：排隊模型、線性規劃模型、混合整數線性規劃模型、系統模擬。

2. 以時間角度進行區分

(1) 動態與靜態：可以透過靜態模型表示真實世界的景象；在動態的模型中，時間屬變異數。

(2) 連續與離散：時間在動態模型中是漸增、不斷改變，還是微小的增長？例如：一台由上坡往下滑的玩具車屬於連續時間的物理模型，一般來說，微分方程式系統是連續時間模型，差分方程式是離散模型，時間可以改變，但是逐步增加（如：一秒、一天、一年），電影也可視為是一離散模型，因為每一個動作都是由獨立的影像組成，且在固定的時間拍攝。

3. 以空間角度進行區分

(1) 全域（Global）與地方（Local）性模型：因為空間尺度性的特性，在大尺度問題中，常假定空間裡的任何事物都具有同質性，不考慮它們的空間變異性，如：點模型（Point model）；在小尺度問題中，空間的變異性與變異過程則需納入系統模式中一併考量。例如：以一個小湖泊作為盒子模型為例，湖泊被視為一個混合的容積，在這個混合的盒子裡濃度的空間梯度被忽視，決策者只在意營養物質及微生物群的濃度大小。在集水區的水文模型中，若以網格方式將集水區切分成 n 個小格子，則地表水會在這些格子內遷移，這些格子會被視為一個均質單元的方式處理。

(2) 連續與離散：與時間相同，空間也有連續及離散的特性。例如：繪畫與馬賽克，兩者都能表達空間的畫像而且距離感也相似，但近看比較下，繪畫所呈現的物體通常具有清楚的線條及顏色，是馬賽克無法表現的。微分方程式或偏導數方程式（Equations in partial derivatives）使用於連續形式化。

4. 從模式結構的角度區分

(1) 資料導向模型（Data-driven model）與仿真模型（Process-driven model）：在資料導向模型中，輸出項藉由數學方程式或物理設備與輸入項相連。當輸入項適當的被轉換成輸出項時，模式結構的重要性便降低。資料導向模型也被稱為黑盒子，因為資訊經常在封閉的設備內流動。在仿真模型中，獨立過程在模型中被分析並重新產出，但並不可能全部詳細描

述，因為這樣就會失去模型的意義。仿真模型的結構被視為由數個黑盒子所組成，各個獨立的過程仍由封閉的設備或實證方程式表現。

(2) 簡易與複雜：簡易模型是為了簡化冗長的時間或較大的場域；複雜模型是為強調特別或特定的系統功能。

　　若從工具的功能性以及上述的模式分類，環境規劃與管理常用的工具如圖 5.16 所示。其中，環境資訊學可以資料儲存、分享、處理與應用的角度協助決策者有效的整合與分析大量的異質性資料；預測模式可以協助決策者預測未來的環境趨勢並擬定規劃的目標（如預測未來的需水量與電力需求，以擬定水資源與能源計畫），若無法準確的預測未來的問題，則規劃目標與方案便無法保證其效能；模擬模式的目的是利用過去的歷史資料模擬系統的行為，了解系統控制變數與

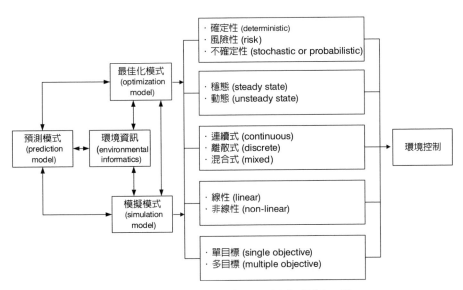

圖 5.16　系統分析常見的量化分析工具

外在環境限制對系統行為的影響，透過這樣的模擬方式預測系統未來的變化趨勢以及調控的策略；最佳化模式主要用來進行資源的最佳化配置、參數最佳化的問題，利用最佳化模式使管理者在不同的環境限制條件下，產生資源配置方案。這些模式可以單獨使用，但在複雜的環境問題中，這些模式會搭配使用互補不足。

五、準確度分析

建立模式的目的是利用有限的、片段的量測資料去理解真實系統的運作狀況，並透過對系統的理解去推論整個系統的運作情況。例如，我們想知道一個受汙染土地某一個重金屬濃度的空間分布，因為時間和經費的關係，我們無法分析所有的土壤，僅能利用隨機或系統性抽樣的方式，取得有限樣本並在實驗室分析後取得監測點的重金屬濃度，最後利用空間內插或其他數學模式推估未監測點的重金屬濃度，如圖 5.17 所示。為了確保模式的準確度與穩定性，模式必須進行驗證（Verification）及確認（Validation）程序，以控制建模過程中可能發生的系統性與隨機性誤差。建模過程中可能的誤差來源包含：數據取得過程的誤差、模式與參數選擇所造成的系統性誤差以及模式參數率定時所產生的誤差。這些誤差可以分成兩大類：

1. 系統誤差（System error）

又稱為規律性誤差或恆定誤差，這類誤差通常是因為某些規則性的變異因素所造成，原因可能是量測設備本身誤差（Instrumental errors）、採用方法的誤差（Method errors）、個人誤差（Personal errors）、環境誤差（Environmental error）。理論上，系統性誤差可以透

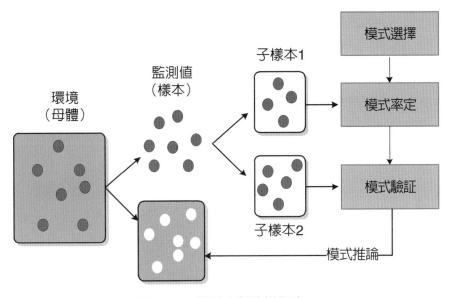

圖 5.17　資料流與建模程序

過校正或其他技術手段來消除。

2. 隨機誤差（Random error）

　　無法控制的變因會使得測量值產生隨機分布的誤差，這些誤差通常服從統計學上所謂的「常態分布」，它是不可消除的，只能通過多次測量來降低變異量。

　　一般而言，可以透過良好的抽樣技術增加樣本的代表性來降低抽樣過程所造成的誤差。在建模過程中，模式的種類與變數的多寡會造成系統性的誤差，例如以線性系統表示非線性系統的行為特徵，雖然簡化後的線性系統容易解釋系統行為與求解，但也會因此產生無法避免的系統性誤差；另外，常發生的系統性誤差的例子是利用單變量來解釋具有多變量特性的系統，因為解釋變異量降低造成系統輸出值的

變異量增加而產生無法避免的誤差。以圖 5.18 為例，一個複雜的數
學模式在模式的訓練階段容易得到一個比較低的訓練誤差，但是它會
在模式的測試階段得到比較高的誤差值。對於一個良好的模式來說，
會希望在訓練與測試階段的誤差總和最小，因此模式的複雜度、變數
的個數以及訓練的次數應適中〔避免過度訓練（Over-fitting）的情況
發生〕，才能增加模式的準確度與穩定度。

　　常用的精確度（Accuracy）衡量方法，主要有平均絕對偏差、均
方誤差、平均絕對百分比誤差等以下幾種，若以 MAPE 為例，MAPE
值小於 10% 可被歸類成高精確度，介於 10～20% 可被認為具有良好
的精確度，介於 20～50% 則可被認為具有合理的精確度，大於 50 則
模式可認為是不準確的模式：

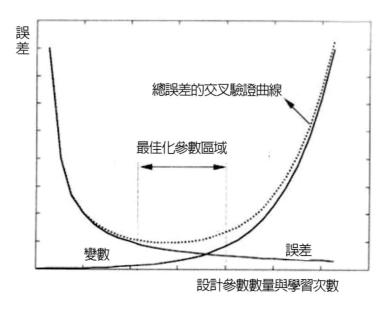

圖 5.18　訓練與驗證誤差關係

(1) 平均絕對偏差（Mean absolute deviation, MAD）

$$MAD = \frac{\Sigma |實際值_t - 預測值_t|}{n} \tag{5.1}$$

(2) 均方誤差（Mean squared error, MSE）

$$MSE = \frac{\Sigma (實際值_t - 預測值_t)^2}{n-1} \tag{5.2}$$

(3) 平均絕對百分比誤差（Mean absolute percent error）

$$MAPE = \frac{\Sigma \frac{|實際值_t - 預測值_t|}{實際值_t} \times 100}{n} \tag{5.3}$$

六、敏感度與不確定性分析

　　敏感度分析是使模型的變量在某特定範圍內變動，以觀察模型行為或變化情形的一種分析方式。模型中的參數會影響模式的準確性，甚至影響模式的適用時機，而敏感度分析或不確定分析則有助於決策者了解當參數估計有誤時，他所必須面臨的決策風險。一般而言，如果變量異動時，模型的變化不大，代表模型是可靠的；反之，代表模型可能存在著風險。在解決模式參數的不確定性問題時，可以根據參數的不確定特性（如：隨機性、模糊性）選擇適當的不確定性分析方法，以數學規劃為例，常以隨機變數、模糊數以及灰數的方式將參數的不確定直接納入數學模式中（如表 5.2 所示），也有在模式求解完

表 5.2　傳統不確定性數學規劃模式比較

	隨機規劃	模糊規劃	灰色規劃	灰色模糊規劃
原理	以機率分布函數來描述參數的特性。目標函數及限制式均可為非線性。	透過隸屬函數反映於目標函數或限制式中。（隸屬函數是模糊集合理論基礎，它將一個元素是否屬於 0 與 1 之間的程度問題，愈接近 1 則隸屬程度愈高）	將系統區分成白色、灰色及黑色三類，其中白色為完全確定清楚訊息；黑色為完全未知的特性；灰色部分得到的訊息介於二者之間。	以模糊隸屬函數的特徵呈現於灰色系統優化過程，類模糊隸屬函數是決策者主觀判斷的表達方式，灰色則是客觀環境中不確定性的表達方式。
優點	系統隨機變數紛亂度太大時可以機率分布來描述參數特性。	當豁然性、可能性與模糊性都能表達自然環境中的不確定現象時，模糊規劃通常會有較佳的求解效率。	以少量的灰訊息即可建模，並可於各決策及預測過程中擔任篩選方案信賴區間的工具。	可同時強調決策的主觀模糊性及系統量的客觀不確定性。
缺點	需要大量的樣本且模式不確定性與人類的思維和感覺有關時，無法反映出所有問題的不確定性。	無法以機率事件表達環境問題中的不確定現象。	由於資料筆數少，對於不同案例的建模過程，有時可能造成很大的誤差。	不適用於規劃目標由線性轉為非線性或模式參數具有離散變數時。
適用時機	面臨難以決定參數實際值及單一的不確定系統。	當不確定性的本質實際上是模糊而非隨機。	進行系統分析資料量過少或資料筆數不足時。	當環境參數不確定性起源於對系統訊息的缺乏，無法以機率理論或模糊集合理論來表示。

成後進行參數的敏感度分析或利用蒙地卡羅模擬（Monte Carlo simulation）等隨機抽樣方式進行分析。

第三節　資料挖掘

資料挖掘（Data mining）是指利用數理統計、線上分析處理、機器學習、專家系統、資料庫和模式識別等方法，從大量的、不完全的、有雜訊的、模糊的、隨機的實際應用數據中，搜尋隱藏在大量資料中的特殊關聯性的一種資訊處理過程。資料挖掘技術屬於資料導向的分析方法，是一種必須同時結合不同問題領域（Problem domain）的專業技術（Technologies）的一門綜合性的應用科學。因此，利用資料挖掘技術進行環境管理時，必須包含環境領域、資料處理以及資料庫管理等不同領域專家共同合作，才能有效發揮資料挖掘的效能。圖 5.19 是資料挖掘技術的程序架構，跟系統原理一樣，決策者必須先確認評估的對象，並利用範疇界定確認評估的目標與系統邊界，並根據範疇界定的結果選擇適當的變數以及相對應的資料收集計畫。資料挖掘程序大致可區分成由下而上以及由上而下的兩種程序（如圖 5.19 所示），所謂由上而下的資料挖掘是指一種目標導向的程序設計，它會根據決策目標設計資料挖掘程序、演算法以及所需要的資料結構，對於那些具有特定分析目標的案例而言，非常適合這種由上而下的資料挖掘程序。由下而上的資料挖掘程序以現有資料為基礎進行資料挖掘，並在資料的基礎上選擇合適的假說與數學模式進行知識的挖掘，無論是由上而下或是由下而上的資料挖掘程序，都需要以目標

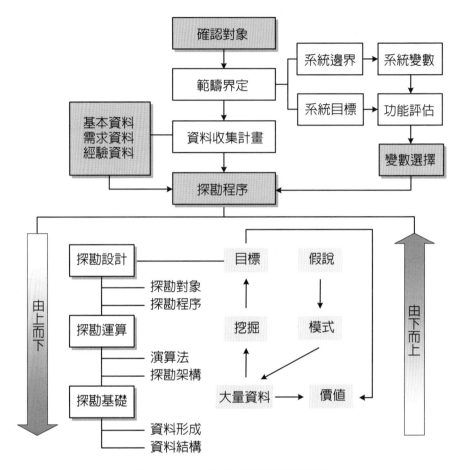

圖 5.19　大數據分析流程示意圖

與決策需求為導向進行資料的分析。但值得注意的是，由下而上的資料分析必須建立在非常充分且具代表性的資料上，若資料以及問題的關鍵變數無法確實掌握，則分析結果常無法解釋真實系統的現象。

　　在取得必要的資料後，管理者便可根據資料挖掘的目的選擇資料挖掘工具，常見的資料挖掘技術包含預測分析、分類分析、關聯分析與集群分析等四大類。無論是哪一類型的工具，都必須從資料集中進

行學習以找出資料中隱含的規則，資料學習的方式通常分爲監督式學習（Supervised learning）與非監督式學習（Unsupervised learning）兩種型，其中所謂監督式學習是指由訓練資料中學到，或建立一個模式並依此模式推測新的實例。不同於監督式學習期望從訓練的樣本中尋找樣本的系統規律並進行推論，非監督式學習的目的在於找出輸入變數之間的內部關係與資料的形貌（Pattern），以及資料間大致分布的趨勢。

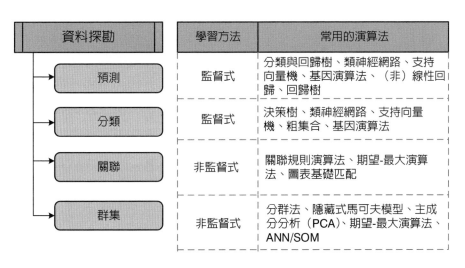

資料探勘	學習方法	常用的演算法
預測	監督式	分類與回歸樹、類神經網路、支持向量機、基因演算法、（非）線性回歸、回歸樹
分類	監督式	決策樹、類神經網路、支持向量機、粗集合、基因演算法
關聯	非監督式	關聯規則演算法、期望-最大演算法、圖表基礎匹配
群集	非監督式	分群法、隱藏式馬可夫模型、主成分分析（PCA）、期望-最大演算法、ANN/SOM

圖 5.20　資料挖掘的功能與常用方法

一、預測分析

預測分析（Prediction analysis）是指從過去的歷史資料中學習，並在取得資料的系統特徵後，預測未來的可能行為，以作出更佳決定的一種技術。預測分析通常是以電腦科學和統計學為基礎的一種分析方法。常見的預測方法包含定性預測、定量的時間序列分析、因果聯繫法和模擬分析等，在時間序列分析中常使用的技巧包括迴歸分析（Regression analysis）、移動平均值（Moving average）、整合移動平均自迴歸模型（Autoregressive integrated moving average model, ARIMA）、馬可夫鏈（Markov chain）及類神經網路（Neural network）方法等（如圖 5.21 所示）。這些量化預測模型依據時間尺度的差異，可以區分成中長期以及短期預測兩種，長期預測是一種重要的策略規劃工具，例如：未來的水資源供需狀況、環境設施規劃、環境變遷分析等，預測的結果可作為資源配置和策略分析的參考依據。短期預測比較適合連續性的系統，通常用來分析系統的性能，提供決策者提出行動方案以避免因系統短期異常或波動所帶來的問題。任何的預測技術均具有以下幾項特徵：

1. 預測技術通常假設系統中的因果關聯在未來將持續存在，對於一個變動的環境系統而言，選擇一個能夠反應系統變遷的預測模式，才能獲得正確的預測結果。

2. 預測很少完美無缺。

3. 隨著預測的時間週期越大，時間幅度（Time horizon）亦會擴增，則預測精確度會減低。

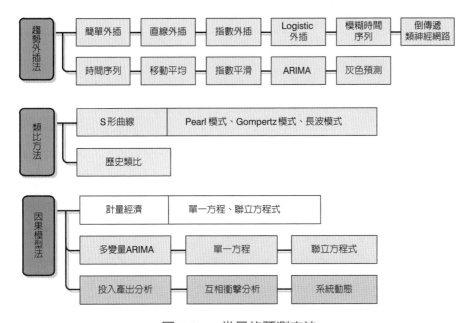

圖 5.21　常見的預測方法

案例 5.1：時序分析─類神經網路的應用

　　每年 10 月到隔年 3 月屬於東北季風的季節，適逢台灣河川的枯水季，在強烈東北季風的吹拂下，河口地區常出現大量揚塵，導致空氣中的懸浮固體物濃度大幅上升，造成了台灣西半部居民的不便。爲了建立空品惡化的預警模式，管理者可以利用時序分析進行空氣中懸浮固體物濃度的預測，這案例收集了沙鹿空品測站過去10 年約 78,840 筆的逐時監測資料進行時序分析，利用倒傳遞類神經網路模型（模式架構設定如圖 5.22 所示）進行 PM_{10} 濃度預測。模式中，選擇 $PM_{10(t-1)}$、風速、風向、溫度、濕度、照度爲輸入參數，$PM_{10(t)}$ 爲輸出參數。並依據圖 5.17 所示的程序，將樣本資料

切分成訓練與驗證用資料集，分別進行模式的訓練與驗證程序。分析結果如圖 5.23 所示，經過誤差分析評估（Mean absolute percentage error, MAPE）後發現，訓練與驗證之 MAPE 值分別為 25.34% 與 26.57%，顯示模式預測在可被接受的範圍內。

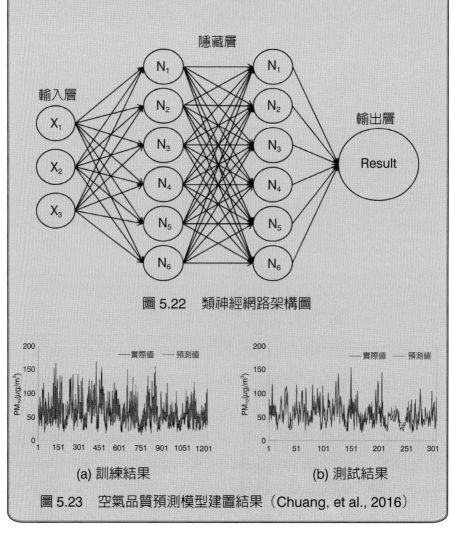

圖 5.22　類神經網路架構圖

(a) 訓練結果　　　　　　　　(b) 測試結果

圖 5.23　空氣品質預測模型建置結果（Chuang, et al., 2016）

二、分類分析

分類分析（Classification analysis）是指透過研究數據中的特徵，將已知的資料進行分類，並根據這些類別的特徵對其他未經分類或是新的資料進行分類預測，常見的分類方法如圖 5.24 所示。

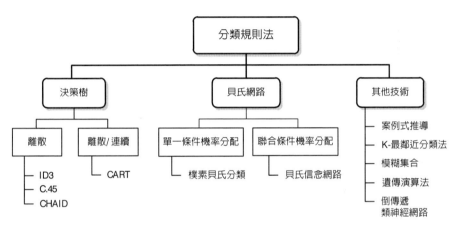

圖 5.24　常見的分類方法

案例 5.2：土地分類

隨著都市化的快速進展，都市與鄰近區域的土地使用狀況演替頻繁，為了協助各種環境政策的規劃與推動，管理者必須快速地掌握土地的使用狀況。因為衛星與遙測技術可以協助管理者進行大範圍的土地監測，使管理者迅速地掌握研究區域內地貌與地物的變化，近年來衛星與遙測技術大量的應用在環境資源監測與管理上。本案例，選擇福爾摩沙二號衛星影像，利用模糊推論（Fuzzy infer-ence）進行舊台中市區的土地使用分類，模糊推論程序如圖 5.25 所

示，主要區分成模糊化、推論引擎、推論規則庫以及解模糊化等幾大部分，是一種利用既有知識或規則進行分類的技術（Rule-based classification）。土地分類結果如圖 5.26 所示，本案例將土地區分成草生地、裸露地、河流、道路與建築物等幾種類型，顯示結合衛星影響與分類技術可以快速、有效的解析土地資源的分布狀況，並進行進一步的監控與管理。

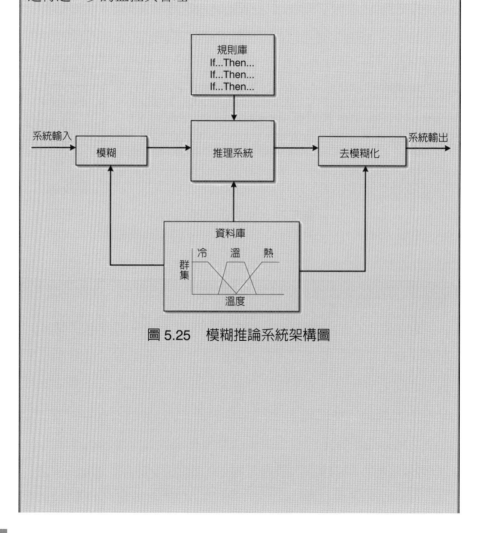

圖 5.25　模糊推論系統架構圖

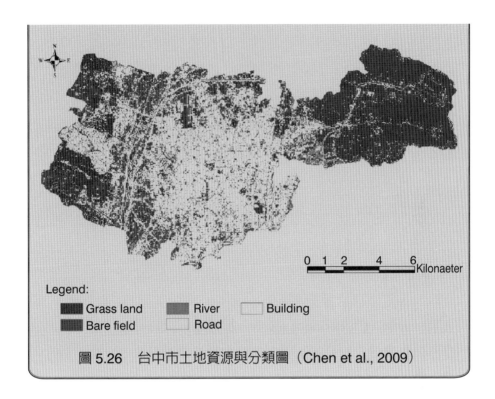

Legend:
- Grass land
- River
- Building
- Bare field
- Road

圖 5.26　台中市土地資源與分類圖（Chen et al., 2009）

三、關聯分析

關聯分析（Association analysis）是從大量數據中發現變數之間的相互關聯，常見的典型例子為購物籃分析，亦即從顧客的購買清單中分析顧客的購買習慣。透過關聯分析了解顧客的購物習慣協助零售商制定營銷策略，包括：價目表設計、商品促銷、商品排放以及劃分顧客群。

關聯分析可從過去的顧客資料分析出「某一事件引發另一件事件」的聯結法則（Association rule）。如「72% 的消費者在購買洗髮精的同時也會同時購買衛生紙」。以消費者交易的資料庫為例，因為

交易行為時時刻刻都在發生，經年累月累積下來的資訊是無法透過人力直接進行分析來找出商品的相關性，事實上，這些交易記錄隱含了許多有用的資訊，如能適當運用找出相關性，便可能發現商機，開創其他利潤。挖掘關聯規則的演算法也就是在這種需求驅使下所產生出來的方法，例如購物籃分析（Market basket analysis）便是一個典型的方法，其透過資料分析發現商品被顧客同時購買的關聯性，這些關聯性可提供廠商擬定銷售策略及調整商品擺放位置，刺激顧客購買而提高營收。

四、集群分析

集群分析（Clustering analysis）和分類分析的概念相似，集群分析是將資料進行分類並歸納出不同類別的組間差異性及組中相似性。不同的是，分類分析在劃分類別後，每一個類別有明確的已知特徵（如土地類別），但集群分析在演算法運算時無法得知分類的依據及數據的特徵，通常在分類完成後，另行解讀各個分類的意義。集群分析指的是根據物件間的相似性（或不相似性），將所有的物件或資料分成若干群集的過程，使得每一個群集內的物件具有高度的相似性，且不同群集間具有高度的不相似性。它的目的是將性質相近的現象歸為一類後，以便找出該類別資料的規律性。和以監督式學習為主的分類分析不同的是，集群分析大都屬於非監督式的學習方式，在群集化的過程中不需要事先定義好該如何分類，也不需訓練組的資料，資料是依靠本身的相似性（Similarity）而群集在一起，而群集的意義需透過分析後的解釋才能得知。大部分的集群分析多是以「距離」或「相似係數」為基準進行分群，相對距離愈近代表相似程度愈高，則被分

案例 5.3：相關性分析

　　本案例利用相關性分析（Correlation analysis）探討大氣中不同重金屬之間的關聯性，案例中選擇 Ge、Ga、As 等 20 個重金屬進行相關性分析，將金屬之間的相關性與統計顯著性整理如表 5.3 所示。透過這樣的分析，可以發現 Ge 與 Ga 屬於高度相關，亦即表示當大氣中偵測到 Ge 金屬時，將會有非常高的機會也會同時偵測到 Ga 金屬。透過關聯分析的結果，分析者可以猜測 Ge 與 Ga 極可能來自相同的汙染來源，並進行後續的追蹤與管理。

表 5.3 　台中市各汙染源之重金屬相關分析表（Chen et al., 2015）

Note: 　*Significant level at p<0.05 (two-tailed); **Significant level at p<0.01 (two-tailed). ▓▓▓ : Correlation coefficient > 0.9; ▓▓▓ : 0.9 > Correlation coefficient > 0.8; 　 : 0.8 > Correlation coefficient > 0.6

為同一集群。集群分析一般可以區分成分層法（Hierarchical）、非分層法（Nonhierarchical）兩種方法（如圖 5.27 所示），分層法一般是以歐基里德距離平方法（Squared euclidean distance）進行資料分群，非分層法則以 K- 平均法（K-means）最具代表，K- 平均法將觀測所得的資料加以分類分級成 K 個不同的群組，其主要目標是要在大量高維的資料點中找出具有代表性的資料點，並使得群內變異最小化而群間變異最大化，藉以達到分群的目的。

集群分析的步驟主要包含以下幾個：

1. 設定研究問題：確定研究問題的目標，以及系統結構與變數關係。

2. 衡量變數的選擇：依據決策目標選擇決策變數。

3. 相似性或距離的衡量：選擇距離或相似係數的計算公式，計算所有樣本或變數兩兩之間的距離或相似係數，產生距離矩陣或相似矩陣。

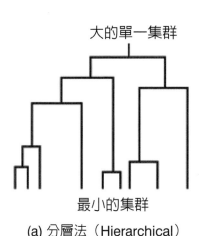

(a) 分層法（Hierarchical）

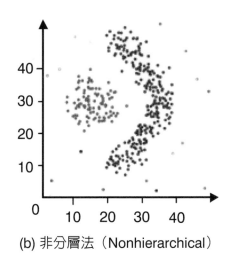

(b) 非分層法（Nonhierarchical）

圖 5.27　集群分析方法

案例 5.4：集群分析

　　沿海地區常因為水資源不足而取用地下水，除了造成地層下陷外，也引發了海水入侵的現象，為了了解當沿海地區的地下水作為主要供水源時，加氯消毒後可能產生的消毒副產物以及它們可能造成的生物毒性。本案例選擇台中沿海地區為研究對象，分析研究區域內地下水井的水質並進行集群分析，以了解案例地區地下水環境的汙染潛勢，分析結果如圖 5.28 所示。圖 5.28(a) 可以發現監測水井被區分成三大類（P1、P2、P3），若將這三群水井的水質繪製成雷達圖並進行比對（如圖 5.28(b)），可以發現 P1 的濁度比 P2、P3 來的高，但其他化學物質則是屬於較低濃度；而以 P2 來觀察，其 NPDOC、Humic Substances、As^{5+}、THMs 及 HAAs 皆比另外兩組來的高，但濁度及 As^{3+} 則降低了，推斷其 As^{3+} 可能被氧化成 As^{5+}，並且生成了 THMs 及 HAAs，所以毒性則無 P3 來的高；最後觀察 P3，其毒性為最高，可能因 As^{3+} 高濃度的關係所致。

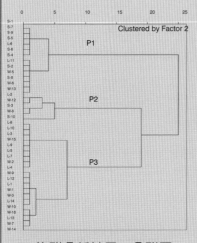

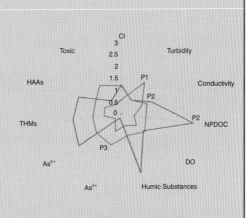

(a) 集群分析結果—分群圖　　　　　　　　(b) 各族群比較

圖 5.28　集群分析應用於地下水環境汙染（Huang, et al., 2014）

4. 選擇集群方法：利用最短距離法、最長距離法、重心法、類平均法或離差平方法將距離最近的兩個樣本合併爲一類。

5. 集群數目的決定：一般而言，集群的分群數以在 2～6 群爲宜，超過 6 群則其後續分析將變得相當瑣碎，因此除非另有特殊的考量，集群之群數以不超過 6 群爲宜，各群之觀察值（樣本數量）應盡量接近，即各群之觀察值不要相差太遠。

第四節　數學規劃

數學規劃（Mathematical programming）是作業研究（Operational research）的一個重要分支，它是由美國哈佛大學學者 Robert Dorfman 於二十世紀中葉首先提出。主要在解決數值最優化問題的數學問題。近年，由於計算科學與資訊科技的高速發展，數學規劃迅速發展起來成爲一門重要的應用學科。數學規劃的應用極爲普遍，它的理論和方法已廣泛的應用到自然科學、社會科學和工程技術的規劃與管理上。它是用來尋求系統資源受限情況下的最佳化方案。根據問題的性質和處理方法的差異，數學規劃可分成許多不同的分支，如線性規劃、非線性規劃、多目標規劃、動態規劃、參數規劃、整數規劃、隨機規劃、對偶規劃與模糊規劃等。

一、線性規劃的基本概念

線性規劃（Linear programming, LP）是指問題的目標函數和約束條件都是線性的最優化問題，它是一種用來解決複雜問題的科學方

法，早期被廣泛的應用在各類的生產規劃上，目前已經被廣泛的應用
在各類環境系統分析問題中，跟其他的數學規劃法一樣，決策者可以
利用它在不同的資源限制下，尋找最有利的方案。為了達成這個目
的，決策者必須先定義系統的功能目標，並在這功能目標下定義系統
的邊界、邊界內的組成（子系統或單元）以及這些子系統或單元的限
制條件。以圖 5.29 為例，這個系統由 25 個單元所構成，這 25 個單
元則分別組成了 5 個子系統。若這五個子系統都有最大的功能限制或
資源限制，若要在這些功能或資源限制下達到系統的最佳結果（最大
或最小目標），需將這種概念轉化成數學規劃模式，則線性規劃法可
以以如下的方程式表示之，其中 b_1, b_2, ...b_6 可稱為最大可用資源。

$$\text{maximize or minimize} \quad z = c_1x_1 + c_2x_2 + ... + c_nx_n \tag{5.4}$$

subject to:

$$a_{11}x_1 + a_{12}x_2 + ... + a_{1n}x_n \leq (\geq)(=)b_1$$

$$a_{21}x_1 + a_{22}x_2 + ... + a_{2n}x_n \leq (\geq)(=)b_2$$

$$... \qquad ...$$

$$a_{m1}x_1 + a_{m2}x_2 + ... + a_{mn}x_n \leq (\geq)(=)b_m \tag{5.5}$$

由方程式 (5.9) 與 (5.10) 可以發現，線性規劃模型是由目標（Ob-
jective）、決策變數（Decision available）、限制式（Constraint）與參
數（Parameters）四種成分所組合：

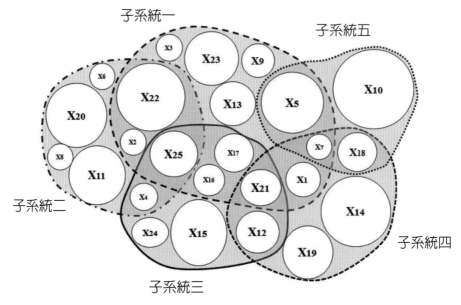

圖 5.29　系統環境與資源限制

1. 目標

線性規劃演算法必須設定單一目標（Single goal/Objective），如：利潤的極大化。目標有兩種一般的型態：極大化與極小化。極大化的目標包括利潤、收益、效率或者報酬率；極小化的目標包括成本、時間、旅行距離或報廢。目標函數（Objective function）就是一種可以用來找出某問題總收益（或成本等，視目標而定）的數學表示法。

2. 決策變數

決策變數（Decision available）代表可供決策者選擇的變數，通

常以投入或產出表示之。例如：某些問題要選擇總成本最小的投入組合；有些則要選擇利潤收益最大的產出組合。

3. 限制式

限制意指會影響決策者選擇方案的侷限。限制式（Constraint）通常有三種類型：小於等於（≦）、大於等於（≧）、等於（＝）。≦限制表示稀少資源的上限（例如：機器小時、人工小時、原料）；≧限制表示最後所求解答的下限（如：至少需含有 10% 的天然果汁；高速公路的車速下限為 30 公里／小時）；＝則限制決策變數要剛好等於某一個量（如：製造 200 單位 A 產品）。一個線性規劃模型可能由一個或一個以上的限制所組合而成。與一已知問題相關的限制其所決定的一組決策變數所有可能的組合，此組合稱做可行解空間（Feasible solution space）。線性規劃演算法的設計即在於尋求決策變數組合的可行解空間，以達到目標函數之最佳化。線性規劃模型是由目標數學式與限制數學式組合而成。這些數學式是由代表決策變數與數值（稱為參數）的符號（如：X_1、X_2）所組合而成的。

4. 參數

參數（Parameters）為固定值，由這些已知固定值，就可以解決一個模型問題。

二、線性規劃的求解

線性規劃模型之求解是一個反覆運算的過程，包含：圖解法、代數法、簡捷法（單體法）（Simplex method），這些方法的比較如表

5.4 所示，如今線性規劃問題大都可以利用電腦軟體（如：Lingo、Lindo、Excel）進行運算，這些商用軟體大都是根據簡捷法所發展而成的。單體法的求解方式請參考相關的書籍，以下以圖解法說明線性規劃的求解原理以及敏感度分析的原理。圖解法是將限制式繪於圖上，然後求出滿足所有限制式之區域（即所謂的可行解區間）。然後將目標函數繪於圖上，以尋找可行解空間中使目標函數最小化或最大化的點。一般而言，圖解法的求解順序依序為：1. 以數學式建立目標函數與限制式；2. 繪出限制式條件；3. 求出可行解空間；4. 繪出目標函數；5. 求最佳解。

表 5.4　求解方式的比較

	圖解法	代數法	簡捷法（單體法）
優點	當線性規劃問題只有兩個決策變數時，可用本法找出最優解。圖形的解法簡便，可以節省求解的時間。	當決策變數多於兩個，無法畫出可行解區域時，可以利用代數法。	當決策變數及限制式很多時（大型線性規劃問題），利用本法可以快速求出所需要的解，是一種非常有效率的方法。
缺點	當決策變數為二個以上，圖解法就不適用了。	當決策變數及限制式很多時，代數法的計算方式可能很龐大，基本可行解的個數可能會多到無法處理的地步。	雖然在數百限制式以下的問題，本法是最有效率的演算法，但是也有其不適用的時候，此時其他的求解方法可能會較合適。

案例 5.5：最佳化取水策略

如某工廠每日的最小需水量爲 $4.0\text{Mm}^3/\text{day}$，現有兩個水源可供給該廠必要的需水，其中臨近的一個給水廠每天最多可供應 $10\text{Mm}^3/\text{day}$ 的水量，另外，該工廠可向河川局申請有約 $2.0\text{Mm}^3/\text{day}$ 的水權量，已知該工廠從給水廠與河川所得之水質，其 BOD 分別爲 50mg/L 及 200mg/L，成本則分別爲 100 萬元／Mm^3 及 50 萬元／Mm^3，若該工廠用水的用水，期 BOD 水質濃度必須小於 100mg/L，則在最小成本的目標下，該廠最佳的取水策略爲何？以下便利用這個案例說明數學模式建立的步驟。

解答 5.5：

步驟一：確定決策變數

在這個案例中，我們想知道的內容是該廠的最佳化取水策略，亦即該從給水廠取多少水？以及該由河川取得多少水，才能在滿足環境限制下（此例爲水質限制式），使成本支出最小化。因此，我們可以將決策變數（Decision variable）設定爲：

X：該工廠從給水廠取用的水量（Mm^3/day）

Y：該工廠從河川取用的水量（Mm^3/day）

步驟二：確定目標函數

決策變數是優化分析中最重要的要素，因爲他們代表一個決策組合，而這些決策組合則是由目標函數所決定的，大部分的環境問

題經常是多目標的，不同目標也經常是互相衝突的，因此決策經常就是一種在不同目標之間的妥協過程。爲了簡化模式的複雜度、降低求解時的困難，線性單目標的目標函數是優化模型中最常見的一種目標函數。以本例爲例，成本最小化是本例中的規劃目標，由於從給水廠取水的成本爲 100 萬元／Mm^3，而從河川取水的成本爲 50 萬元／Mm^3，因此可將本例中的目標函數（Objective function）定義如下，其中 Z 代表總成本。

$$Min \ \ Z = 100X + 50Y \ （萬元）$$

步驟三：確定限制條件

從系統理論中，可以了解系統的行爲會受到外部環境的制約，系統內的每一個組成或關聯也可能會有最大或最小的功能限制，優化分析的目的就是希望在有限的資源與衆多的環境限制下，達到資源的最佳化配置，以滿足決策者給定的決策目標。每一個限制條件（Constraint）就代表了一種資源或功能的限制。以本例爲例，限制式如下：

1. 需水量限制式

$$X + Y \geq 4.0 \ (Mm^3/day)$$

2. 供水量限制式

$$X \leq 10.0 \ (Mm^3/day)$$

$Y \leq 2.0 \ (Mm^3/day)$

3. 水質限制式

$50 \ X + 200 \ Y \leq 100 \ (X + Y) \ (mg/L)$

4. 非負限制式：對於多數的決策問題而言，決策變數不可能爲負數（例如取用的水量），因此在本例中必須再加入兩條限制式，以確保決策變數的合理性，這些限制式稱爲非負限制式（Non-negativity constraints）。

$X \geq 0$

$Y \geq 0$

步驟四：建立完整數學模型

在確定決策變數、目標函數、環境限制式以及模式中的系統參數後，便可建立一個完整的數學模式，以本案例爲例，完整數學模式可如下所示。其中模式的參數（如：目標函數中的 100 與 50）是決策者依據決策問題估算出來的，這些參數的準確性與時變性會影響決策結果，它們對決策的影響常以敏感度分析討論之：

Min $Z = 100X + 50Y$

s.t.

X + Y ≥ 4.0	（需水量限制式，限制式 1）
X ≤ 10.0	（供水量限制式，限制式 2）
Y ≤ 2.0	（供水量限制式，限制式 3）
50 X + 200 Y ≤ 100(X + Y)	（水質限制式，限制式 4）
X ≥ 0	（非負限制式，限制式 5）
Y ≥ 0	（非負限制式，限制式 6）

步驟五：模式求解

　　線性規劃法的求解方法有圖解法、代數法、簡捷法等幾種，也有非常多的商用求解軟體。為了讓初學者了解線性規劃的求解原理，本文以圖解法進行說明。基本上，最佳可行解是一種線性代數（Linear algebra）的求解問題。若將線性優化模型中的限制式，展示在二維空間的座標系統中，則所有限制式所圍成的區域稱為可行解區域（Feasible region）。在可行解區域內的所有解均為該數學規劃模型的可行解（Feasible solution），在所有可行解中使目標函數最大化（或最小化）的解，則稱為最佳解（Optimal solution）。在線性規劃法中，最佳可行解通常發生在角點（Corner point）的位置，所謂角點是指可行區域內的邊界轉折點（兩兩限制式的交點）。在上述的案例中共有 6 條限制式，在滿足限制式要求的情況下，每一條限制式都會產生可行解（如圖 5.30 中深色區域）與不可行解的區域。最後，若將所有的限制式的圖疊加在一起，這就是此線性規劃題目所要求的可行解區域，如圖 5.31 所示。

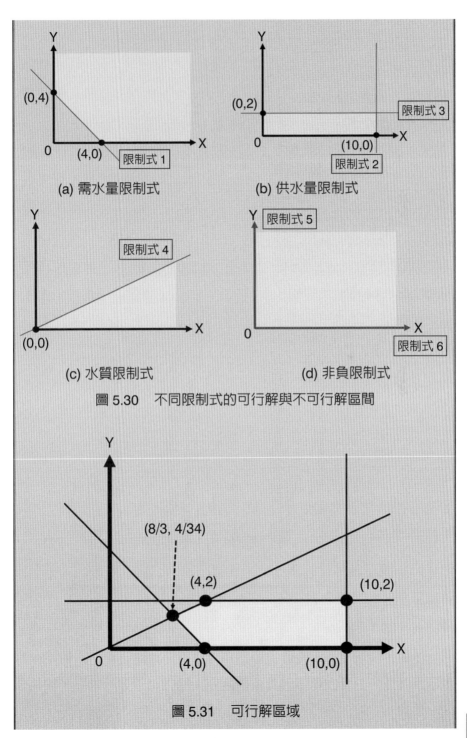

(a) 需水量限制式　　　(b) 供水量限制式

(c) 水質限制式　　　(d) 非負限制式

圖 5.30　不同限制式的可行解與不可行解區間

圖 5.31　可行解區域

　　在確定可行解區間後，就可以開始尋找模式的最佳解，求解時先將目標式的斜率找出來，再慢慢地向可行區域移動直到找出最佳解爲止（如圖 5.32 所示）。案例中以成本最小化爲目標，因此最佳解會發生在圖中紅色角點的位置上，而該角點則是限制式 1 與限制式 4 的交點，此時限制式 1 和限制式 4 是決定最佳化目標的關鍵限制式，被稱爲關鍵限制式（Binding constraint），其他不會直接影響優化解但可能影響可行解區域型態的限制式則被稱爲非關鍵限制式（Non-binding constraint），如限制式 2、3 與 6，若不會直接影響優化解及可行解區域型態的限制式則被稱爲無效限制式（Redundant constraint）（如：限制式 5）。判定關鍵限制式在優化模

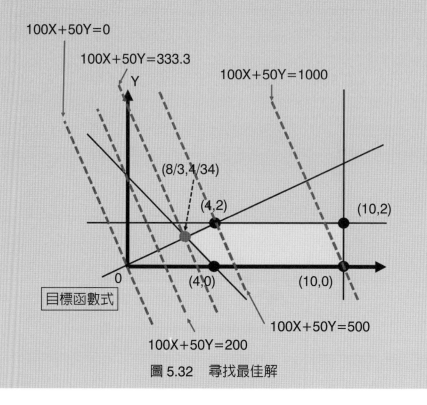

圖 5.32　尋找最佳解

型是重要的，因爲它們代表的是這些關鍵限制式所代表的資源，是左右決策目標的關鍵因素，因此若想要調整決策目標的達成值或增加資源的投入以提高獲利，則決策者應該優先改善關鍵限制式的資源。

　　如同線性代數的求解問題一樣，線性規劃問題也會有無限解、無可行解以及多重最佳解等 3 種的特殊情況。如圖 5.33(a) 所示，當無法繪出一個有限制的可行解區域會導致無法求出最佳解的情形；若是線性規劃模型中的限制式互相衝突，則可能會造成無可行解區域的情況，則在這個情況下，線性優化模式會有無可行解的狀況（如圖 5.33(b) 所示）；一個線性規劃模型也可能有一個以上的最佳解，例如，可能會有兩個端點相同的目標函數值，當這種情況發生的時候，即稱爲線性規劃模組有「多重最佳解」。

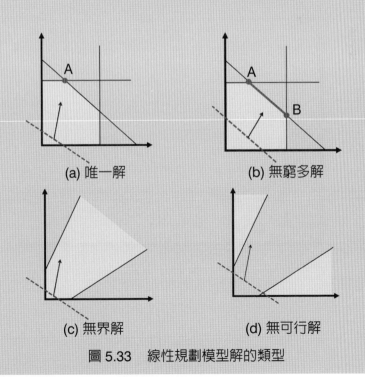

(a) 唯一解　　　　　　　(b) 無窮多解

(c) 無界解　　　　　　　(d) 無可行解

圖 5.33　線性規劃模型解的類型

步驟六：敏感度分析

　　優化模型中目標式與限制式的參數，會決定可行解的範圍以及目標函數的斜率，當這些變數發生變動時，可能會影響最佳解的組合，敏感度分析就是為了了解參數估計對決策結果的影響的一種分析方法。敏感度分析的對象主要有目標式與限制式兩大類。以圖5.34 為例，若固定目標函數中決策變數 Y 的參數值，變動決策變數 X 的係數值，則當參數值由 100 逐漸減少並逼近 50 時，優化模式的最佳解仍然發生在角點 A，但是當參數值由 100 變成 50 時，則優化模式會有無限多組解。若參數值小於 50，則此時優化模式

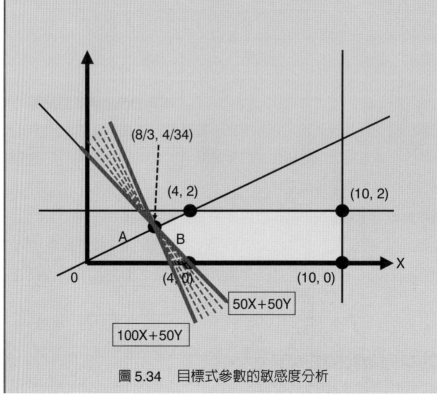

圖 5.34　目標式參數的敏感度分析

的最佳解會由角點 A 轉變成角點 B，此時關鍵限制式會由限制式 1
與限制式 4 改變為限制式 1 與限制式 6，也就是影響最佳化解的資
源限制改變了。因此透過敏感度分析我們可以知道，不使解決方案
改變的參數範圍，若參數估計具有較高的風險時，或可能超出這個
參數範圍時便必須審慎考慮最佳解的正確性。

除了目標式的參數敏感度分析外，限制式參數估計所造成的不
準確性也是敏感度分析的另一個重點，限制式的參數估計包含可用
資源（Right-hand side）以及決策變數的參數值。以圖 5.35 所示，
當這些參數值改變時，可行解區間也會發生變動而直接改變角點位
置。若該限制式是關鍵限制式時，則右側值的變動會直接改變最佳
可行解。而透過這樣子的參數敏感度分析，決策者可以了解各項資
源投入對決策結果的影響，並重新進行新的資源配置以改善決策目
標。

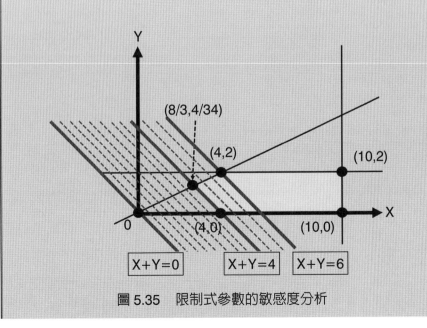

圖 5.35　限制式參數的敏感度分析

　　目前已經有許多商用的電腦軟體（如：Lingo、Lindo、Cplex、Gino、Game 以及 Excel）可以用來求解線性規劃問題。若以 Lindo 求解上述工廠取水的優化問題，則輸出結果如表 5.5 所示，可以發現目標函數值（Objective value）為 333.33。緊接在目標函數值下方的是最佳解，其中決策變數（Variable）的值分別為：X=2.67，Y=1.34。在最佳解右方的欄位為決策變數的削減成本（Reduced cost），所謂削減成本是指為了使決策變數出現正值，目標函數中每個決策變數的係數應改變的值，若兩個決策變數的最佳解值均為正值，則削減成本為 0，目標函數的係數不用做任何的改善。

　　在目標函數值（最佳解）與削減成本的下方，報表列出每一條限制式的狀況，用以了解哪幾條限制式是這個優化問題的關鍵限制式。關鍵限制式的剩餘值（Surplus）為 0，顯示代表此限制式的資源已經耗盡，若寬裕值（Slack）不為 0（如表 5.5 中 ROW3 與 ROW4 的 7.33 及 0.67），代表此限制式的資源仍有未用完的量。在 Surplus/Slack 右方的欄位稱為對偶價（Dual prices），它代表該限制式的資源項（不等式的右側值（Right-hand side））每增加 1 單位時目標函數值的「改善」量。例如：第 1 條限制式的對偶值為 –83.33，表示在需水量限制式中，其成本目標函數值每增加 1 單位的水量，成本會改善（減少）83.33 元。因此，在需水限制式中，$4.0Mm^3/day$ 增加 1 單位至 $5.0Mm^3/day$，則目標函數（成本）會從 333.33 變成 250。此外，第 2、3 條限制式皆有寬裕值（不為 0），表示在這兩個部分有過多的資源未被利用，即使再增加更多資源，也無法減少成本，故其對偶值為 0。

　　電腦報表中標示 OBJ COEFFICIENT RANGES 的部分，表示

目標函數係數的範圍，其意義為只要目標函數中決策變數的係數在此範圍內變動，則最佳解不會變，故此範圍又稱為最佳化範圍（Range of optimality）。此範圍在報表中是以「目前係數（Current coefficient）」、「可允許增量（Allowable increase）」、「可允許減量（Allowable decrease）」來表示。以 X 之變數係數 C1 為例：

目前係數值 = 100.000000

可允許增量 = INFINITY（代表此刻係數無增加的空間）

可允許減量 = 50.000000

則

最佳化範圍的上限 = 100.00

最佳化範圍的下限 = 100.00 – 50.00 = 50.00

C_1 的最佳化範圍為：$50.00 \leq C_1 \leq 100.00$

所以，若是從給水廠取用水量之單位成本介於 50.00 萬元與 100.00 萬元間，則 X = 2.67，Y = 1.34 仍為最佳解。有一點必須強調的是，最佳化範圍只適用於：在其他參數皆不變的情況下，一次僅能改變一個變數係數；若同時改變兩個以上變數係數，雖然個別係數皆在其最佳化範圍內，不一定保證最佳解不變。

最後，電腦報表中標示 Righthand Side Ranges 的部分，表示每條限制式的右側值範圍，其意義為只要右側值在此範圍內變動，則限制式之對偶價不變；亦即右側值每增加 1 單位，對於目標函數值的改善量不變；此範圍又稱為可行性範圍（Range of feasibility）。報表中是以「目前右側值（Current RHS）」、「可允許增量（Allowable increase）」、「可允許減量（Allowable decrease）」來表示此範圍。以第一條限制式的對偶價 U_1 為例：

目前右側值 = 4.000000

可允許增量 = 2.000000

可允許減量 = 4.000000

則

可行性範圍的上限 = 4.00 ＋ 2.00 = 6.00

可行性範圍的下限 = 4.00 － 4.00 = 0.00

U_1 的可行性範圍為：$0.00 \leq RHS_1 \leq 6.00$

所以，工廠之需水量介於 $0.00 Mm^3/day$ 與 $6.00 Mm^3/day$ 間，則對偶價 –83.33 元仍適用，亦即每增加 1 單位的水量，成本會減少 83.33 元。同樣強調的是，可行性範圍只適用於：在其他參數皆不變的情況下，一次僅能改變一條限制式右側值；若同時改變兩條以上的限制是右側值，雖然個別右側值皆在其可行性範圍內，不一定保證對偶價不變。

表 5.5 電腦輸出的報表結果

LP OPTIMUM FOUND AT STEP 2
　　　OBJECTIVE FUNCTION VALUE
　　1）333.3333

VARIABLE	VALUE	REDUCED COST
X	2.666667	0.000000
Y	1.333333	0.000000

ROW	SLACK OR SURPLUS	DUAL PRICES
2）	0.000000	-83.333336
3）	7.333333	0.000000
4）	0.666667	0.000000
5）	0.000000	-0.333333
6）	2.666667	0.000000
7）	1.333333	0.000000

NO.ITERATIONS= 2

RANGES IN WHICH THE BASIS IS UNCHANGED:
　　　　OBJ COEFFICIENT RANGES

VARIABLE	CURRENT	ALLOWABLE	ALLOWABLE
	COEF	INCREASE	DECREASE
X	100.000000	INFINITY	50.000000
Y	50.000000	50.000000	250.000000

RIGHTHAND SIDE RANGES

ROW	CURRENT RHS	ALLOWABLE INCREASE	ALLOWABLE DECREASE
2	4.000000	2.000000	4.000000
3	10.000000	INFINITY	7.333333
4	2.000000	INFINITY	0.666667
5	0.000000	200.000000	100.000000
6	0.000000	2.666667	INFINITY
7	0.000000	1.333333	INFINITY

第五節　模擬分析

　　模擬是一種以電腦計算為基礎,利用各種數學模式(或邏輯模式)來解釋、評估或模仿系統行為的方法,決策者可以利用這種方法來評估各種不同的決策組合對系統的影響,並在了解整體系統的操作行為後,改善或控制系統的執行成效。一般而言,系統模擬常被應用在以下的環境條件下:

- 當實際的系統不存在時。
- 建造實物系統的成本過高、花費時間過長或是系統具有高度危險性時。
- 為了分析或預測一些複雜性的系統行為。
- 實際的系統已存在,但做實驗成本過高或容易產生危險。
- 環境變數過多容易造成太大的干擾時。
- 分析或預測複雜行為。
- 當數學模式無法提供一個分析或數值解時。

　　如同其他的分析工具一樣,系統模擬和其他的系統決策工具一樣,具有相似的建模程序,包含:問題的定義(Problem definition)、建立概念模型、定義系統變數與參數、選擇適當數學方程式來描述物件行為以及物件之間的關聯、建立模擬系統電腦程式、資料收集(或實驗設計)以及模式率定與驗證(Validation)等幾個程序,其中驗證的內容應包含:真實世界與模擬系統之間的結構性驗證;概念模型與真實系統的概念性驗證;以及模擬結果與真實系統行為之系統行為驗證等幾個部分(如圖 5.1 所示),缺一不可。而對於一個複

雜的問題，建模者必須同時具備問題領域的知識、模擬系統模型建構知識、模擬程式語言的知識及統計等數理分析的知識，才能建立一個正確、有效的系統模擬工具。

1. 空氣品質模擬

根據開發行為環境影響評估作業準則第四十九條規定訂定「空氣品質模式評估技術規範」，辦理環境影響評估作業時，空氣品質模式之使用，應依本規範之規定辦理，本規範未規定者，依其他相關法令規定辦理。而空氣品質模式之使用，應考量以下三項因素：(1) 模擬區域其氣象及地形特性；(2) 開發行為之特性；(3) 模式之限制條件。空氣品質模式評估技術規範，將模式種類分為：(1) 高斯擴散模式；(2) 軌跡模式；(3) 網格模式，各類模式有其特性與優缺點，經空氣品質模式評估技術規範所認可之模式有 11 種，將「空氣品質模式支援中心」建議之模式，匯整如表 5.6。

依空氣品質模式模擬之過程與結果，應將以下各項資料納入環境影響說明書或環境影響評估報告書初稿中：(1) 評估資料中必須包括待評估汙染源（如煙囪）位置與各評估要項之相關位置圖；(2) 地形、地物特徵之研判資料；(3) 待評估汙染源之資料；(4) 空氣品質監測資料；(5) 氣象資料；(6) 空氣品質模擬分析；(7) 與相關法規的比較。

表 5.6 模式類別的優缺點（台北縣空汙專責人員複訓教材，2008；江旭程，2008）

模式類別	基本假設與限制條件	優點	缺點
高斯煙流模式	• 穩定及均勻風場之假設，故僅能模擬小範圍、地形簡單之區域。 • 無法計算化學反應，故僅能模擬惰性汙染物。	• 容易使用，可作長期評估。 • 已有豐富的使用經驗，一般而言，與實驗之結果相當吻合。 • 具有極大的彈性，容易加以修改以適合不同的情況。	• 無法考慮風速、風向在不同時間或地點改變的情形，因此不適合於長距離傳送使用。 • 無法考慮瞬間排放或意外情況釋出時擴散的情形。 • 無法考慮垂直風切的效應。 • 無法考慮靜風或幾乎靜風的情況。 • 無法用於不均勻的地形。
軌跡模式	• 忽略垂直風速，氣柱跟著水平氣流移動，無垂直風切，無水平擴散，因此可能與實際風場差異甚大。 • 模式較為簡易，電腦資源需求較少，因此可執行長時間模擬。	• 能對複雜地形地區的擴散作比較詳細的模擬。 • PIC（Particle-In-Cell）法可以得到三維濃度場的分布。 • 沒有數值延散的困擾。	• 需要追蹤大量質點的運動，需要大量的計算機時間。 • 需要大量而且複雜的輸入資料。 • 不容易考慮複雜的非線性反應。
網格模式	• 可以考慮之物理化學機制最為完整，並含有最少之假設。 • 電腦資源需求較大，因此通常僅執行數天汙染事件之模擬。	• 包括傳送、擴散、排放、反應、沉降等，均能考慮。 • 能得到時變、三維的複雜濃度場。 • 能考慮非線性的化學反應。	• 需大量的計算機儲存位置和時間。 • 需大量的輸入資料。 • 數值延散和擴散的困擾。 • subgrid 擴散的處理。

表 5.7　空氣品質模式與適用條件

建議單位	模式名稱	模式類別	模式適用條件
空氣品質模式評估技術規範	BLP	高斯煙流模式	煉鋁工廠及點源、線源、簡單地形、鄉村地區，小時至年平均值之濃度預測。
	CALINE3/CALINE4	高斯煙流模式	交通運輸（高速公路）、簡單地形[註1]、鄉村或都市地區，1 小時至 24 小時之汙染物濃度預測。
	CDM2.0	高斯煙流模式	點、線源、平坦地形[註2]、都市地區，長時間（一個月以上）之濃度預測。
	RAM	高斯煙流模式	點、面源、平坦地形、都市地區，小時到年平均值之濃度預測。
	MPTER	高斯煙流模式	點源、簡單地形、鄉村或都市地區，小時至年平均值之濃度預測。
	CRSTER	高斯煙流模式	單一點源、簡單地形、鄉村或都市地區，小時至年平均值之濃度預測。
	UAM	網格模式	三維數值光化學網路模式，都市地區臭氧問題之模擬，只能模擬小時平均值。
	OCD	高斯煙流模式	海岸地區汙染源之模擬，為個案式的模擬。
	EDMS	高斯煙流模式	評估軍用飛機基地及一般飛機場的汙染物擴散模擬，可用來模擬固定油槽等點源及移動性汙染源、簡單地形、傳輸距離小於 50 公里，小時至年平均值之濃度預測。
	CTDMP-LUS	穩態點汙染源模式	複雜地形[註3]之高斯點源模擬、鄉村或都市地區，小時至年平均值之濃度預測。
	ISC2/ISC3	高斯煙流模式	點、面、線、體源、平坦或簡單地形、鄉村或都市地區，小時至年平均值之濃度預測。

（接下頁）

表 5.7（續）

建議單位		模式名稱	模式類別	模式適用條件
-	空氣品質模式支援中心	AERMOD	高斯煙流擴散模式	與 ISCST3 相仿，包含：氣象前處理程式 AERMET+ 顯著影響高度 AERMAP+ 地表特性 AERSUR-FACE+ 建築物資料 BPIPPRIME，簡單與複雜地形。
		GTx	軌跡模式	所有汙染物沿著軌跡線對受體點所造成的貢獻濃度，模擬汙染物有 PM、CO、SO_2、NOx、Sulfate、Nitrate，並可算軌跡線混合層高、蒸發熱、穩定度、氣溫等，可考慮乾沉降機制及洗滌效應。
		TPAQM	軌跡模式	為了臭氧（O_3）汙染問題所發展的模式，點源、線源（移動源）、人為面源與生物面源。
		TAQM	網格模式	核心程式為化學傳輸模式，可模擬大氣對流層中空氣汙染物重要的物理及化學程序與臭氧問題之模擬。
		CAMx	網格模式	模擬範圍可從城市至區域大尺度，可模擬原生性與反應性汙染物、臭氧、PAN、以及硫酸鹽、硝酸鹽、銨鹽、有機碳和原生性懸浮微粒等，汙染物乾濕沉降通量。

註 1：簡單地形：係指地形高度均小於煙囪高度者。
註 2：平坦地形：平坦地形係指完全沒有顯著地形起伏者。
註 3：複雜地形：係指地形高度會高於煙囪高度者。

2. 水質模式

　　近年來，水質模擬模式廣泛運用在水質管理及汙染控制，模式常用於支援集水區規劃及分析，並作爲流域總量管制（Total maximum daily load, TMDL）的基礎。美國環保署爲集水區評估及總量管制發展所需模式之說明手冊（Shoemaker et.al, 1997），將目前相關模式之發展分爲三大類，分別爲：集水區負荷模式、承受水體模式及生態評估模式。其中，集水區負荷模式主要在模擬汙染物的生成過程以及它們在承受水體的移動機制，這類模式可依據地表的利用型態，並定出不同土地利用類型的汙染負荷率後，推估排出的汙染負荷量，也可利用降雨、逕流、沉降及傳送物理化學機制，詳細地描述汙染物釋出至承受水體的機制。

在承受水體模式類別中，水質模式藉由外部及內部之輸入及反應，模擬發生於水體中之化學及生物程序，更詳細之模式則可針對優養化之營養鹽及毒性物質之轉換及降解進行模擬。水質模式可依據其對時間變化差異之描述予以分類，其中最常被使用也較爲簡單者爲穩流狀態（Steady state）之水質模式，但對承受水體中時間變化之情況，如非點源及短期變化事件之探討（如：暴雨、合流式下水道溢流），則須將水質模式與前述之水動力模式結合。水質模式除了前述之物理及水文等基本要素外，另一項重要之因子是如何闡述對流（Advection）、延散（Dispersion）及反應（Reaction）等現象。對流爲非感潮河水下游及／或橫向主要之傳送機制；延散則在描述局部速度梯度所產生之混合現象，一般而言，延散作用對河川、湖泊及水庫等水體較不重要，但對感潮區域之水體則爲主要之傳送機制。反應機制包含水體中組成物質之轉變程序；模擬優養化之模式中，溫度、溶氧、營養鹽之循環、碳循環、浮游生物以及水生植物等項目均被納入考量。表5.8、表5.9分別比較上述穩態及動態兩類水質模式之特性。

表 5.8 模式能力評估—穩態水質模式（Shoemaker et.al.1997）

	EPA SCREENING	EUT-ROMOD	PHOS-MOD	BATH-TUB	QUAL2E	EXA-MSII	TOX-MOD	SMP-TOX4	TPM	DECAL
水體型態										
河流	●	-	-	-	●	●	-	●	-	-
湖泊／水庫	●	●	●	●	○	-	●	-	-	-
河口	●	-	-	-	◐	-	-	-	●	-
海岸	-	-	-	-	-	-	-	-	-	●
自然特性										
對流		-	-	-	-	-	-			
延散		-	-	-	-	-	-			
粒子宿命					-	-	-			
優養	●	●	●	●	●	●	●	-	●	-
化學物質宿命	○	-	-	○	○	◐	◐	●	○	●
沉凈－水交互作用	○	○	◐	○	○			◐	●	◐
外部負荷－動態	-	-	-						-	-
內部非點源負荷計算	-									
使用者介面	-	●	●	○	○	●	●	●	-	○
說明文件	●	●	●	●	●	●	●	●	●	●

●高 ◐中 ○低 - 無

表 5.9 模式功能評估―動態水質模式（Shoemaker et. al. 1997）

	DYN-TOX	WASP5	CE-QUAL-R1	CE-QUAL-W2	CE-QUAL-ICM	HSPF
水體型態						
河流	●	●	●	●	●	●
湖泊／水庫	-	○	-	●	●	○
河口	-	●		◐	●	-
海岸	-	◐		○	●	-
自然特性						
對流	●	●	●	●	●	●
延散		●	●	●	●	-
熱平衡	-	-	●	●	●	●
粒子宿命	-	◐	◐	◐	●	●
優養	-	●	●	○	●	●
化學宿命	○	●	○	○	○	●
沉滓-水交互作用	-	◐	○	◐	●	○
外部負荷-動態	○	●	●	●	●	●
內部非點源負荷計算	-	-	-	-	-	●
使用者介面	●	○	-	-	-	○
說明文件	◐	●	◐	◐	◐	●

●高 ◐中 ○低 -無

　　河川水質評估模式之使用，應考量模擬區域其水文及流域特性、開發行為及區域環境之特性、模式之限制條件三項因素來選擇適當之模式，行政院環保署公告建議之水質模式與其適用條件如表 5.10。若選用表 5.10 之外的其他模式時，應先檢附模式程式、國內或國外個案模式及其模擬與驗證結果、與規範認可模式之比對結果，送請中央主管機關認可。開發與管理水資源為國家整體建設與發展之重要議題，但受到人口快速增加、都市化發展迅速與土地利用變遷頻繁之影響，造成不當開發行為而導致水源水質惡化或水資源管理亦發困難。根據各國的經驗，從河川水質管理的理念已慢慢導向集水區為尺度的管理。「水環境研究中心」因應而生，成立主旨為推廣整合性集水區管理工具及技術，配合政府單位與積極投入水資源相關之研究，以促進台灣水資源之有效管理。與水資源相關的模式相當多，例如：QUAL2E 河川汙染模式、WASP 水質模式、MODFLOW 地下水模式、BASINS 集水區綜合型模式、HSPF 非點源汙染模式、QUAL2E 河川汙染模式等。

3. 地下水模式

　　目前，國內外所使用的土壤及地下水模式種類繁多。從土壤至地下水水流或汙染傳輸之模式包括：MOFAT、SUTRA 等模式；地下水水流或汙染傳輸的部分包括：MODFLOW、MT3D、AT123D、FEM-WATER、IGW、GMS、BIOSCREEN、VADSAT、PLASM、MOC、BIOPLUME、MODPATH 等模式。各種地下水模式發展至今已有五十多年的歷史（Bear, 1972；Freeze and Cherry, 1979）。各種模式的演進代表著現實狀況的需求與對問題的進一步了解。地下水是世界上重要的水資源，亦是許多國家的主要水源。因此，地下水的水位變

表 5.10 水質模式與適用條件

建議單位	模式名稱	模式適用條件
河川水質評估模式技術規範	-	質量平衡公式	• 承受水體：排水路、缺乏水理資料的小型河川 • 放流水：放流水水量小於承受水體設計流量的百分之十 • 汙染源：點源、非點源
	水環境研究中心	BASINS（HSPF+QUAL2E）	• 承受水體：自來水水質水量保護區、 • 汙染源：點源、非點源 • 汙染物屬性：沉積物（SS）*、有機物（BOD）*、營養鹽（NH_3-N, TP）*
		HSPF	• 承受水體：位於自來水水質水量保護區 • 汙染源：非點源 • 汙染物屬性：沉積物（SS）*、有機物（BOD）*、營養鹽（NH_3-N, TP）*
		QUAL2E/QUAL2K	• 承受水體：屬於為甲類、乙類及丙類水體河川 • 汙染源：點源 • 汙染物屬性：有機物（BOD）*、營養鹽（NH_3-N, TP）*
	-	SWMM	• 承受水體：不拘 • 放流水：工廠或工業區地表逕流 • 汙染源：非點源 • 汙染物屬性：沉積物（SS）*、有機物（BOD）*、營養鹽（NH_3-N, TP）*
		WASP	• 承受水體：屬於為甲類、乙類及丙類水體河川 • 汙染源：點源 • 汙染物屬性：有機物（BOD）*、營養鹽（NH_3-N, TP）*

*：括弧中僅列舉部分汙染物項目，非模式限制項目。

化漸漸受到重視，相關的研究蘊育而生。了解地下水水位的變化，可以配合相關的管理政策充分運用地下水資源，亦可在地下水匱乏時，作適當的人工補注或其他補救措施。

　　許多模式皆可利用現場資訊模擬出該區域的地下水水頭狀況，如：MODFLOW、PLASM、FEMWATER、MODPATH 等。此外，若能對汙染物特性有所了解，則可以藉助其他汙染物傳輸模式，進一步模擬汙染物傳輸狀況，例如：MT3D、AT123D、BIOSCREEN、VADSAT、MOC、BIOPLUM、EFEMWATER、IGW 等（Foster，1998）。常用的地下水模式與其適用條件，如表 5.11。

表 5.11　常用地下水模式與適用條件（Foster，1998）

模式名稱	模式類型	適用條件	輸出結果	功能、特性及限制
MOD-FLOW	2-D 或 3-D 數值模式（有限差分法）	• 適用於穩定流或紊流之單一飽和層或多個飽和層 • 可模擬穩拘限含水層或是非拘限含水層，甚至是拘限含水層與非拘限含水層混合而成的多層地下水層系統 • 模擬對象包括井、地下水補注、河流、溝渠、蒸發及一般性邊界	• 水頭	• 假設飽和層可為非均質或非等向、拘限或非拘限含水層

（接下頁）

表 5.11（續）

模式名稱	模式類型	適用條件	輸出結果	功能、特性及限制
FEMWA-TER	3-D 數值模式（有限元素法）	• 可模擬飽和或不飽和土層中之地下水流傳輸、不定邊界條件、汙染物傳輸及海水入侵等問題 • 適用於拘限含水層或是非拘限含水層、拘限含水層與非拘限含水層混合之多層地下系統亦可模擬	• 溶質濃度於空間上與時間上之分布	• 假設飽和層可為非均質或非等向、拘限或非拘限含水層
MT3D	3-D 數值模式（有限差分法）	• 可模擬飽和層之質量傳輸情形，適用於單一或多個水層、穩定流或紊流之條件	• 汙染物濃度的變化	• 假設飽和層可為非均質或非等向、拘限或非拘限含水層 • 考量各種邊界變化條件及外加汙染源與滲漏之情形
AT123D	3-D 混合數值分析模式	• 包含質量傳輸、均質穩態流、3D 延散、一階衰減及延滯等情形	• 汙染物組成濃度的分布	• 假設穩流與汙染源平行 • 假設汙染源以瞬間、連續或有限階梯式的分布 • 假設水層不會波動，且流向均統一 • 模擬溶質、放射性物質及熱質之質量傳輸

（接下頁）

表 5.11（續）

模式名稱	模式類型	適用條件	輸出結果	功能、特性及限制
BIO-SCREEN	2-D 指數分析（1-D 水流、2-D 傳輸）	• 模擬二維的延散、延滯及生物降解之情形	• 汙染物組成於地下水中降解之情形	• 可模擬某一區域期汙染物濃度隨時間變化之情形，或是以蒙地卡羅（Monte Carlo）法模擬可能發生之汙染物濃度 • 內含土壤及化學物質特性資料庫 • 需要地下水平面區域範圍
VADSAT	3-D 分析模式	• 模擬化學物質在非飽和層或是水層下移動之情形 • 模式中考量 VOCs 蒸散、滲漏組成、地下水平面區域範圍、延散、吸附及一階衰減等情形	• 組成物於地下水受體中達尖峰時之濃度 • 濃度答尖峰之時間 • 汙染源消耗完之時間	• 可模擬延散、平流、吸附、好氧及厭氧生物降解反應 • 不適用於有抽水井之複雜地下水系統 • 假設地下水流方向及流速固定 • 容易操作之篩選工具

（接下頁）

表 5.11（續）

模式名稱	模式類型	適用條件	輸出結果	功能、特性及限制
PLASM	2-D 或 3-D 數值模式（有限差分法）	• 可模擬單一或多個地下水層之飽和、穩定流或紊流等情形	• 水頭	• 假設飽和層可為非均質或非等向、拘限或非拘限含水層 • 未考量平流、擴散或延散之情形
MOC	2-D 數值模式（有限差分法）	• 此模式為地下水流及質量傳輸模式，可模擬穩定流或紊流之單一水層 • 考量平流、延散及擴散之情形	• 汙染物組成濃度的分布	• 假設飽和層可為非均質或非等向、拘限或非拘限含水層
BIO-PLUME	2-D 數值模式（有限差分法）	• 模擬汙染物於氧為限制條件下，其生物降解之傳輸情形 • 第三版再加入氧、氮、鐵、硫及甲基有機物之生物降解情形	• 汙染物組成濃度的分布 • 流速流向 • 使用者定義觀測點之時間趨勢圖	• 模擬平流、延散、吸收、好氧及厭氧之生物降解與反應 • 第三版加入瞬間、一階或零階之生物降解反應或 Monod 動力反應 • 碳氫化合物汙染源及各種電子接收者都視為各別的汙染團

（接下頁）

表 5.11（續）

模式名稱	模式類型	適用條件	輸出結果	功能、特性及限制
MOD-PATH	3-D 數值模式（有限差分法）	• 利用半分析微量軌跡方式，模擬單一或多個水層、穩定流之情形	• 3D 路徑軌跡	• 假設飽和層可為非均質或非等向、拘限或非拘限含水層 • 可以處理多個釋放時間及以斷面方式呈現空間資料

【問題與討論】

一、請舉例說明規劃一個都市汙水下水道系統建設的內容。（90 年環境工程技師高等考試，環境規劃與管理，20 分）

二、試以國內現行推動之環保科技園區政策，說明如何應用「環境系統分析」技術（或方法）於其開發、營運等不同階段之規劃及管理工作上？（92 年環境工程技師高等考試，環境規劃與管理，20 分）

三、在現代環境影響評估所使用之數學模式中，下列哪一項用的最少？（93 年環境工程高等考，環境規劃與管理）

　1. 噪音振動

　2. 視覺景觀

　3. 社會經濟

　4. 文化考古

四、某一事業廢棄物清理機構具備清理一般事業廢棄物及有害事業廢棄

物之能力，其清運容量分別為：一般事業廢棄物 60 ton/day、有害事業廢棄物 40 ton/day；處理設施不論處理一般事業廢棄物或有害事業廢棄物，其容量皆為：50 ton/day；該機構設有最小契約清理量，亦即事業廢棄物量需達到：一般事業廢棄物 30 ton/day、有害事業廢棄物 20 ton/day，方進行清運、處理；清理費用則為：一般事業廢棄物 1000 元／ton、有害事業廢棄物 3000 元／ton。請建構一數學規劃模式（僅需建構線性規劃模式，無需求解），以最大化此清理機構之營業收入。（96 年環保行政高等考，環境規劃與管理，20 分）

五、何謂模擬模式（simulation model）？其建置的目的為何？請試舉一個環境相關的模擬模式為例，說明其建置目的與使用時機。（98 年環保技術人員普考，環境規劃與管理概要，25 分）

第六章　環境成本與效益分析

　　成本效益分析（Cost-benefit analysis, CBA）是一種藉由計算一個計畫或方案的支出以及它所創造出來的經濟價值，來評估該計畫或方案的經濟可行性的一種方法。就政策或方案所執行的目的而言，它們所帶來的效益必須大過投入的成本才能算是一個有效的政策或方案。為了判斷政策或方案的經濟有效性，成本與效益的估算除了需考量評估的目的外，也必須具備可靠性與準確性。從環境經濟學的觀點來看，成本與效益的不完整估算是造成市場失靈（Market failure）的關鍵因素，以如圖 6.1 為例。在不考慮社會邊際效益（Marginal social benefit）與邊際社會成本（Marginal social cost）的情況下，D 為市場均衡點，此時的最適產量與最適價格分別為 Q_3 與 P_3。若將邊際外部效益與邊際外部成本（Marginal external cost）納入考量，則均衡點將由 D 移至新均衡點 B，此時的最適產量與最適價格將變成 Q_2 與 P_2。同樣的，若只考慮邊際外部成本而不考慮邊際外部效益，則最佳的產量與價格會發生在 Q_3 與 P_3 的位置上，市場失靈會造成最佳產量被高估或低估的現象。

　　從環境系統的觀點來看，若系統維持在一個穩定的均衡狀態，在這個均衡的系統下，能量與物質會以最有效率的方式在系統內進行循環，此時系統將呈現持續性的平衡狀態。當物質（或能量）流動偏離最適流量時，便會產生耗竭或累積的問題。以圖 6.2 為例，一個持續穩定的系統，單元之間的物質（或能量）流量分別為 Q_1、Q_2、Q_3、Q_4 與 Q_5，若物質（或能量）流量 Q_1、Q_2、Q_3、Q_4 不變的情況下，

增加流量 Q_5，則單元五會產生物質（或能量）累積的現象，單元四則會發生物質（或能量）耗竭問題。而各種環境政策、方案的目的就是控制並維持系統的穩定平衡，而有效的成本與效益分析，則可正確的估算最適合流動量以控制系統的平衡。

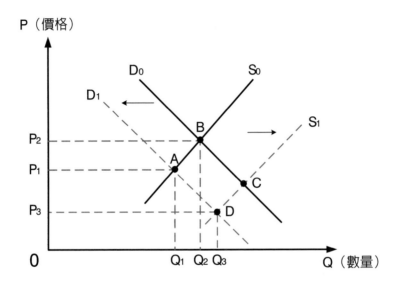

註：D_0=MSB (Marginal social benefit)
D_1=MPB (Marginal private benefit)
S_1=MPC (Marginal private cost)
S_2=MPC+MEC(Marginal external cost)

圖 6.1　成本、效益與市場均衡關係圖

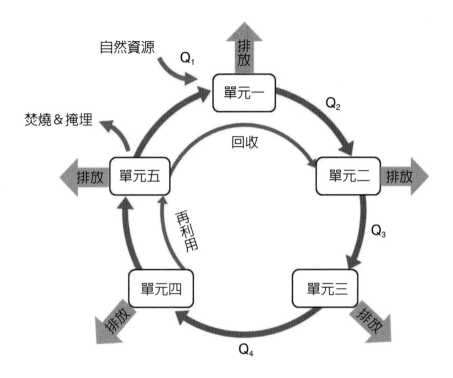

圖 6.2　物質循環與環境問題

第一節　環境成本分析

　　有效的成本與效益分析可以協助管理者進行：有效分配稀缺性資源，使資源獲得最佳化利用；將環境衝擊與損害融入成本與效益分析的過程中，進行正確的方案選擇；估算公共設施的環境效益；政策與制度設計以矯正市場失靈問題。一般而言，成本可以簡略的區分成內部與外部成本（如圖 6.3 所示），若根據成本的可見度進行分類，則又可將成本區分成高可見度、低可見度以及最低可見度等幾類，其中

生產的直接成本具有最高的可見度，也是大部分工程經濟學談論的對象。社會成本具有較低的可見度，不容易估算，由於開發行為造成的環境損害或是環境政策所帶來的環境效益，是環境規劃與管理的評估重點，因此它們的重要性不能被忽略。

一、環境成本會計

為了反映企業的真實成本，日本環境省引入「**環境成本會計（Environmental Cost Accounting）**」概念，將企業成本區分成：營運成本、上下游關聯成本、管理成本、研發成本、社會活動成本、損失及補救成本，及其他環境保護成本等七大類（如表 6.1 所示）。其中，企業為了環境保護目的的各種活動支出，例如：用以減輕、預防或消除因

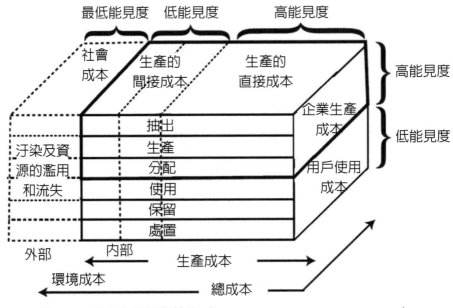

圖 6.3 成本的種類與特性（Guido Sonnemann et al., 2003）

營運活動所造成的環境衝擊、促進資源利用效率的成本支出皆被歸納為產業的環境保護成本。環境成本會計的目的即是用以衡量圖6.3中低能見度的間接生產成本以及最低能見度的外部成本（或稱社會成本）。它是一種將外部成本內部化的有效手段。環境成本的分類方式眾多，但基本上應包含：汙染治理活動、汙染防治活動、利益關係者活動以及環境承諾與補救活動有關的成本等幾大項。

當企業將環境成本納入企業總體成本的估算時，企業為了減少環境衝擊以及可能產生的環境風險，會改變企業的管理與生產結構，並使企業的財務結構產生變化，這些變化包含：

- 重新設計生產程序，採用綠色製程以降低排放費（稅）等環境成本。
- 採用綠色產品設計，以降低產品回收與再處理成本。
- 產品價格上漲。

表 6.1　日本環境省環境成本分類（李涵茵，2011）

大分類	中、小項目分類	
企業營運成本	汙染防治費用	1. 防制空氣汙染之費用（包含酸雨預防） 2. 防治水質汙染之費用 3. 防制土壤及地下水汙染之費用 4. 防制噪音及振動之費用 5. 防制地層下陷之費用 6. 防制毒化物汙染之費用 7. 水土保持費用 8. 其他汙染預防之費用
	全球性環境保護費用	1. 氣候變遷預防之費用 2. 臭氧層破壞預防之費用 3. 其他環境保護之費用

（接下頁）

表 6.1（續）

大分類	中、小項目分類
資能源節約循環使用費用	1. 提高資源利用效率之對策所衍生費用 2. 提升水及雨水資源利用效率所衍生費用 3. 有害事業廢棄物之減少、削減及回收利用所衍生費用 4. 一般事業廢棄物之減少、削減及回收利用所衍生費用 5. 有害事業廢棄物之處理及處置費用（包含掩埋） 6. 一般事業廢棄物之處理及處置費用（包含掩埋） 7. 資源永續循環使用費用 8. 節約能源費用
供應商及客戶之上下游關連成本	1. 對產品、貨物、燃料及原物料進行綠色採購（或減少有害化學物質）所衍生費用 2. 對製造或銷售的產品，進行回收、再製、再修正等所衍生費用 3. 對產品包裝容器，進行回收、再製、再修正等所衍生費用 4. 為推行環境保護而提供之產品服務所衍生費用 5. 為減少環境衝擊所衍生之包裝容器上額外費用
管理活動成本	1. 人員接受環境教育訓練所衍生費用 2. 為發展、執行環境管理系統及取得驗證所衍生費用 3. 為監測及測量環境影響衝擊所衍生費用 4. 環境損害有關之保險費用 5. 因測量環境影響所需之人力費用或其他費用 6. 環境規費 7. 其他
研究發展成本	1. 因環境保護所研究、開發產品之衍生費用 2. 於產品製造階段為減低及控制環境衝擊而衍生之研究費用 3. 於產品銷售階段為減低及控制環境衝擊而衍生之研究費用
社會活動成本	1. 用於自然保護、造林、綠化環境等環境改善所衍生費用 2. 提供基金贊助社區居民環境公益活動如研討會及宣傳活動等所衍生之費用 3. 贊助環保團體等所衍生費用 4. 公告、宣導環境資訊、資料等衍生費用（除產品廣告、銷售推銷外） 5. 其他環境活動─認養道路之綠化

（接下頁）

表 6.1（續）

大分類	中、小項目分類
損失及補償成本	1. 土壤汙染整治費用 2. 環境問題和解、補償、罰鍰及訴訟等所衍生費用 3. 水汙染所衍生之費用 4. 空氣汙染所衍生之費用 5. 水土保持整治費用

- 調整企業在市場上的經營策略，如加入綠色供應鏈系統。
- 企業在購買資產時，將詳細計算與環境有關的費用，並評估非金融的環境風險（如購入受汙染場址的環境整治費用）。

　　事實上，企業從事生產與服務的過程中，涵蓋了各種不同的環境管理支出，常見的環境成本支出包含以下幾種類型。這些環境成本有的並不容易被量化，為了反映生產與服務過程中的實際成本，避免發生過度生產的狀況，管理者必須在進行成本估算時，進行範疇界定並明確的定義各種成本項目。

1. 環境稅（費）

　　環境稅（費）可分為排放費（稅）、使用費、貨物稅（費）等三類。例如：環保署所徵收的使用汽油或燃料的空氣汙染防制費，以及即將徵收的水汙染防治費屬於「排放費（稅）」；常見的「使用費」如垃圾清除處理費、汙水處理費等；常見的「貨物稅」如環保署所徵收的回收清除處理費、土壤與地下水汙染整治費等。各種環境稅（費）都隱含了「汙染者付費（Polluter pays principle, PPP）」的概念。環境稅（費）是一種外部成本內部化的手段，它強調環境是一種公共財，要求汙染環境的個人或團體須負起環境的責任，並利用環境

稅（費）手段將汙染防治的資源進行重新分配，達到減低環境汙染、抑制天然資源過度使用的目的，目前國內、外常見的環境稅包含：硫化物稅、碳稅、能源稅。

2. 環境許可證與證書

- 環境許可證：對於公司或工廠而言，其需要向政府部門申請並取得環境許可證後才能合法排放汙染源，至於排放的種類與總量端看生產的產品而定。

- 環境報告：社會大眾可以透過公司所發行的環境報告了解該公司在生產過程中對環境所帶來的各種影響，環境報告也是政府部門核發環境許可證時的一項依據。一般而言，各國政府對環境報告的要求不盡相同。

- 證書成本：當公司取得證書的目的是為了符合環境標準時，我們可以將這個過程視為環境成本的一部分。舉例來說，國際標準組織（International organization of standardization, ISO）ISO14001 就是一項針對環境議題所設立的準則，公司為了取得該認證所付出的成本就稱為環境成本。

3. 環境費用

- 監管費：指政府用來監管國家內各公司汙染源排放情況所付出的成本。

- NOx 費：目的是為了減少 NOx 的排放，以趨緩土壤酸化及水資源優養化的情況。固定汙染源皆有義務繳交 NOx 費，除此之外，與其生產、產品相關的公司也需額外繳交 NOx 費。繳交 NOx 費的

多寡與 NOx 的排放量有關。

- 登記費：以瑞典為例，政府透過化學品管理局針對各種化學品課徵費用，以建立化學品管制的制度。

4. 開發過程中的測試成本

當某工廠欲開發新的化學物質時，必須經過不斷的實驗與測試。當測試的結果不同時，就必須啟動新的開發方案。此外，隨著時間的推演，十年前所開發的化學物質可能無法運用在十年後的今天。測試某產品對於環境潛在的危害也算是環境成本的其中一種，這種測試不僅止於生物降解與毒性測試，還包括對人類的致癌及毒性測試。

5. 運輸

運輸商品的過程中會產生大量的燃料廢氣排放。運輸過程所需的燃料與兩種稅有關，分別是二氧化碳稅與能源稅。假如運輸的成本高於產品對環境危害所需支付的附加成本時，該運輸成本便被認為是環境成本。

6. 產品的測試成本

某些產品製造的過程中可能會對水、空氣、土壤等介質帶來汙染，故需持續測試工廠附近的周界環境，觀察是否受到有害物質的影響。

7. 員工訓練

透過員工訓練加強員工對產品的認識，並讓員工能更加理解製作

產品過程中可能產生的有害物質，這個額外的成本也被視爲環境成本的一環。

8. 外部資訊

　　某些公司（工廠）必須提供外部資訊給社會大眾，使之能了解與產品有關的各種環境資訊，如：生產過程中可能帶來的汙染、產品的製程等。

9. 環境投資

　　投資生產設備不一定是爲了提高產能，也可能是爲了降低製程中對環境的危害，所以，當投資的目的與保護環境有關時，便可視爲環境成本的一種。如果投資的目的不只是爲了提高產能，同時也考量了環境問題時，這也算是環境成本的一種。

10. 產品開發與預防性成本

　　爲了減少產品或製程對環境帶來的危害，生產者必須不斷研發對環境更友善的生產技術，這些開發過程所付出的成本便是環境成本。所謂預防成本則是產品在設計、生產、使用及銷毀所產生的成本，從產品生命週期的觀點而言，產品開發與預防性成本包含了：環境規劃成本；產品設計中的協調成本；回收成本；環保包裝成本；以及廢棄物控制、消除或處理過程的環境管理成本。

11.「乾淨」的成本

　　爲了減少製作過程（從原料變成產品）中生產設備對環境的汙染所付出的成本，便是環境成本。

12. 廢棄管理成本

生產過程中所產生的廢棄物質必須先經過處理才能排放到環境中，某些公司或工廠會自行處理，但部分廢棄物質最好還是經由特定專業的公司集中處置為宜。處理廢棄物質及運輸廢棄物質所付出的成本即為環境成本。

13. 關閉業務的潛在成本

一旦公司決定關閉工廠或停止部分營運單位時，就必須付出成本清理（縮小）廠房或處理（販售或報廢）生產機器。這種縮小營運規模或是停止營運的計畫必須算在成本之內，而當這個成本與環境危害或環境保護相關時，便為環境成本。

14. 與利益團體的夥伴關係

某些公司屬於特定利益團體的其中一員，因此雙方具有共同利益，在該組織中的公司可以制定一個新的共同環境政策。以多個對某區域的水資源具有保護意識的公司所集結而成的組織而言，便可被視為特殊利益團體。他們為了推廣環境保護理念所舉辦的各種活動都可被視為環境成本。

15. 由於環境衝擊而提高的保險費用

我們可以推斷，一個公司的生產過程對環境的衝擊愈大，可能就需付出更高的保險成本。它們是未來活動可能需要的成本，例如超過一定水平的預期價值、維度或概率，例如未來事故造成損害環境的罰款和懲罰破壞未來結算等。

16. 員工

聘雇處理環境問題的員工就屬環境成本，這個成本不僅包含薪水、還包括公司負擔的所有成本，如：工作空間、軟體及電腦等。

17. 不受準則規範的成本

公司對環境成本的想像並不算是準則（Criteria）內的環境成本。例如，增加公司的生產量與公司的價值。此外，具有環境友善形象的公司能夠吸引對環境保護志同道合的員工。環境形象不好的公司相對的必須付出更多成本招募員工，因為他們給人的印象並不好。就財經觀點而言，一個聲望較好的公司比起聲望差的公司，更有可能獲得優惠的貸款方案。我們很難用一個產品來斷定它影響公司形象的優劣程度，畢竟一個公司的利潤來源不僅止於一項產品，況且公司的環境形象也不是透過經濟情況就可以斷定。它們可能包括年度環境報告的費用以及維持與社區關係的活動，這些費用都是自願承擔的環境活動，如：選擇性收集廢棄物。

環境成本分析與管理的目的是欲使經濟實體、地方和政府集體能夠正確評估經濟實體的生產活動對環境的影響，為環境管理活動提供基本的資訊，這些資訊除了可作為外部報告之用，也可以作為內部環境管理之用，使組織的決策更為完整、有效，這些決策包含了：年度環境成本／支出；產品定價；資本預算；投資替代方案的評估；環境項目的會計成本和收益；設計和實施環境管理系統；環境績效測量和基準；確定績效目標；聲明環境支出、投資和負債；編制環境報告或可持續發展報告；為地方當局和統計機構報告環境信息等內容。

二、產品生命週期成本

傳統的產品成本是由直接生產成本（如：勞動力、材料等）以及間接生產成本所構成（如圖 6.3 所示），因為性質不夠明確且難以量化，環境成本常被歸納在間接費用或管理帳戶中。當環境成本被嚴重低估時，產品成本會遭到嚴重的扭曲，如：環境成本較低的產品經過交叉補貼後，反而會增加產品的環境成本。實際上，環境成本應包含企業內部的活動（如：汙染預防、環境設計和環境管理）所衍生出的環境成本支出和風險，產品的真實成本必須從產品的生命週期觀點進行估算。如圖 6.4 所示，產品的成本可以簡單區分成購買成本與隱性成本，購買成本也被稱為生產的直接成本，隱性成本又包含了：維護成本、管理成本、營運成本、投資成本、技術成本、訓練成本和廢棄物處裡成本等幾部分，對於某些產品而言，隱性成本的比例可能高達八成以上。

生命週期評估是一種重要的環境管理工具，所謂產品生命週期是指產品（或服務）從取得原材料，經生產、使用直至廢棄的整個過程（即從搖籃到墳墓的過程）。生命週期成本（Life cycle coasting, LCC）則是評估產品在整個生命週期中所需要的各種私人與社會成本（如圖 6.5 所示）。一般而言，生命週期成本用來表示產品所有階段的成本（包含購買成本與隱性成本），因此產品於生產過程中為了減少、避免、減緩環境損害所必須負擔的費用，如：環境稅、保險和環境保護的相關投資都必須一併納入。

如同其他的系統分析方法，進行生命週期評估時，管理者必須先進行範疇界定以確認評估的項目。一般而言，生命週期評估將產品的

生產的直接成本：
• 規劃與設計
• 建造與開發費用

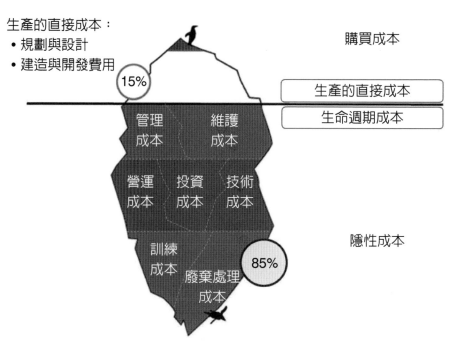

圖 6.4　購買成本與隱性成本

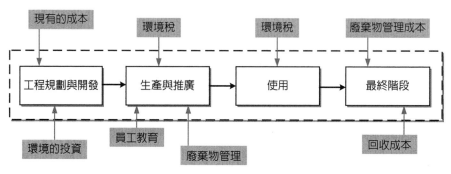

圖 6.5　產品生命週期與環境成本

週期區分成原料取得、生產製造、運輸、使用與處置等階段。在完成各階段的衝擊（或成本）項目後，管理者便可以進一步衡量這些項目的衝擊量或環境成本。以營建工程的生命週期成本分析為例，若將營建工程的生命週期區分成「工程規劃與開發」、「生產、建造與推廣」、「運作與使用」以及「除役」等四個階段，管理者在定義每一個階段的範疇（如下所示）後，便可如表 6.2 所示，將每一個階段中可能的成本項目一一羅列。

- 工程規劃與開發：用來表示產品的前置作業（Pre-production），包括：投資、設計成本、產品規劃。
- 生產、建造與推廣：與生產過程有關的成本，如：勞力成本、原物料成本等。
- 運作與使用：在使用階段，必須考量產品實際使用的成本，成本的高低取決於產品的預期壽命與可能停機的次數。
- 最終階段（除役）：是產品生命週期的最終階段，該階段涵蓋銷毀的成本、回收的成本以及其他與產品生命週期末端的相關成本。

必須注意的是：產品不同，其產品生命週期階段的認定也不同，上述的案例將營建工程的生命週期區分成四個階段，其他的產品可能區分成三個階段、有的則可能多達五個或六個階段。例如：對一個開發方案或政策而言，它們的生命週期可能包含先期計畫、開發建造、運作以及除役等幾個階段，不同的產品、方案或政策除了生命階段不同外，所需評估的成本也各不相同。因此，如同其他系統決策理論，產品生命週期評估或是產品生命週期成本評估都必須進行範疇界定，以釐清評估的範圍、階段數，以及每一個階段應進行成本盤查的單元

表 6.2　開發計畫時程與對應的成本項目

開發計畫階段	成本項目（例）	
（一） 工程規劃與開發	- 資料收集與調查 - 場址量測與調查 - 營建管理與顧問	- 環境影響評估 - 整體規劃分析研究
（二） 生產、建造與推廣	- 工程設計與分析 - 建地取得以及拆遷補償 - 營建管理與顧問	- 工程材料、建造與行政 - 環境監測 - 政府規費
（三） 運作與使用	- 稅賦、保險、法令遵循 - 水電 - 營運管銷、勞動工資 - 設備租賃	- 設備維修與更新 - 環境整潔維持 - 秩序保全、公共安全維護
（四） 除役	- 計畫停止之規劃 - 停止設備運作之流程 - 拆移工程 - 廢棄物處理	- 場址復原 - 環境評估 - 管銷及勞動工資

資料來源：環境政策與開發計畫成本效益分析作業參考手冊，2012 年 12 月 17 日

與成本項目。

　　表 6.3 是另一個常見的產品生命週期成本評估案例，它列出了不同階段中管理者必須考慮的成本項目，管理者可以根據實際的評估對象進行修改。在不同的階段中，成本都應該包含直接的生產成本、間接的生產成本以及社會成本。傳統上，成本的計算著重在直接的生產成本，很容易忽略了間接生產成本以及社會成本的估算。因為生產者的間接成本通常沒有太大的可見度，容易被忽略。從內部成本與外部成本的觀點來看，直接與間接的生產成本都屬於生產者的內部成本，而在產品生命週期的每一個階段中，因汙染或資源枯竭所產生的成本（如：氣喘病例增加）則被稱為社會成本，它屬於生產者的外部成

本。生產者的外部成本可見度更低，它會受到時間尺度以及範圍尺度的影響，估算也比較困難。

產品生命週期成本指的是產品在它的生命週期階段（研發、製造、配銷、使用、廢棄）中，所有支出費用的總和。因為包含了企業的生產成本以及用戶使用成本，它提供消費者完整的成本資訊，可以協助消費者判斷該產品的環境友善程度。為了符合消費者對綠色產品的期待以及未來龐大的綠色產品市場，企業也可以透過這個資訊來制定產品生產與行銷的策略。因此，產品生命週期成本估算有以下幾項優點：

表 6.3　產品生命週期與常見的環境成本項目

環境成本 ＼ LCC階段	工程與開發	生產與運作	使用	最後階段
產品開發	- 持續開發 - 環境投資 - 員工			
測試	- 測試			
管理 -RA		- 員工 - 登記費用 - 外部資訊 - 特殊利益團體的夥伴關係		
廠房管理		- 環境許可證 - 環境報告 - 環境證書 - 環境保護費		

（接下頁）

表 6.3（續）

LCC 階段 / 環境成本	工程與開發	生產與運作	使用	最後階段
		- 環境危害與清潔（clean-up）保險 - 員工訓練		
環境投資		- 環境投資		
製造		- 硫化物稅 - 二氧化碳稅 - 能源稅 - NOx 費 - 監測費 - 清淨能源費用 - 廢棄物管理		
運輸		- 運輸		
其他成本	- 商譽	- 潛在清理成本 - 商譽	- 運輸 - 硫化物稅 - 二氧化碳稅 - 能源稅	- 運輸 - 硫化物稅 - 二氧化碳稅 - 能源稅 - 廢棄物管理

1. 協助企業定價

　　傳統的成本會計重視產品在生產階段的成本，常忽略外部的社會成本，因此會發生生產量過多以及定價過低的問題（如圖 6.1 所示）。利用生命週期成本分析可以了解產品生產過程中的直接成本、間接成本以及社會成本，充分反映產品的真實成本，協助企業進行產品進行合理的定價。

2. 建立企業的市場發展策略

　　生命週期成本同時考慮產品開發設計以及顧客使用兩個階段，使企業擺脫過去短期性的管理傾向，使企業重視產品生命週期內的社會責任與成本。同時也協助企業利用生命週期成本資訊建立與消費者之間的橋樑，共同建立環境友善化的綠色市場，使企業可以針對公司的產品或服務制定長期性的策略發展計畫。

3. 改善生產技術、提高資源使用效率、降低環境成本

　　生命週期成本技術，可以使企業了解產品在生命週期中資源耗用的狀況以及相對應的成本支出。透過生命週期成本分析的結果，企業可以有效的辨認可再使用的、可修復的環境因子，協助系統工程師製造環境友善產品所需的資訊，重新設計環境友善的製程與產品（Design for environment, DfE）。若環境系統工程設計的範疇擴大到供應鏈以及生態工業園區的範疇，則有助於減少總體資源消耗、降低整體汙染的可能性。

4. 回應投資者的需求

　　對於上市上櫃的企業，投資者會密切地檢視公司的環境績效，了解企業在環境衝擊下的獲利狀況以及企業在全球綠色消費市場的獲利潛能，而此訊息有助於投資者做出更好的決策。

5. 有效監控、降低營運風險

　　負面的環境衝擊可能會對企業造成巨大的損失，隨著新環境議題（如：溫室氣體管理）、標準與法規的出現，企業必須採取必要的對應策略，否則可能會處罰而賠上巨大的成本。生命週期評估以及生命

週期成本，可以提供企業經濟及風險的資訊，使企業成為高環境績效的公司，針對這些新議題做出最佳的回應策略。同時透過內、外部的教育與溝通，發揮企業對環境與社會的責任。

6. 滿足顧戶的綠色需求

隨著綠色設計與綠色消費觀念的提升，消費者愈來愈願意支付更多的費用購買綠色生產的產品，民眾對執行產品生命週期評與生命週期成本管理的企業將更加信任，也更符合民眾的期待。

研究也發現，大部分的勞工認為企業的社會責任和環境承諾是選擇雇主的重要標準。為了吸引員工，企業需要提供相關的環境影響數據。此外，若將與環境有關的資訊皆納入決策過程中，將有助於公共政策規劃及立法的進行。若其結果能夠與數學規劃法（Mathematic programming）等其他分析工具進行整合性的數據分析，將更有助於系統的優化與管理。

三、其他常見成本與其定義

1. 固定成本

固定成本（Fixed costs）是指成本總額不受產量增減變動的影響，而能保持不變的成本。通常代表一個單位或組織的基本營運成本。例如：汽車每年的保險費用、財產稅和牌照稅都是固定成本，因為它們與每年行駛的英里數無關。一些典型例子像汙水處理場土地成本、處理單元折舊、機器和設備，以及行政上和從事生產人員的薪水。

2. 變動成本

變動成本（Variable costs）是指在生產過程中增加或減少一個單

位的生產因素（Production factor）時，成本的變動量。相較於固定成本，變動成本會隨著產量或業務量變化而改變。例如，在一個汙水處理場中，每增加一個單位的汙水處理量，所增加的直接勞動和原料成本便可稱為變動成本（如圖 6.6 所示）。

3. 平均單位成本

平均單位成本（Average unit cost）是指生產一個單位的產品平均耗費的成本。一般只要將總成本（包含固定成本與變動成本）除以總產量便能得到，我們經常用平均成本表達每單位基礎的活動成本（如圖 6.7(a) 所示）。

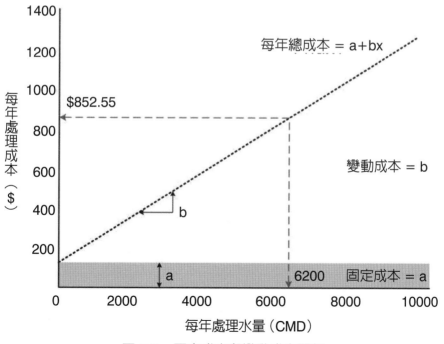

圖 6.6　固定成本與變動成本關係

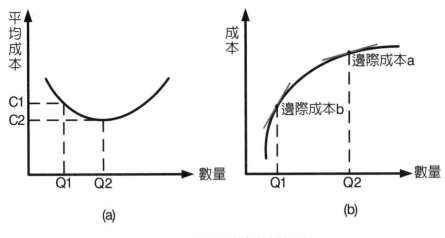

圖 6.7　邊際成本與規模經濟

4. 邊際成本

　　邊際成本（Marginal cost）是指在一個固定產量下，再增加一單位產量所增加的成本（MC = Δ TC/ Δ Q）（如圖 6.7(b) 所示）。邊際成本與生產量有直接關係，如：生產第一輛電動車的成本會非常高，而生產 500 輛電動車之後生產第 501 輛電動車的成本就會減低，而在生產 10000 輛電動車後，每增加生產一輛電動車所需的成本就更低了，這便是規模經濟（Economies of scale）。邊際成本和單位平均成本不一樣，單位平均成本考慮了全部的產品，而邊際成本只考慮在一個規模下增加一個產品所增加的成本。平均成本考慮固定成本，並將固定成本分配到所有的產品之中，而邊際成本則不考慮固定成本。

5. 機會成本

　　當決策過程中有多項選擇，決策者會選擇當中最佳的方案，而放棄了其他可能的方案，這些放棄方案中價值最高的選擇便稱為機會成

本（Opportunity cost），也就是當你尋求選擇的過程中放棄的最大潛在利益。例如：你有三項工作機會，A 工作的薪水是 1,000 元、B 工作的薪水是 200 元、C 工作的薪水是 800 元，則當你選擇 A 工作時，你的機會成本是 800 元。

6. 沉沒成本

沉沒成本（Sunk cost）是指已經付出且不可收回的成本。例如，預訂了一張電影票，已經付了票款且不能退票。此時就算不看電影，付的錢也收不回來，而電影票價便可稱為沉沒成本。有時，沉沒成本會隨時間而改變，如你買了台新車，幾年後想在二手市場中出售，你留著那輛車的時間愈長，一般來說你賣出的價格會愈低（折舊），也就是說隨著時間的增加車子的沉沒成本會愈大。

7. 影子價格

影子價格（Shadow price）是最適化問題（Optimization problems）中常見的一種效益分析方法，它用來討論當最適化問題具有多個環境限制條件時，放寬哪一個環境限制條件會使決策目標獲得最大的效益。換言之，影子價格是決策者願意為了獲取額外一個單位的既定資源，所願意多付出的最大價格。例如：目標在追求最小的成本並且要達到一定產量的生產者，如果要增加一單位的產量，可以透過多雇用要素（如：勞動、資本）來達成，那麼要雇用勞動來生產比較好，還是雇用資本來生產會比較好，因此影子價格常被用來衡量選擇時的機會成本。

第二節　環境價值分析

　　產品或服務對消費者發揮出來的效用，就是該商品或服務的價值（Value），而透過經濟市場所體現出來可以量化的數值則稱為價格（Price）。經濟學上，價值指的是「交換價值」，亦即「市場價格」。因為環境具有公共財（Public good）的特性，而缺乏市場和外部性（Externality）等因素，常會低估環境價值造成價格遠低於價值的狀況。因此，進行成本效益或其他環境決策分析時，除了正確估算環境成本外，環境效益的估算也非常重要。

一、環境經濟價值

　　一般而言，環境的總經濟價值（Total economic value）可區分為使用價值（Use value）和非使用價值（Non-use value, NUV）兩大類。使用價值指實際使用或消費環境資源所衍生之經濟價值，如：砍伐森林所獲得的木材；從濕地、海洋、河流所捕獲的魚類；抽取地下水養殖及建立森林遊憩區等。使用價值又可細分成直接使用價值（Direct use value）、間接使用價值（Indirect use value）以及選擇價值（Option value）等三項。其中，直接使用價值是指人類從直接使用環境資源中所獲得的效益，如：礦產、水資源、作物、魚類、遊憩等；間接使用價值是指由環境資源所延伸出的各項功能性效益，如：氣候調節、基因庫、廢棄物與養分之分解循環等；而選擇價值則是指將環境資源保留到以後的某個階段再使用，該資源可能獲取的價值，各種價值分類如圖 6.8 所示。其中，非使用價值是指不藉由直接或間接使用而產生的價值，通常是指將資源留給他人或未來世代使用時所產生的遺贈價值（Bequest value），或是純粹只是因為對資源的關心而賦予該項資源存在價值（Existence value）。

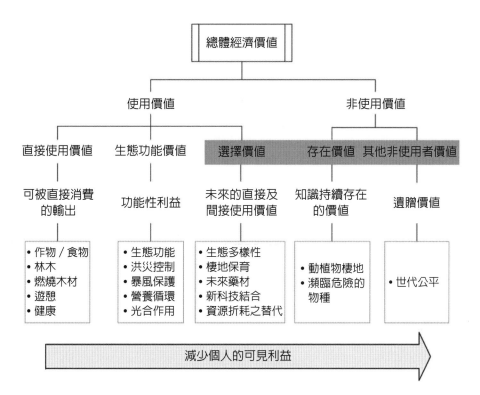

圖 6.8　環境經濟價值分類

二、環境經濟價值估算

環境價值評估可區分成「市場評估」與「非市場評估（假設市場）」兩大類方法（如圖 6.9 所示）。其中，假設市場評估法是透過問卷方式，建立環境財與準公共財等非私有財貨的模擬市場。因為在這個模擬市場中沒有實質可交易的產品或是效益，這些產品也無法直接用金錢量化，因此通常以願付價格（Willingness-to-pay, WTP）來表示產品或效益的價值。所謂願付價格是指當非市場財貨品質改變

後，受訪者願意支付的價格（或願意接受補償金額），如：空氣品質改善（惡化）10% 時您願意每年支付（或接受補償）多少元；如果一座公園能夠改善空氣品質，能夠提供遊客玩耍休憩、假日可讓家庭聚會野餐，此外，公園也能作為生態棲地，那麼保護和維護這座公園，我們願意支付多少錢，保留公園提供給我們的好處呢？透過這樣的估算，管理者便可推估環境的價值。表 6.4 各類評估環境價值的方法與比較。其中，表 6.4 所示的直接評估法指的是利用一些假設性問題直接詢問受訪者，當非市場財貨品質改變時期願付價值（或願意接受補償金額）的變動，可直接計算受訪者福利的變化；而間接評估法是必須觀察受訪者在相關市場的消費行為，間接顯現其對環境財或準公共財的評價。

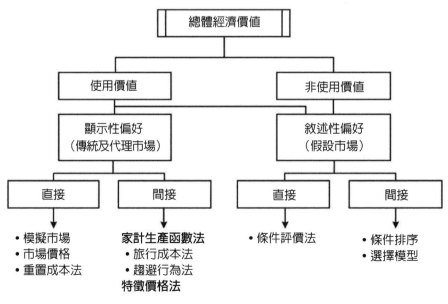

圖 6.9　環境經濟價值的估算方法

1. 市場方法

　　市場方法（Market based methods）是透過增加（或減少）實際的投入或產出，來估算市場價格和數量的變動。例如：新法令影響木材的砍伐量或是礦產的開採面積；新的水汙染防治技術對漁獲量的影響。也就是說，管理者可以評估一個環境政策、方案實行後，投入與產出（例如：作物、漁獲、原料與木材產量）的變化量，並利用這些變化量來估計整體的經濟損失（或獲益）。以下是幾種常見的市場評估方法：

(1) 生產函數法（Production function approach）

　　環境條件會影響產品的生產曲線，如果較高的環境品質標準能有效的改善環境條件並減少資源的投入（或增加產品的產出量），則供給曲線（如：作物產量）將由 S_0 移動到 S_1（如圖 6.10 所示）。在相

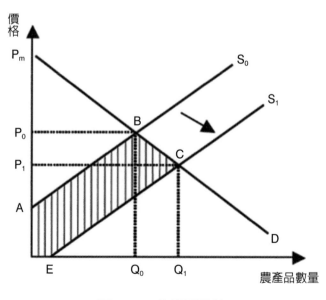

圖 6.10　生產函數法

表 6.4　各類評估環境價值的方法與比較（清華網路文教基金會，2015）

評估方法	優點	類型	各類型優點	可評估的價值
市場直接價值評估法	1. 評估所需的基本價格或是成本數據，可直接或間接於市場上取得。 2. 研究結果可真實反映市場價格現況及個人花費成本。	市場價格法	1. 市場價格較易取得。 2. 市場價格可反映個人對生態服務願意支付的額度。	直接
		趨避行為法	以環境保護投入的財貨之實際市場價格評估環境汙染的成本。	間接
		替代成本法	1. 對於間接價值的評估很有幫助。 2. 當相關資料不法取得時，此方法可用來替代其他估值方法。	直接 間接
		生產函數基礎法	1. 被廣泛應用於各種生態服務的價值評估，如水汙染、林木或濕地等。 2. 較適合用於評估單一的使用系統。	間接
		家計生產函數法	傳統的需求理論是觀察市場上商品需求的情形，而此法則著重這些商品本身於生產與消費的商品、體驗。例如：遊憩想要體驗。	間接
顯示性偏好分析	1. 無需直接從市場上取得價格。 2. 透過觀察個人偏好選擇來決定服務價值的重要性。 3. 僅能評估使用價值。	旅行成本法	藉著觀察家庭對休閒場所的旅遊成本來衡量來自休閒經驗增加的效益（支付意願）。	間接
		特徵價格法	以市場為依據數據表示實際行動，更具有說服力。	間接

（接下頁）

表 6.4（續）

評估方法	優點	類型	各類型優點	可評估的價值
敘述性偏好法	1. 無需直接取得市場價格，透過問卷方式取得相關數據。 2. 可用來評估使用價值及非使用價值。	條件評價法	1. 唯一可用於評估選擇性價值及存在價值方法。 2. 可提供一個真實衡量的整體經濟源價值。 3. 適用範圍廣，任何無法進行的其他方法進行的環境估價都可適用。	直接
		選擇模型	-	間接
效益移轉	1. 可使用過去的資料進行效益評估。 2. 直接評估目方便，無需花費太多時間於資料調查。	數值效益移轉	1. 直接移轉過往文獻研究結果，過程簡單容易。 2. 不需要花費時間建立調查資料。	使用與非使用
		效益函數移轉	1. 受研究區域的各種因素限制較小，區域間差異感敏感度較低。 2. 使用統計分析方法進行評估可靠性較高。 3. 與非效益移轉方法比較，此方法較容易，不耗費時間。 4. 節省時間成本。	使用與非使用
		統合效益移轉	1. 受研究區域的各種因素限制最小。 2. 允許使用大量過往文獻，讓研究結果更嚴謹。 3. 允許使用跨國和多國資料，使研究結果更為有效率及可靠。 4. 可掌握不同研究所使用的函數與現正方法。 5. 可更好地控制所使用文獻所研究的區域與現正研究的區域的差異。 6. 節省時間成本。	使用與非使用

同的產出水平上，農夫願意以新政策發布前更低的價格出售作物來改善環境品質。由於供給曲線移動，農產品的市場價格將由 P_0 變成 P_1，這將提升消費者剩餘，若供給曲線的移動與節省成本有關，那麼生產者剩餘也會增加。因此，從圖 6.10 可以發現，提升空氣品質標準的新政策執行後，所增加的剩餘（改善空氣品質對生產者與消費者帶來的效益）爲面積 ABCE，這面積也用來表示整體的經濟損失（或獲益）。

(2) 疾病成本法

疾病成本法（Cost of illness approach）也稱爲損害函數法（Damage function），是一種用來評價環境汙染對自然資源、人爲資產、人類健康或勞動能力造成的損害，以及這些損害所引起的經濟損失。這種方法經常以疾病所引起的額外成本（包括門診費、住院費和藥費等）做爲估算的依據。該方法以損害函數作爲計算基礎，具體的推估方法如圖 6.11 所示，主要包含了：①確定產生汙染量；②計算暴露濃度；③計算環境衝擊（發病的增加量）；④利用治療成本、工資損失和生命損失估計罹病及提早死亡的成本等幾個大項。運用疾病成本法評價環境影響導致的疾病損失，包括疾病所消耗的時間與資源，可採用方程式 (6.1)：

$$I_c = \sum_{i=1}^{N}(L_i + M_i) \qquad (6.1)$$

其中，I_c：由於環境質量變化所導致的疾病損失成本

L_i：第 i 類人由於生病不能工作所帶來的平均工資損失

M_i：第 i 類人的醫療費用（包括門診費、醫藥費、治療費、檢查費等）

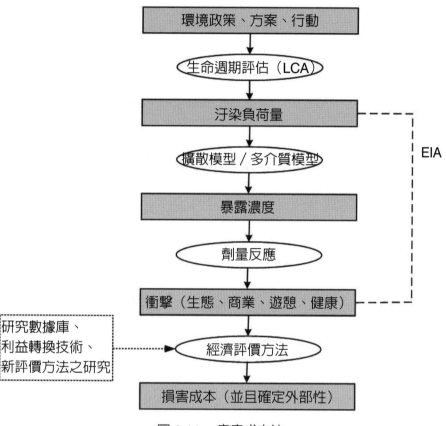

圖 6.11　疾病成本法

(3) 特徵價格法

特徵價格法（Hedonic methods approach）又稱 Hedonic 模型法或是效用估價法。此方法源於土地管理，認為房地產價格是由眾多不同的特徵所決定，各種特徵的數量及組合方式不同，導致房地產價格的差異。因此，若能有效的將房地產的價格影響因素解析出來，便能預測或控制房地產價格。同樣的，若能從某些特徵市場的價格來反映環境資源或環境品質的高低，就能衡量環境資源或品質的價值。特徵價

格法只有在環境屬性（如：房屋、土地或財產）市場價值反應出來時才適用，因此有應用上的限制，例如，它不適用於衡量關於國家公園、瀕危物種、臭氧層破壞等效益。

2. 非市場方法

　　非市場方法的觀念起源於對環境資源的評價，具有非市場特徵的財貨一般沒有辦法利用市場價格來反映它們的價值內涵，而這些財貨通常會因為各種政策或是計畫的執行而發生變動。為了衡量它們的價值，經濟學者將非市場財（Non-market goods）區分為使用價值（Use value）與非使用價值（Non-use value）兩種，但由於市場上並沒有具體的方法可以反映環境資源的價值，故其採用了顯示性偏好方法（Revealed preference techniques）與敘事性偏好方法（Stated preference techniques）兩大類評估方式來計算它們的實際價值（如圖 6.9 所示）。其中，顯示性偏好方法包括價格特徵法與旅行成本法等，缺點是其所提供的價值衡量指標並不完整，也就是只能衡量「使用價值」，無法計算「非使用價值」，而敘事性偏好方法中的條件評價法能夠有效解決這個問題，該評價方法是透過調查估算出行為者對於非市場財貨願付及願受的價格。以下說明幾種常見的非市場評估方法：

　　(1) 旅行成本法

　　旅行成本法（Travel cost method, TCM）是透過觀察消費者在相關市場的行為表現來評價非市場財貨價值的一種方法，被認為是一種用來評價公共財與環境財等非市場財貨價值的間接評估方法。旅行成本法認為旅客的旅遊需求是旅行次數、環境品質與旅行成本等變數所組成的函數，當環境品質變動時，可以透過此函數估算出消費者剩餘

的變化量，並利用這些變化量來估算環境品質發生改變後社會效益的增減幅度。也就是說，旅行成本法是透過人們的旅遊消費行爲來對非市場環境產品或服務進行價值評估，並把環境服務的直接費用與消費者剩餘相加做爲該環境產品（如：遊憩、生態服務等）的價格。

(2) 條件評價法

條件評價法（Contingent valuation method, CVM）又稱爲假設市場評價法，該方法利用若干假設性問題，以問卷調查或實驗的方式對環境財與準公共財等非私有財貨建立一個類似實際交易市場的「模擬市場」，誘導出個人對某種市場財貨（Non-market goods）的偏好或評價，來表達其願意支付的價格（或願意接受補償的價格），如：空氣品質改善（惡化）10% 時您願意每年支付（或接受補償）多少元？得到資料後，再經由計量模型估計出此財貨的經濟價值。這個方法所設計的假設性問題並非以受訪者對事物的意見或態度爲內容，而是以個人在假設條件下對事物的評價，所以稱之爲條件評價法。這方法除了能對環境財與準公共財中的使用價值進行評估，也可估計財貨的非使用價值或存在價值。

第三節　環境成本與效益分析

成本效益分析是一種從經濟層面來評估一項政策、方案或行動是否符合經濟效率的方法，它可以被用來量化方案的投資報酬率，並協助決策者從若干方案中選出具有最小成本與最大效益的方案（最低的「投入」或最高的「產出」）。因爲這個特性，成本效益分析也有助

於政府預算的分配與運用，協助民眾監督政府是否把每一分錢花在刀口上，回應政府對納稅義務人所肩負的公共責任。環境成本與效益的種類與特性差異頗大，為了建立統一的比較基準，決策者會將一個政策、方案或行動所衍生出的各項環境衝擊（包含正外部性或負外部性）以「貨幣」的方式呈現出來。將各種成本與效益以貨幣方式呈現後，決策者便可根據以下兩個常見準則進行方案選擇：1. 淨利益最大，任何一種抉擇情境，選擇產生最大淨利益之方案；2. 利益或成本之比例愈高，方案愈有效率。同時，當成本效益分析後得到負面的結果時，如：會產生大氣汙染或浪費國家的資源時，政府便可以利用適當的政策工具（如：減排制度、徵稅等方案）來減少對環境的損害。

一、成本效益分析的程序

以生命週期評估為基礎的環境成本估算是系統理論的應用，跟系統理論一樣，生命週期成本分析包含：確認分析目標、界定系統範疇、確認系統單元與物件、確認盤查清單、成本分析與盤查、綜合分析、參數敏感度與不確定性分析等幾個步驟（如圖 6.12 所示）。前四個步驟主要在確認產品成本估算的概念模型，第五、六個步驟的重點在於成本的估算，最後的步驟則用以說明模式結構、參數與係數的不確定性對分析結果的影響。

步驟一：確認分析目標與系統範疇

如同生命週期評估一樣，系統分析的第一個步驟就是確認系統目標與範疇，在成本效益分析過程中，決策者必須先確認成本效益的分析目的（Goal），如：方案選擇、績效評估或是確認系統內的重要影

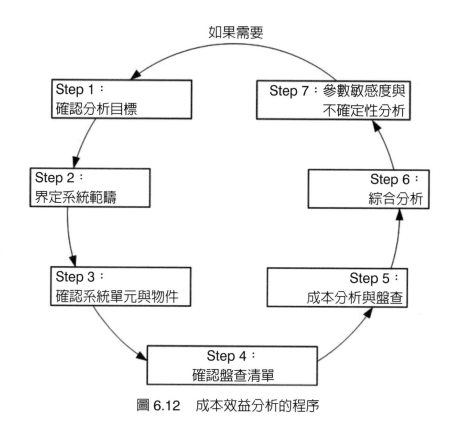

圖 6.12　成本效益分析的程序

響因子，並決定評量分析的目標（Objective）與方式，如下：

1. 淨現值準則（Net present value, NPV）

　　淨現值是將一服務期限內之現金支出及收入皆轉成每一期（年、半年、季或月等單位）等值的方法。淨現值法將各年度的收入與支出換算成某一年的現值，並計算收入與支出的淨現值，而根據淨現值的大小來評價投資方案的可行性。若淨現值為正，則該項投資方案的收入大於支出，投資方案具有可接受性；若淨現值是負值，則理論上該

項投資方案具不可接受性。

$$PV = \sum_{t=0}^{N} \frac{B_t - C_t}{(1+r)^t} \qquad (6.2)$$

其中：

PV > 0，計畫值得投資，PV 值愈大愈值得投資。

B_t：t 時期的環境效益

C_t：t 時期的環境成本

r：利率

n：投資項目的壽命週期

2. 內部報酬率法則（Internal rate of return, IRR）

$$\sum_{t=0}^{N} \frac{B_t - C_t}{(1+\rho)^t} = 0 \qquad (6.3)$$

其中：

內部報酬率（ρ）：使淨效益現值為零之貼現率。

r：單位代價（資金機會成本；貼現率）

當 ρ > r，表示該計畫所使用資源之單位報酬大於單位代價，計畫值得投資。

3. 效益—成本比率（Benefit/Cost ratio, BCR）

$$R = \frac{\sum_{t=0}^{N} B_t / (1+r)^t}{\sum_{t=0}^{N} C_t / (1+r)^t} \tag{6.4}$$

其中：

效益—成本比率又稱益本比。

R > 1，表示社會效益現值大於社會成本現值，其淨社會效益現值必然為正。

確認完評估的目的與目標後，決策者便可進一步界定系統的範疇，其目的是要確認成本與效益評估的範圍。和系統分析一樣，決策者必須決定待評估對象的系統尺度（包含時間尺度、空間尺度以及內容尺度）。例如：評估的時間範圍是 1 年、10 年，也可能包括一個完整的生命週期或另一個時間框架；評估物理系統邊界應該是策略事業單位、公司還是整個組織／企業；在空間上，是汙水處理廠內的一個單元、一座汙水處理廠、一個流域，還是包含了海岸區域。所謂時間尺度指的是評估的內容是否包含生命週期中規劃、興建、營運與廢棄等四個階段，所謂空間尺度指的是確認評估對象的影響範圍，是屬於局部性、區域性，還是全球性的影響，內容尺度指的是評估應涵蓋的成本與效益內容，亦即決策者需要了解在時間與空間範圍內，待評估對象可能產生的成本項目以及效益項目。圖 6.13 展示了系統範疇界定對評估結果的影響，系統一與系統二是系統三的子系統，系統一中有兩個投入成本以及一個產出價值。若評估範圍定義為系統三，則

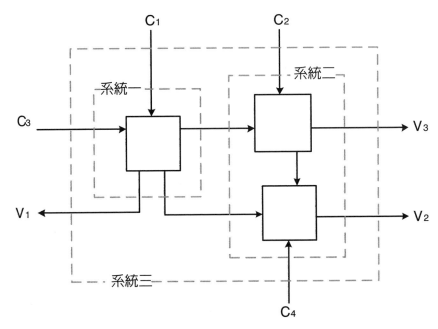

圖 6.13　系統範疇的界定

評估內容將涵蓋四個成本投入與三個產出價值，因此系統的範疇會決定了成本與價值的評估結果。不考慮生命週期的成本與價值評估，系統尺度一般較小，評估的項目與計算也相對簡單。

　　例如，當我們要分析一個水資源利用方案可能產生的經濟價值時，管理者需先界定該方案對生態、社會與經濟環境的影響範圍。以圖 6.14 為例，管理者可以從工程經濟的觀點，分析該方案的投資報酬率以及還本期限，以工程效益的角度分析該方案是否具有經濟效益。管理者也可以放大評估範圍，將評估系統從系統 1 逐次放大到中型系統 2、大型系統 3 以及區域尺度的系統 4。當管理者選擇不同的環境系統邊界後，則應評估的環境成本與效益項目也將隨之改變。以

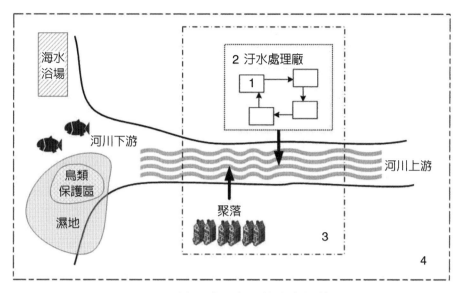

圖 6.14　地理邊界與評估內容的差異

圖 6.14 所示的案例而言，當管理者選擇大型的區域性尺度做為評估邊界時，則開發方案對於下游地區的海水浴場、鳥類保護區與濕地生態的影響便應納入。此時，經濟效益評估將從簡單的使用價值擴展至非使用價值評估。

步驟二：確認成本與效益的評估項目

　　要評估一個政策、方案或行動的成本效益，必須先確認政策、方案或行動的利害關係者（Stakeholder），並一一列出政策與方案對利害關係者可能造成的成本損失以及可能產生的效益項目。同時管理者必須決定哪些利害關係者所關心的成本或效益項目應優先納入考慮，哪些是可以被排除的。這些成本或效益內容，與決策的目的以及系統邊界有非常大的關係。一個大系統可能牽涉到各種經濟或財政的外部

性（Economic or fiscal externalities），估算上相對困難。因此，在完成範疇界定後，便必須確認成本與效益分析的成本及價值項目，而這些項目就是某一個政策或方案可能受到的各種影響。

為了將政策或方案造成的環境損害納入成本分析之中，管理者可以利用環境成本會計從生命週期成本的觀點來辨認與量化產品、製程或企業運作中與環境相關的直接或間接的成本。如前所述，產品生命週期成本可被區分為「生產」與「環境」兩個主要階段。所謂生產階段是指從原料抽出至產品分配階段，這個階段的成本主要直接來自於生產者，包括產品的售價，其他如原物料、能源與薪資，也是常見的成本。這些成本可見度高，另一種來自於生產者的間接成本，其能見度並不高，這些成本包括減少汙染的成本、減低工作環境風險的行動成本以及生產產品的間接需求。從分配到廢棄的第二階段可稱為環境階段，該階段成本的能見度較低，這些成本與購買者有關，通常發生在消費行為之後。此外，在產品生命週期的各個階段中，社會成本都是以汙染型式所產生，且主要來自於資源濫用與消耗，這屬於外部環境成本又稱為外部性，其能見度也相當低。日本環境廳於 1999 年公布一項自願性質的環境會計帳指引（Environmental accounting guideline），作為公司環境會計帳的參考標準。在這個標準中，環境成本項目被分成企業營運成本、供應商及客戶之上下游關聯成本、管理活動成本、研究發展成本、社會活動成本以及損失和補償成本等六大類（如表 6.1 所示）。因此，在考量成本效益的評估目的並確認評估的範疇與規模後，決策者便可以確認成本的評估項目。技術上，管理者在確認評估範疇後，可以利用階層化的方式（如圖 6.15 所示）進行各種成本與效益項目的確認。

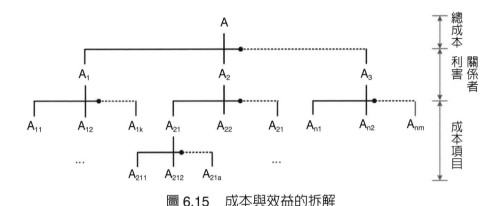

圖 6.15 成本與效益的拆解

以圖 6.14 的案例爲例，如果管理者選擇以區域性的環境系統做爲評估邊界，則此開發方案的利害關係者包含了：漁業、鳥類保護、濕地管理、水權擁有者以及海水域場等。確認了受影響的利害關係者後，管理者便可以進一步確認每一個利害關係者所受到的直接與間接效益（或成本），並進行每一個效益（或成本）項目的量測。

步驟三：評估環境成本與效益

用貨幣單位來衡量一個政策或開發行爲對健康與環境的影響，是決策管理中常用的一種方式。環境損害貨幣化（Monetization）隱含了兩個主要概念：一是直接測量損害的成本將其量化，如：犯罪的成本；二是當環境衝擊無法在市場上直接測量時，可以透過意願給付（Willingness to pay, WTP）來量化某一個政策或開發行爲所導致的環境損害（Environmental damage）。而透過外部成本與效益的估算，決策者便可以將一些具有高度潛藏特性（或可見度較低）的環境成本與環境價值內部化，以得到一個更正確的評估結果。爲了獲得一個一

致性的評判基準，成本與效益評估會把所有的評估結果貨幣化並加以彙整比較，並做為政策或方案的選擇依據。

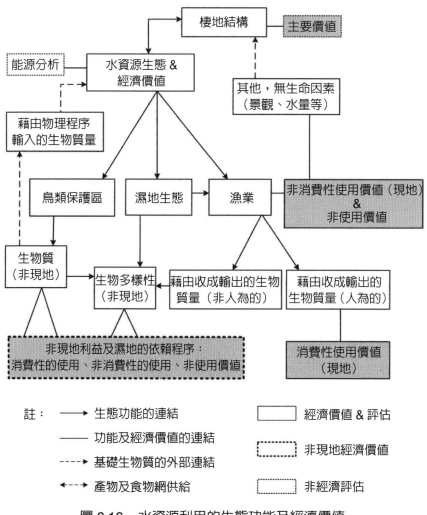

圖 6.16　水資源利用的生態功能及經濟價值

表 6.5　開發計畫的外部成本（環保署網站）

損害種類			範例	損害衡量方法
人類健康惡化		提升死亡率	提升→癌症致死風險 　　　急性病致死風險	趨避行為法 特徵價格法 假設市場價值評估法 效益移轉法
		提升罹病率	提升→罹癌風險 　　　罹患氣喘風險 　　　罹患腸胃病風險	趨避行為法 特徵價格法 假設市場價值評估法 效益移轉法 罹病成本法
生態環境惡化		休憩活動	降低價值→ 　野外休憩、游泳、步行、 　釣魚、泛舟、景觀	趨避行為法 特徵價格法 假設市場價值評估法 效益移轉法 遊憩需求法 生產函數估計
		生態系統服務價值	降低生態服務價值→ 　調節氣候、減少洪災、補 　助地下水、過濾沉積物、 　土壤修復、營養循環、花 　粉傳遞、生物多樣性、水 　質改善、土地肥力、病蟲 　害控制	趨避行為法 假設市場價值評估法 效益移轉法 生產函數
		非使用價值	相關物種之數目	假設市場價值評估法 效益移轉法
農業生產力降低—市場財貨			減少收穫→ 　食物、皮毛、木材、棉花	效益移轉法 生產函數估計
物質材料損害增加			增加→ 　土壤流失、海岸侵蝕	趨避行為法 生產函數法 效益移轉法

（接下頁）

389

表 6.5（續）

損害種類	範例	損害衡量方法
景觀美質惡化	視覺、嗅覺、味覺	趨避行為法 特徵價格法 假設市場價值評估法 效益移轉法

步驟四：成本與效益的時間價值

　　從機會成本的角度來看，投注到一個計畫或方案上的資金，還有其他的選擇，如：將資金投入其他的計畫或方案中，或是不進行任何的投資而直接將資金存入銀行之中賺得利息。因此投入成本的計算需考慮資金孳息所帶來的價值，因為孳息及資金（或本金）與利率因素有關外，時間是一個非常重要的關鍵。因此在考慮一個方案或計畫的成本時，必須考慮時間所造成的貨幣價值變動。任何項目、規劃往往需要跨越一定的時間段，因為費用和效益與建設週期、規劃週期有關，所以費用與效益的發生時間也不盡相同，而在環境經濟評價中必須考慮時間因素。因此，常利用貼現率（Discount rate）把未來的各種效益和成本折算成現值的估量，也就是運用貼現率把不同時期的成本與效益轉化為同一水平年的現值，使整個時期的費用或者效益具有可比較性。

1. 經濟約當量（Economic equivalent）

(1) 單利

　　單利計算是指利息所得不會併入本金。換言之，在單利情況下，縱使不取回利息，也不會在剩餘的時間產生額外的利息。因此若以單

利方式計算利息，則在利率（i）與期數（N）確定之後，本金（P）與利息（I）之間的關係，可以方程式 (6.5) 表示。而在 N 個計息週期後以本金與利息總合（F）將如方程式 (6.6) 所示。

$$I = (iP)N \tag{6.5}$$

$$F = P + I = P(1 + iN) \tag{6.6}$$

其中：

I：為 N 期後的利息

i：為利率

P：為本金

F：N 個計息週期後本金與利息總合

(2) 複利

在複利狀況下，每一週期所獲得的利息是基於前一週期的本金與利息總合來計算的。換句話說，如果在利率 i 的情況下，存入 P 元本金，則第二個週期本金（P）與利息（I）之間的關係如方程式 (6.7) 所示。這種利滾利的過程一直重複生長發生，在第 N 個週期後，這種累積的價值 F 將如方程式 (6.8) 所示。因此，經濟約當量的轉化如圖 6.17 所示。

$$P(1 + i) + i[P(1 + i)] = P(1 + i)(1 + i) = P(1 + i)^2 \tag{6.7}$$

$$F = P(1 + i)^N \tag{6.8}$$

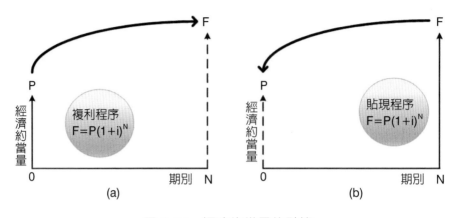

圖 6.17　經濟約當量的計算

案例 6.1：投資選擇

　　政府想要投資 10,000 萬元進行汙染改善工程，改善工程以五年為單位，五年內每年會有 5,310 萬元的獲益，五年期滿後預計可獲得投資殘值 2,000 萬元。假設每年需支出 3,000 萬元的維護費，若政府希望這項改善工程需有 10% 以上的投資報酬率，試問此投資計畫是否可行？

解答 6.1

1. 將上述的問題根據資金的收入與支出畫成如圖 6.18 的現金流量圖。

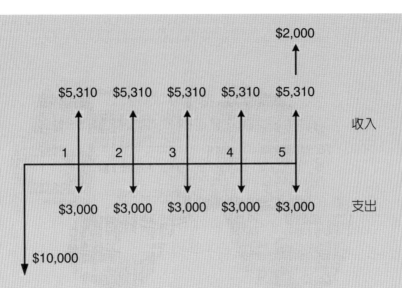

圖 6.18　投資方案與現金流量圖

2. 利用方程式 (6.8) 將各年度的金額，轉換成第一年的

(1) 五年內現金收入：

$$F = P[(1+i)^{N-1} + (1+i)^{N-2} + (1+i)^{N-3} + (1+i)^{N-4} + ... + (1+i)^0]$$

其中：

P = 5,310 萬元

i = 10%

N = 5 年

將其數值代入上式，方程式如下

$$
\begin{aligned}
F &= 5,310[(1+0.1)^4 + (1+0.1)^3 + (1+0.1)^2 + (1+0.1)^1 + ... + (1+0.1)^0] \\
&= 5,310 \times [1.1^4 + 1.1^3 + 1.1^2 + 1.1 + 1] \\
&= 5,310 \times (1.4641 + 1.331 + 1.21 + 1.1 + 1) \\
&= 5,310 \times 6.1051 \\
&= 32,418（萬元）
\end{aligned}
$$

(2) 每年支出：

$$F = P[(1+i)^{N-1} + (1+i)^{N-2} + (1+i)^{N-3} + (1+i)^{N-4} + ... + (1+i)^0]$$

其中：

P：3,000 萬元

i：10%

N：5 年

$$F = 3,000[(1+0.1)^4 + (1+0.1)^3 + (1+0.1)^2 + (1+0.1)^1 + ... + (1+0.1)^0]$$
$$= 3,000 \times [1.1^4 + 1.1^3 + 1.1^2 + 1.1 + 1]$$
$$= 3,000 \times (1.4641 + 1.331 + 1.21 + 1.1 + 1)$$
$$= 3,000 \times 6.1051$$
$$= 18,315 （萬元）$$

A. 期初投資：10,000（萬元）

B. 期末殘值：2,000（萬元）

3. 現值總計

總收入 − 總支出 = 32,418 + 2,000 − 18,315 − 10,000 = 6,103，其值大於 0，可知此投資方案到五年後會回本，故此投資計畫可行。

案例 6.2：經濟約當量與不規則現金流

　　若地方政府預計興建一環保設施，已知在興建完成後第一、二、四年分別會有 25,000 萬、3,000 萬以及 5,000 萬的預算支出額度，請問若將不同時期的經費支出轉換成現值，則興建該項環保設施需要的經費為何？（假設利率為 8%）

解答 6.2

　　1. 將上述的問題根據資金的收入與支出畫成如圖 6.18 的現金流量圖。

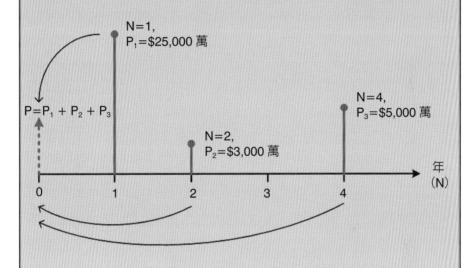

圖 6.19　經濟約當量與不規則現金流量圖

　　2. 總需求經費為

$$P = P_1 + P_2 + P_3 + P_4$$
$$= 25,000 \times [(1+0.2)^0]$$
$$+ 3,000 \times [(1+0.2)^1 + (1+0.2)^0]$$
$$+ 0 \times [(1+0.2)^2 + (1+0.2)^1 + (1+0.2)^0]$$
$$+ 5,000 \times [(1+0.2)^3 + (1+0.2)^2 + (1+0.2)^1 + (1+0.2)^0]$$
$$= 25,000 + 6,600 + 0 + 26,840$$
$$= 58,440 \text{（萬元）}$$

案例 6.3：物價指數與成本修正

　　消費者物價指數（Consumer price index, CPI）是測量商品和服務零售價格隨時間變化的平均成本，當消費者物價指數上升時，代表一般家庭需要花費更多的金錢才能維持相同的生活水準。經濟學家用通貨膨脹（Inflation）來描述一般物價持續上升的現象，而通貨膨脹率（Inflation rate）為物價水準的變動百分比。例如：知名棒球明星貝比·魯斯與羅德里奎茲的年薪分別是 1931 年的 8 萬美元以及 2007 年的 2,800 萬美元，因為魯斯年代的物價比現在低很多，因此若想比較他們的薪水差異，我們就必須找到一個可以將不同時期的金額轉換成購買力的方法，這正是消費者物價指數（Consumer price index）的工作。物價指數會依據類別不同而有差異，表 6.6 是台灣地區營造工程物價指數列表，對與汙水處理廠等土木工程類的設施，便可利用表 6.6 進行物價的修正。以表 6.7 台灣地區工業區汙水處理廠成本資料為例，利用台灣地區營造工程物價指數，便可將成本資料修正到同一個物價水準上並進行比較。

表 6.6　台灣地區營造工程物價指數

年份	土木工程總指數	材料類	勞務類	公路類	橋梁類	下水道工程類	治水工程類
2015/6	101.15	99.15	104.51	101.81	95.39	101.39	103.42
2015/7	100.54	98.15	104.53	100.84	94.97	100.67	103.11
2015/8	100	97.28	104.55	100.02	94.63	100.08	102.87
2015/9	99.78	96.93	104.55	99.76	94.51	99.8	102.76
2015/10	99.19	95.99	104.54	99.08	93.82	98.74	102.29

（接下頁）

表 6.6（續）

年份	土木工程總指數	材料類	勞務類	公路類	橋梁類	下水道工程類	治水工程類
2015/11	99.03	95.72	104.54	98.93	93.67	98.59	102.12
2015/12	98.69	95.14	104.58	98.52	93.53	98.28	101.86
2016/1	98.45	94.81	104.51	98.34	93.36	98.02	101.65
2016/2	98.25	94.47	104.53	98.1	93.17	97.77	101.5
2016/3	98.32	94.61	104.48	98.31	93.1	97.85	101.5
2016/4	99.16	95.96	104.49	99.64	93.56	99.16	101.96
2016/5	99.63	96.73	104.49	100.18	93.94	100.06	102.26
2016/6	99.05	95.78	104.48	99.33	93.47	99.1	101.78
2016/7	98.74	95.27	104.51	99.02	93.19	98.66	101.44
2016/8	98.67	95.15	104.54	99.09	93.07	98.48	101.41
2016/9	98.43	94.74	104.58	98.73	92.88	98.27	101.32
2016/10	98.24	94.45	104.54	98.49	92.6	97.88	101.24
2016/11	98.7	95.22	104.51	99.23	92.94	98.57	101.52
2016/12	99.56	96.60	104.48	100.5	93.35	99.54	101.87
2017/1	100.09	97.31	104.74	101.29	93.72	100.08	102.06
2017/2	100.16	97.37	104.82	101.42	93.72	100.02	102.04
2017/3	100.57	98.04	104.8	101.9	93.95	100.55	102.38
2017/4	100.31	97.61	104.84	101.43	93.81	100.07	102.25
2017/5	99.81	96.79	104.85	100.72	93.45	99.33	101.87
2017/6	99.86	96.87	104.87	100.81	93.63	99.48	101.94
2017/7	100.12	97.12	105.14	101.25	93.83	99.8	102.07

表 6.7　台灣地區工業區汙水處理廠成本資料庫

編號	汙水廠位置	設計容量（10^3 CMD）	總建造成本（百萬元）	修正後總成本（2017/7百萬元）	建造年份	營建工程物價指數
1	鳳山	0.4	0.28	0.37	1987	75.64
2	永康	3	2.34	3.25	1985	72.19
3	桃園	3.3	2.91	2.52	1992	115.72
4	斗六	3.5	3.7	4.03	1989	92.00
5	光華	5	7.41	7.72	1990	96.15
6	屏南	6	14.6	11.97	1993	122.10
7	大里	6	7.56	7.87	1990	96.15
8	全興	7	12.1	9.92	1993	122.10
9	官田	10	10.4	12.77	1988	81.57
10	新營	11	4.4	5.82	1987	75.64
11	幼獅	11	6.67	9.19	1984	72.64
12	芳苑	12	13.7	11.23	1993	122.10
13	民雄	12	5.93	8.22	1985	72.19
14	平鎮	12.5	14.07	11.96	1994	117.75
15	五股	12.5	17.59	17.61	1991	100.00
16	南崗	16	17.85	17.87	1991	100.00
17	湖口	21	11.48	15.64	1980	73.50
18	台中	25	12.22	16.37	1981	74.73
19	中壢	33.5	876	735.84	1995	119.19

步驟五：敏感度分析

　　敏感度分析（Sensitivity analysis）的目的是藉由變動模式的系統參數（如：狀態變數、環境變數和初始條件）來了解系統參數值發生

變動時模擬結果的變化量。敏感度分析一般可區分成確定性（Deter-ministic）及機率性（Probabilistic sensitivity analysis）二種類型。在確定性敏感度分析中，參數為一定值，進行敏感度分析時，管理者調整這些系統參數值並使這些參數值在合理的範圍內進行變動，並觀察系統輸出的變化量。在相同的變化量下，某一個系統參數導致系統輸出產生較大的變化時，則稱該參數對系統具有較大的敏感度。確定性敏感度分析可進一步區分成單因子（One-way）與多因子（Multi-way）敏感度分析。所謂多因子敏感度分析是決策者根據實際案例進行各種情境假設（Scenario analysis），並設定不同的參數組合，一次改變一組的參數值以了解一組參數發生變動時對成本效益分析結論的影響。機率性敏感度分析則以機率分布來表示系統參數的變化，透過隨機抽樣的方式（如：蒙地卡羅模擬 Monte carlo simulation）隨機決定系統參數值，經過一連串的隨機抽樣後，決策者將可獲得成本效益分析結果的機率分布狀況，透過機率分布的離散程度決策者可以了解分析結果的不確定性程度。良好的敏感度分析取決於參數（含假設）的選取、參數的變動範圍以及參數機率分布的型態，因此敏感度分析的成果報告中，應明確說明有哪些參數納入敏感度分析之中、這些參數的變動範圍以及參數的機率分布型態，對於未納入敏感度分析的參數也應敘明理由。以成本分析為例，若投資計畫中的某項因素變動之後，會對該方案的淨現值或內部報酬率有很大的影響，則稱該項因素具有較大的敏感度。

案例 6.4：敏感度對投資組合的影響

　　某一鋼鐵廠欲投資興建一套靜電集塵系統，已知初期投資金額為 9,000 萬元，預期五年內回收，並估計這五年之中，每年會減少 4,310 萬元的空汙費，期滿後該系統具有 1,800 萬元之殘值，每年維修費用為 2,000 萬元，請問在甚麼樣的利率條件下，此鋼鐵廠可以考慮興建靜電集塵系統？

解答 6.4：

　　若投資方案之實際報酬大於最低投資報酬率者，因效益大於支出，故鋼鐵廠可投資此套防治設備，因不同的利率水準會影響淨現值，因此將不同利率下所獲得的淨現值整理成表 6.8。由此可以發現當利率水準在 25～26% 之間時，淨現值由正轉負，顯示當利率增加時淨現值逐次遞減，超過 26% 時淨現值已為負值，從經濟成本與效益的觀點而言，鋼鐵廠應考慮放棄此項投資案。此案例顯示當利率具有不確定特性時對投資方案的影響。若投資金額或每年的維護費用也具有不確定性時，則可一併納入考量。

表 6.8　不同利率之現值（萬元）

r	現值	r	現值	r	現值
5.0%	4721	25.0%	112	28.0%	−317
10.0%	3184	26.0%	−36	29.0%	−450
20.0%	942	27.0%	−179	30.0%	−579

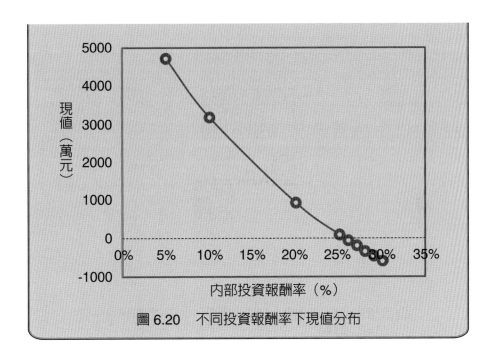

圖 6.20　不同投資報酬率下現值分布

步驟六：綜合評估與方案選擇

當決策者面臨多重目標選擇問題時，也就是從多個備選方案中擇優選擇一個或兩個最適方案時，通常會選擇適當的經濟評價方法或指標，來評價每一個備選方案的良莠。為了讓所有的備選方案能有一個共同的比較基準，決策者通常會把各種不同的指標數值轉化成價值，並以貨幣量表示之。也就是針對每一個備選方案的經濟效益進行計算、分析和比較，並從中選出最優方案。常見的經濟評價方法常見的有：回收期限法（Payback period）、淨現值法（NPV）淨現值法及內部投資報酬率（IRR）等方法，這些方法的優缺點如表 6.9 所示。

表 6.9　常見的經濟評價方法的比較

方法	優點	缺點
回收期限法	• 簡單且易於計算與了解。 • 可以得知投資計畫之成本於何時可完全收回。	• 未能衡量經濟之報酬。 • 未考慮到貨幣的時間價值，低估了回收期限。
淨現值法	• 考慮到時間亦具有價值。 • 考慮到投資計畫之經濟利益之大小。	• 由於現金流量及折現率之預測均具有高不確定性，錯誤決策風險高。 • 不同投資案風險大小不一，NPV 用相同之最低投資報酬率將現金流量予以折現易偏頗，應採不同之折現率才對。
內部投資報酬率	• 考慮貨幣具有時間價值。 • 考慮到投資計畫的經濟利益之大小。 • 將投資計畫之獲利能力以一單一之比率（IRR）加以表達，可與其他比率相比較。	• IRR 是一個比率，因此未考慮到投資額度之大小及現金流量之大小。 • 未考慮到各投資案報酬不同。 • 因 IRR 為未知數，當計畫之存續期間超過二期且現金淨流入量有時正數、有時負數，易造成分析上困擾。

案例 6.5：汙水處理廠投資方案選擇—回收期限法

　　回收期限法，主要利用現值法計算每一年的現值，進而觀察哪一年中總金額為正值，即為回收期限。案例如下，某一工程顧問公司投資一項 $25,000 美元的汙水廠建造計畫，每年淨利 $8,000 美元，希望五年期滿可獲得投資殘值 $5,000 美元，投資公司在投資計畫之利率為 20% 以上時才接受，試計算其回收期限。

解答 6.5：

　　回收期限法是用來計算一個投資計畫，在正常的經營條件下回收總投資金額所需的時間（如方程式 (6.9) 所示）

$$\sum_{t=1}^{r} C_t - C_0 = 0 \qquad\qquad (6.9)$$

其中：

　　t 為回收期限，C_t 為 t 時期的現金流量，C_0 為初始投資金額因此在將上述問題繪製成現金流量圖（如圖 6.21）後，可利用淨現值法計算每一年的淨現值，然後利用增資方法計算每一年現值，再將總金額扣除投資金額，當總金額超過投資金額時，此刻時間為回收期限。

　　第一年現值：$PV_1 = 8000 \times (1+0.2)^{-1} = 8000 \times \dfrac{1}{1.2} = 6{,}667$ 萬元

　　第一年累積的現金流量：$P_1 = P - PV_1 = -25{,}000 + 6{,}667 = -18{,}333$ 萬元

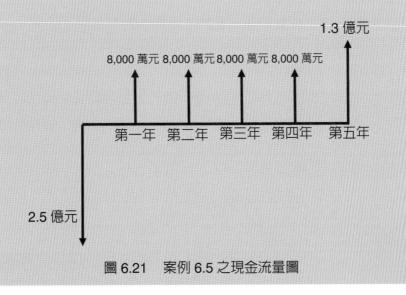

圖 6.21　案例 6.5 之現金流量圖

第二年現值：$PV_2 = 8000 \times (1+0.2)^{-2} = 8000 \times \dfrac{1}{1.2^2} = 5,556$萬元

第二年累積的現金流量：$P_2 = P_1 - PV_2 = -18,333 + 5,556 = -12,778$ 萬元

同理

第三年、第四年的現值分別為 4,630 萬元、3,858 萬元，累積現金流量分別為 -8,148 萬元與 -4,290 萬元。

最後第五年，因有殘值關係，故現值計算方式為：

$$PV_5 = 8000 \times (1+0.2)^{-5} = 13,000 \times \dfrac{1}{1.2^5} = 5,224$$萬元

第五年累積現金流量為：

$$P_5 = P_4 - PV_5 = -4,290 + 5,224 = 934$$萬元

整體來看，第四年的累積現金流量為負值，而第五年的累積現金流量為正值，因此回收期限為 5 年。

案例 6.6：汙水處理廠投資方案選擇—淨現值法

環保署預計興建一個汙水處理廠以解決河川汙染的問題，目前有 A、B 兩個獨立方案，其投資與支出資料如表 6.10 所示，請問哪一個汙水處理廠較具經濟有效性？

表 6.10　汙水處理廠之兩種方案

項目	方案 A	方案 B
期初成本（萬元）	24,000	30,400
每年維護成本（萬元）	4,320	4,520

（接下頁）

表 6.10（續）

項目	方案 A	方案 B
每年人工成本（萬元）	26,400	24,000
每年額外所得稅（萬元）	480	608
殘值（萬元）		3,000
壽命	5	5
年利率	10%	

解答 6.6：

從題目來看，主要談的是哪一種方案成本最低，故在此分別進行探討，以此爲例，壽命即爲評估年限

1. A 方案

　　(1) 期初成本：24,000 萬元

　　(2) 每年支出總成本：31,200 萬元

　　(3) 由於壽命爲五年且利率 10%，其現值如下

$$
\begin{aligned}
PW(10\%) &= \sum_{0}^{5} F_k (1+i)^{-k} \\
&= 31{,}200 \times (1+0.1)^0 + 31{,}200 \times (1+0.1)^{-1} + 31{,}200 \times (1+0.1)^{-2} \\
&\quad + 31{,}200 \times (1+0.1)^{-3} + 31{,}200 \times (1+0.1)^{-4} + 31{,}200 \times (1+0.1)^{-5} \\
&= 31{,}200 + 28{,}364 + 25{,}785 + 23{,}441 + 21{,}310 + 19{,}372 \\
&= 149{,}472
\end{aligned}
$$

　　(4) 總投資成本

　　　　總投資成本 $= 24{,}000 + 149{,}472 = 173{,}472$ 萬元

2. B 方案

(1) 期初成本：30,400 萬元

(2) 每年支出總成本：29,128 萬元

(3) 殘值為 3,000 萬元

(4) 由於壽命為五年且利率 10%，其現值如下

PW(10%)

$$= \sum_0^5 F_k (1+i)^{-k}$$

$$= 29,128 \times (1+0.1)^0 + 29,128 \times (1+0.1)^{-1} + 29,128 \times (1+0.1)^{-2} +$$
$$29,128 \times (1+0.1)^{-3} + 29,128 \times (1+0.1)^{-4} + 26,128 \times (1+0.1)^{-5}$$

$$= 29,128 + 26,480 + 24,072 + 21,884 + 19,895 + 18,086$$

$$= 139,546 \text{（萬元）}$$

(5) 總投資成本：

總投資成本 $= 30,400 + 139,546 = 169,946$ 萬元

3. 方案選擇

從兩個投資方案來看，主要比較的是哪一方案的總投資成本較少，即為最佳方案。從案例來看，A 方案的投資總金額為 173,472 萬元，而 B 方案的投資總金額為 169,946 萬元，A 方案金額大於 B 方案，故 B 方案為最佳方案。

案例 6.7：汙水處理廠投資方案選擇—內部報酬率法

　　如案例 6.5，若此工程顧問公司之設定的投資報酬率為 20%，試用 IRR 法評估此法是否可行。

解答 6.7：

　　要評估投資報酬率 20% 是否合理，其代表現值需大於 0，如下式：

$$PV = 0 = -25,000 + \sum_{1}^{5} 8,000 \times (1+r)^{-5} + 5000 \times (\frac{1}{1+r})^{5}$$

由於 r 為一元五次方程式，本案例利用試誤法進行估算，當 r =15%，則現值為：

$$PV = -25,000 + \sum_{0}^{5} 8,000 \times (1+0.15)^{-5} + 5000 \times (\frac{1}{1+0.15})^{5}$$
$$= -25,000 + 34,817 + 2,485$$
$$= 12,302$$

當 r = 20%，則現值為：

$$PV = -25,000 + \sum_{0}^{5} 8,000 \times (1+0.2)^{-5} + 5000 \times (\frac{1}{1+0.2})^{5}$$
$$= -25,000 + 31,925 + 2,009$$
$$= 8,934$$

　　從內部報酬率來看，現值大於 0，換句話說，其最低投資報酬率應該大於 20%，故此方案可行。

【問題與討論】

一、解釋爲何無法透過市場機制有效地分配環境資源及維護環境品質。
（95 年公務人員高等考試三級考試，25 分）

二、埔里及屏東的空氣曾監測到不佳的環境品質，但二個地區都沒有重大
的空氣汙染源，請說明爲什麼？試舉一個可改善空氣汙染經濟誘因策
略，並說明這個策略爲何具經濟誘因（亦即什麼情形下有效），並說
明在何種情形下這個策略不具經濟誘因。（95 年特種考試地方政府
公務人員考試 - 三等考試環境規劃與管理，25 分）

三、請說明何謂可交易（或稱可轉換）排放許可？爲何其具有經濟誘因？
什麼情形下才會促使交易發生？哪些情形會影響交易？（95 年特種考
試地方政府公務人員考試 - 四等考試環境規劃與管理概要，25 分）

四、試以水汙染爲例，申論「命令與控制」（command and control）及「經
濟誘因」（economic incentive）之內涵及其管理工具之種類，並闡述
爲何迄今水汙染防治工作在國際間仍以採用「命令與控制」之管理工
具爲主。（96 年特種考試地方政府公務人員考試 - 三等考試 環保行
政學，20 分）

五、試申論「汙染者付費」環境政策之內涵，並以國內現有之環保法規爲
例，說明有關汙染者付費之法制化情形。（96 年特種考試地方政府
公務人員考試 - 四等考試 環保行政學概要，20 分）

六、就河川汙染防治觀點，試定義「點汙染源」及「非點汙染源」，並針
對上述汙染源擬定一套防治計畫。（96 年特種考試地方政府公務人
員考試 - 四等考試 環保行政學概要，20 分）

七、我國除了土壤及地下水汙染整治費及可能開徵的水汙染防治費外，還

有哪兩類環境相關稅費？請列舉之。土壤及地下水汙染整治費的課徵方式爲何？其用途又有哪些？請簡要說明之。（96年環境工程技師考，20分）

八、就環境汙染防治而言，試申論「命令與控制」（command and control）及經濟誘因（economic incentive）之管理工具有哪些？有何優缺點？並以國內空氣汙染防治爲範疇，舉例配合說明之。（96年公務人員、關務人員升官等考試-環保行政學，20分）

九、何謂「旅行成本法」（travel cost method）？試以環保行政立場，申論旅行成本法在環境品質「評價」（valuation）上之應用。（96年公務人員、關務人員升官等考試-環保行政學，20分）

十、請說明爲何排放費具有經濟誘因？試繪一個成本函數示意圖說明之。且說明在什麼情形下，排放費不具經濟誘因，爲什麼？（96年公務人員高等考試三級考試-環境規劃與管理，25分）

十一、請簡要說明：（96年公務人員普通考試-環境規劃與管理概要）

　　　1. 簡述京都議定書，以及爲何它十多年後才正式生效？（8分）

　　　2. 蒙特（Montreal）公約主要內容是什麼？（6分）

　　　3. 何謂外部成本？何謂外部成本內部化？（8分）

　　　4. 1987年〔Our Common Future〕提出了一句經常被視爲永續發展的重要定義之一，請說明其意義。（8分）

十二、何謂經濟誘因政策（Economic Incentive Policies），試舉二例說明之，並說明會讓二個例子成功及失敗的因素或原因。（96年公務人員普通考試-環境規劃與管理概要，25分）

十三、請比較水汙染及空氣汙染防制在經濟誘因之異同。（99特考三等，環保行政，20分）

十四、試定義「總量與交易制度」（cap-and-trade system），並以空氣汙染防制之應用配合加以說明。再者，就排放交易（emission trading），比較「配額式交易」（allowance trading）與「信用額式交易」（credit trading）之異同。（100 薦任，環保行政，20 分）

十五、試定義「市場失靈」（market failure），並說明市場失靈造成環境汙染之立論基礎。再者，試申論政府在環保行政上為矯正市場失靈可採用之政策工具。（100 薦任，環保行政，20 分）

十六、請簡要定義「環境汙染外部成本（External costs of environmental pollution）」，並就工業區之開發，舉二例說明哪些工業區工廠的運作項目可能引發環境汙染外部成本。（100 特考四等，環保行政、環保技術，25 分）

十七、基於環境變遷與產業結構的改變，環境中新興汙染物的預防與處理常為環境管理者應事先未雨綢繆的議題，請從環境稅費與排放交易角度，說明若以「環境賀爾蒙或新興汙染物管制」為例之環境管理架構及其方法。（100 高考三級，環保行政、環境工程，25 分）

十八、請在空氣汙染領域中舉二種經濟誘因策略，說明這些策略為何具經濟誘因，並說明在何種情形下這些策略不具經濟誘因。（93. 普考）

十九、由於資源回收與垃圾減量之訴求日趨積極，其中家戶垃圾中之一般塑膠袋亦可能成為資源回收之項目或對象，若某縣市欲針對家戶垃圾中之塑膠袋進行資源回收工作，請就回收成本（cost）與回收效益（benefit）二面向，針對該行政措施進行定性且概要之成本效益評估（assessment）。（93. 四等特考）

二十、試說明汙染總量管制措施與現行汙染排放標準管制措施有何不同之處。何者對環境保護較有利？何者對經濟發展較有利？為什麼？

（93.四等特考）

二十一、何謂「成本－效益分析」（cost-benefit analysis）？並申論其理論依據及其在環境決策上之應用與限制。（94.三等特考）

二十二、人口與「環境汙染」及「資源匱乏」具有相當密切的關聯性，也有學者嘗試自這個角度來評估人類社會對環境的影響或負荷。如果你要初步評估 1985 年與 2005 年台北市環境的影響或負荷的差別，請列出你將收集的重要基本資料與數據，以及相關應該納入考慮的因子，並且請簡要說明。（94.三等特考）

第七章 環境系統設計、控制與調適

第一節 系統工程設計原理

一、系統工程設計的內涵

　　工程系統通常由軟硬體、人員、設施、程序與組織所集合而成，因此系統工程設計的內容包含了：實體系統的設計、開發、生產與操作。事實上，系統工程設計是一種包含工程、經濟與管理的跨領域學科，它常被用來設計和管理複雜的工程專案。在這類複雜的專案中，系統工程師必須同時面臨物料、機具、人員、時程、系統分工與系統整合的問題。為了發揮系統的最大效能達到資源最佳化配置的目的，系統工程師必須藉由系統設計、流程安排與資源配置等系統工程技術進行系統的最佳化規劃、設計、建造、操作以及人員訓練。因此，系統工程師的工作就是利用系統分析技術，系統性的完成產品、管理程序與處理單元的設計，以滿足不同利益關係者（Stakeholders）所設定的目標，這些目標可能是最低的資源投入（如：成本）、更快的處理效率，或是最大的效益產出。圖 7.1 是系統工程與管理的概念架構圖，系統理論講求目標（需求）導向式的設計，因此進行系統工程設計前需先確認不同利害關係者的需求，並從不同的需求中尋求共同的發展目標。目標的設定除了需盡量滿足不同利害關係者的需求外，也需考慮問題現況以及各種環境限制。良好的目標管理與正確方案選擇可以協助系統工程師正確、有效地進行系統設計，在系統工程設計的

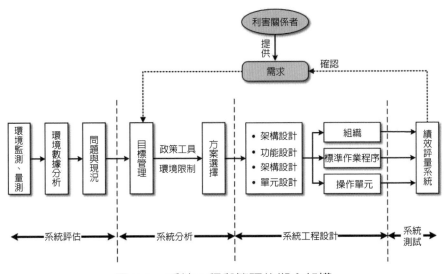

圖 7.1　系統工程與管理的概念架構

階段中，系統工程師必須由大而小的逐步完成系統架構設計、功能設計、元件設計與單元設計，並完成組織規劃、程序管理以及單元操作的軟體系統，最後則利用績效評量系統來確保各項需求的達成。事實上，系統工程設計的範疇並不只包含汙水處理場、焚化爐等實體工程單元的設計，政策、策略與方案的設計（如：環境物流管理）也可以是系統工程設計的對象。

　　系統理論講求分工與合作，亦即進行系統單元分工前必須了解系統單元之間如何整合，所以系統工程設計包含系統分解（或設計）以及重組（或整合）兩大過程。在分解與整合的過程中，系統工程師必須同時考慮系統需求、系統結構以及系統行為之間的互動關聯（如圖7.2所示）。在分解過程中，利益關係者的需求必須被完整定義並充分分析；系統的結構（如：社會結構、經濟結構、組織結構與工程結

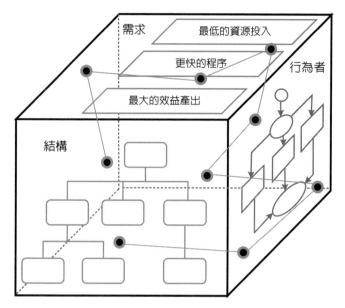

圖 7.2　系統工程的概念架構（Thomas Haduch, 2015）

構）以及結構中各個元素、要素與元件的功能和目的也必須被明確定
義；同時，系統工程師也必須在規劃過程中納入各種可能性，直到系
統輸出（行為）能滿足個別單元的效率要求以及整體性的效能需求。

　　系統工程設計與管理是一種以目的為導向的規劃與管理方法。從
系統理論的觀點來看，系統投入、系統程序與系統輸出之間必存在互
相依存、制約的關係，每一個系統都是另一個大系統的子系統，子系
統的行為必定受到更大系統的制約，而這些制約會逐次地進入更小的
子系統之內，並影響著系統內單元的運作與效能。若從系統的層級特
性來看一個工廠的系統工程設計內涵，則一個完整的系統工程設計應
包含了目標管理與策略性規劃、系統分析與系統工程設計、生產與作
業管理以及系統產出（如：產品與服務）使用等四個不同的階段（如

圖 7.3）。管理目標與策略方向為大系統，這個大系統的內容一部分成為子系統的輸入，一部分則成為子系統的外部環境，大型系統的內容以直接或間接的方式影響了「系統分析與系統工程設計」這一個中型系統，以此類推「系統分析與系統工程設計」這一個中型系統也會對更小的子系統產生制約。大系統除了以外部環境條件的形式對小系統產生制約作用外，也透過輸入及輸出的方式與小系統進行連動及反饋。

　　事實上，不同尺度的系統會透過流動（如：物質流、能量流、訊息流、人流與金流），形成相互合作、制約的系統網路。因此，環境系統工程師除了必須了解系統的層級架構外，也必須隨時掌握子系統、元件之間的互動關係，並隨時修正它們的功能與任務，才能發揮

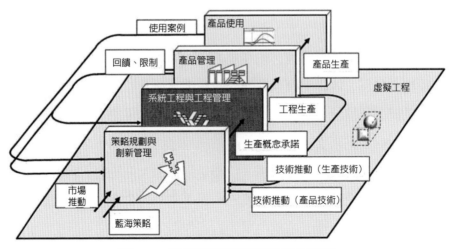

圖 7.3　系統工程與管理的概念架構

資料來源：https://www.hni.uni-paderborn.de/en/pe/research/systems-engi-
　　　　　neering-and-engineering-management/

系統最大的功效。以圖 7.3 為例，系統工程師可以根據不同利害關係者的決策目標，並在確認政策、程序、處理單元與產品的設計需求後進入系統工程設計階段。設計時需考慮後端生產系統（或管理的組織系統）的特性與限制，經過生產（或管理）系統的運作後產生產品與服務。受限於資源、技術的限制，有時產品與服務無法滿足所有利害關係者的期待，為了進行不同目標之間的妥協與修正，系統工程師必須衡量產品與服務的效能，判定是否符合不同利害關係者的目標後，進行目標、設計、生產與執行階段的修正工作。

如圖 7.4 所示，系統工程設計是一連串系統拆解與組合的過程，其中圖形左邊代表系統分解的程序、右邊則表示系統整合的過程。左邊的分解過程強調系統工程設計由「運作需求」出發，經過系統結構分析的階段，最後完成單位功能的設計。若從系統管理設計的角度來看，則是形成願景、確認管理目標與需求、進行管理系統架構設計以及管理元件的細部功能設計。圖 7.4 有水平與垂直兩個方向，水平方向代表相同系統尺度（相同作業層級）中某一項作業的分解與整合，它的目的是使設計與整合的活動相互重疊；垂直方向則代表不同系統尺度（高層級與低層級）之間的互動。可以發現，藉由不斷的反饋修正與再設計程序，系統工程師才能將較高層級的問題（如：利益關係者的需求）至低層級的問題（如：某些要素或細部單元功能設計）等逐一納入整體系統規劃之中。圖 7.4 中的水平線，將系統發展區分成設計工程與系統工程兩大部分，在設計工程這個階段中，單元設計與系統整合的活動相互重疊。這個階段中，電子、機械、化學、經濟、社會、環境等各種不同的領域專家需要被組合起來，以解決系統工程設計中可能遭遇的各種問題。為了避免過高的系統開發成本與時間，

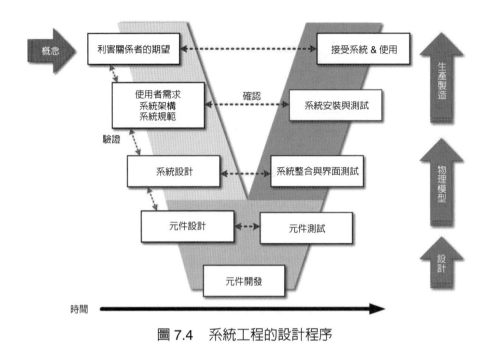

圖 7.4　系統工程的設計程序

在系統工程階段，單元設計與系統整合不會產生交集，這種設計與整合完全分離的情況通常會增加系統發展所需要的成本與時間。

　　若圖 7.4 左邊代表由大系統拆解成小系統的過程（如：定義系統需求、建立系統架構、定義系統單元功能以及系統細部設計），則圖7.4 右側描述了系統整合與品質提升的過程。一般而言，「整合」具有以下幾種意涵：系統特性項目（如：變數、參數與函數）併入系統元件（Component）之中、將低層級的元件整合到高層級以及將高層級的元件整合到系統中。整合的過程中必須測試新的整合系統，才能驗證設計、元素與需求之間是否相互吻合。在系統進行驗證後，必須經過確認，再由利益關係者決定哪個系統才是最合適的。一般而言，當這個過程發生問題時，就必須回到系統中的設計元素或設計過程的

需求重新修正。

　　系統的整合開始於「分解與定義」這個步驟。整合與品質提升（Qualification）也是系統設計的一部分。品質提升的目的是為了驗證並確認系統的設計是否與需求符合。驗證需要滿足下列的條件：元素（Element）、元件、部門（Segment）或系統是否符合決策需求？一般而言，確認通常會與測試（Testing）結合，以便透過實際操作檢視系統是否符合利害關係者的需求，而藉由一次又一次的實際操作與演練是發現問題、改善問題並提升品質的最好方法。系統工程設計或是系統決策管理必須考量到系統特性項目與元件的需求及可變動性。因此，在設計階段，應進行有效的整合並且考量資源與時間的充足性，這樣才能使整合行動具備彈性且有效執行。作為一位成功的系統工程設計師，必須深知很多決策都是在發展階段確立的，但無論如何，決策應該在一個合理且明確的過程中進行。對於決策，有一個較為哲學的說法就是「決策是在最好的時間所下的最好的決定，在我們下決定時，其結果通常伴隨著各種不確定性。」更重要的是，我們應當有能力分辨好的決策與好的結果之間有什麼不同。

　　真實的環境或工程系統是複雜的，建立系統時應該廣納各種不同領域的學者共同合作，才能完成系統工程這項艱難的工作。系統工程設計強調應以目標與需求為導向，因此利益關係者在系統工程設計與管理過程中扮演非常重要的角色，不明確的系統目標經常會造成系統工程設計、管理與運作上的困難，因此尋求關鍵利益關係者也是系統能否成功建立的關鍵。而那些具備專業知識的工程師則在系統發展過程中串連各種概念進行整合與設計。這些專業的工程師不一定是來自於傳統的工程領域，也有可能是社會科學領域的專家，他們建立系統

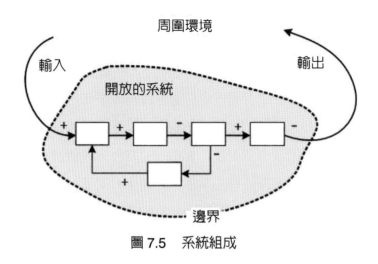

圖 7.5　系統組成

模型並評估系統的可行性與成本。分析師也是團隊中重要的行為者，他們透過大型計算機模擬系統的運作。管理者通常出現在系統建立的最後階段，他們擅長計算成本與規劃時程表。

　　進行系統工程設計時，可以簡單的將系統組成區分成「流（Flow）」與「程序（Process）」兩大類。流（Flow）通常做為處理單元的輸入或輸出，也是連接系統單元的主要元件，而事件（Events）的發生則可能會觸發、增強、減弱或抑制流動，甚至改變流的方向，真實環境系統中主要包含以下幾種流（Flow）：

- 物質流（Matter flow）：物理項目，包括任何存在的有機質。
- 能源流（Energy flow）：可以為未來程序提供動力的儲存作業。
- 訊息流（Information flow）：任何可被理解的訊息項目。
- 價值流（Value flow）：可以用來交換的貨幣或固有的價值。

程序是系統的主要處理單元，可以是實體的物件，也可以是概念性的組織或管理單元，依據處理單元的特性可將程序區分成以下幾類：

- 轉換系統：將物件轉換為新物件（Object）。
- 分配系統：提供運輸作業，使物件的所在地改變。
- 儲存系統：作為網絡中的緩衝區，並隨時間推移保持 / 儲存物件。
- 市場系統：允許價值交換。
- 控制系統：尋求從實際狀態到需求狀態的驅動物件。

若利用「流」與「程序」做為系統元件的分類依據，則可以利用表 7.1 來說明環境系統中常見的系統元件。真實環境系統中的元件組成以及元件的功能與特性會依據決策目的與需求不同而有差異，但基本的精神與內涵不會差異太大。

表 7.1　系統元件類別表

程序類別（Process）	主要的輸入與輸出項（Flow）			
	物質	能源	訊息	價值
轉換或處理	工廠	發電廠	電腦晶片	鑄幣
運輸或分配	貨運公司	電網系統	電信網絡	銀行網絡
儲存	水壩	水壩	公共圖書館	銀行
交換或貿易	網路拍賣公司	能源市場	新聞局	股票交易市場
控制或管理	健康管理公司	能源局	國際標準組織	貨幣政策

二、系統工程設計的程序

如前所述，系統工程設計主要涵蓋需求的分解與定義、設計問題的陳述以及系統的結構、功能、物理狀態的設計。從投入與產出的系統觀點來看，系統工程設計應包含「系統投入」、「需求分析」、「功能分析與分配」、「系統整合」以及「系統輸出」等幾個重要的工作項目（如圖 7.6 所示），這些工作項目裡面的內容相互關聯並相互制約，一個可行的系統方案需要透過需求與設計循環不斷地進行修正與驗證。

完整的系統工程設計應包含：「定義問題、確認需求以及系統目標與範圍」、「定義並評估可行的替代方案」、「定義系統的層級架構與功能目標」、「開發系統的功能性結構」、「開發系統之實體性結構」、「建立資源配置計畫」、「不同利害關係者的溝通與使用介面的開發」以及「建立系統查核與績效指標系統」等八個不同作業層級的設計內容。若利用投入與產出的系統概念來說明不同作業層級的設計過程，則輸入項代表該設計過程所需要的資訊，產出則是經過系統工程設計後的結果。每一個層級的系統會受到上一個層級系統的制約，也會成為下一個設計層級的投入或限制項目。表 7.2 展示了不同作業層級的重要投入與必要產出。例如，在定義問題、確認需求以及系統目標與範圍階段，系統投入是利益關係者的意見以及他們所提供的數據，產出則是系統開發的目標與功能需求。在經過這一系列層級式的分析後，不同層級的作業目標、限制便可一一完成，這過程便是系統工程設計的分解程序。

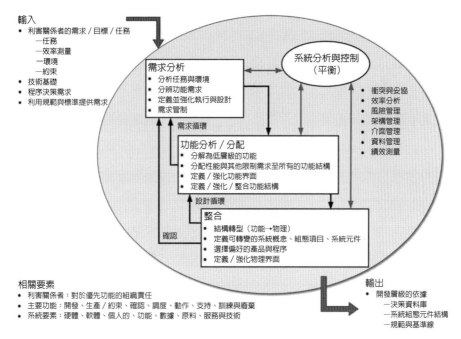

輸入
* 利害關係者的需求／目標／任務
  * 任務
  * 效率測量
  * 環境
  * 約束
* 技術基礎
* 程序決策需求
* 利用規範與標準提供需求

需求分析
* 分析任務與環境
* 分辨功能需求
* 定義並強化執行與設計
* 需求管制

系統分析與控制
（平衡）

* 衝突與妥協
* 效率分析
* 風險管理
* 架構管理
* 介面管理
* 資料管理
* 績效測量

需求循環

功能分析／分配
* 分解為低層級的功能
* 分配性能與其他限制需求至所有的功能結構
* 定義／強化功能界面
* 定義／強化／整合功能結構

設計循環

整合
* 結構轉型（功能→物理）
* 定義可轉變的系統概念、組態項目、系統元件
* 選擇偏好的產品與程序
* 定義／強化物理界面

確認

相關要素
* 利害關係者：對於優先功能的組織責任
* 主要功能：開發、生產／約束、確認、調度、動作、支持、訓練與廢棄
* 系統要素：硬體、軟體、個人的、功能、數據、原料、服務與技術

輸出
* 開發層級的依據
  * 決策資料庫
  * 系統組態元件結構
  * 規範與基準線

圖 7.6 系統工程設計架構（Defense Acquisition University Press, 2001）

　　系統分析與系統工程設計是一門以目的爲導向的應用科學，因此「需求」與「目標」是系統分析與系統工程設計的基礎，一個複雜的系統經常是多目標、多功能的整合系統，因此進行系統工程設計前，必須先釐清利害關係者、定義他們的需求以及分析他們行爲模式。不同的利害關係者會有不同的需求，這些需求經常會互相重疊，他們所在意的系統輸出（系統功能表現）也不相同，系統工程師可以利用圖7.7 所示的概念整合這些需求，以進行層級化的系統架構設計。

　　利害關係者的需求也被用來驗證單一元件與整體系統的功能，當系統功能無法滿足利害關係者的需求時，系統工程師便必須啓動反饋修正機制，修正系統的結構、提升元件的性能或改變元件之間的流動

表 7.2　不同作業層級的系統工程設計內容

系統工程設計內容	主要輸入項	主要輸出項
定義問題、確認需求以及系統目標與範圍	利益關係者的意見；利益關係者提供的數據	定義目標（如：效率與需求範圍）和環境限制
定義並評估可行的替代方案	利害關係者所提供的想法；目標層級與價值參數	各種可能替代方案或概念
定義系統的層級架構與功能目標	利益關係者的輸入項；運作概念	不同利益關係者的需求
開發系統的功能性結構	利益關係者的需求；運作概念	多目標系統的各種功能架構
開發系統之實體性結構	利益關係者的需求	實體的物理結構（如：單元、組織或程序）
建立資源配置計畫	利益關係者的需求；功能結構；物理結構	結構與資源配置
不同利害關係者的溝通與使用介面用開發	分配結構草案	不同利害關係者的溝通與作業界面設計
建立系統查核與績效指標系統	利益關係者的需求；系統的需求	品質監測、評估與控制計畫

來提升系統工程設計的品質。為了完整定義系統工程設計的需求，通常會透過下列幾個步驟來確認系統工程設計的需求與內涵：

1. 發展操作型概念（Operational concept）

　　操作型概念是從利害關係者的觀點來分析系統工程設計的需求。操作型概念用來描述相關利害關係者對系統運作的期望，這些期望可能包含了外部環境系統以及一個可靠操作環境與操作介面。例如：對於一條河川的整治與工程設計，不同的利害關係者會有不同的需求與

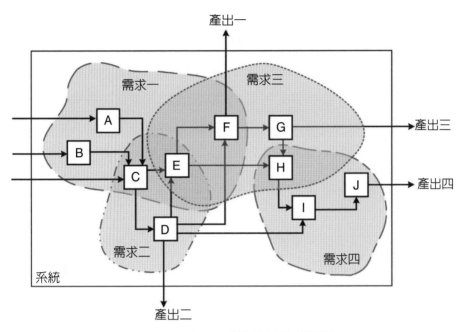

圖 7.7　單元、系統與需求的關係

期待，他們可能希望有一個豐富的生態環境、一個優美的景觀環境或是充分的滯洪納汙功能，也就是直接從系統的實際操作來界定系統的需求目標。

2. 利用外部系統示意圖界定系統邊界

確認系統需求後，可以根據這些目標與需求，劃設系統與外部環境的邊界並明確界定系統的起點與終點。這個過程比想像中的還要困難許多，因為它必須展現出系統的輸出與輸入項，還有外部系統與環境的連結。

3. 發展系統目標層級

在確認利害關係者（團體）的需求後，需要根據這些需求定義明確的設計目標。事實上。不同利害關係者的需求與目標經常是相互連結且相互影響的，甚至是互相衝突的，因此目標管理與妥協是制定系統工程設計目標的必要內容。系統工程設計強調階層式的系統設計，因此目標管理也如同圖 7.4 所示，可區分成分解與整合兩個階段。不同層級的系統目標會有不同程度的成本、成果與計畫時程，參與系統工程設計的利害關係者可以透過不同層級階段的生產要素進行有效的品質控制與決策管理。舉例來說，設計一個汙水處理廠，需要有整廠的系統目標，也需要有不同處理單元的設計目標，而後續的興建與營運成本則是系統工程設計中重要的決策要素。

一般而言，系統工程設計的目標可以區分成「基本目標（Fundamental objective）」以及「工具目標（Means objectives）」等兩大項。其中，基本目標是指從不同利害關係者需求所衍生出的目標，基本目標可以進一步解構，使它們成為一個具有階層性的價值結構或目標層級。對於系統的利害關係者而言，階級性的基本目標是他們用來判定系統價值的依據。亦即，他們可以根據這些目標提升系統的效能（或是降低成本）。工具目標並不屬於目標層級的一部分，而是指單元工具的性能目標，當基礎目標需要被改善時，可以透過物理方法來提升單元工具的性能並藉此改善基礎目標。在一個模擬模型中，通常可以透過工具目標中的變數評估系統運作的情況，如果目標層級中的變數間具有科學關係，那麼這些目標就有可能（但不一定）是功能目標而且可以將其移除。

4. 發展、分析並重新定義需求

　　這步驟是將利害關係者的需求轉換成系統的需求。利害關係者的需求可透過分析系統功能的操作概念、詳細檢驗輸出與輸入項、徹底檢驗系統的內涵與操作概念、與利害關係者討論並深入了解他們對於系統的期待等幾種方式達成。一個完整的系統模型通常需要能夠具體描繪出系統與（多個）外部系統的互動關係，系統的信賴度與可行性以及系統輸入與輸出的品質。對於利害關係者而言，系統的操作介面設計非常重要（如：民眾、作業管理、經營管理與決策管理介面），面對一個複雜的環境系統（如：垃圾隨袋徵收、交通系統設計與總量管制），利害關係者很難全面了解系統的效能與功用為何，而系統工程師的功能就是從不同的使用需求中，透過測試尋找一個最能夠被接受的方案。

5. 確定需求具有彈性

　　在進行設計前，必須先確認所有利害關係者的要求是否可行，以及目標與需求的彈性。成本、時間以及其他環境的限制，如：技術限制、行政限制。

6. 定義系統需求的品質

　　完成系統工程設計後，必須進一步驗證並確認系統產出的品質，這包含了系統中不同單元以及單元的輸入與輸出品質。系統品質需求的衡量除了單元的效率外，系統效能是否能夠滿足不同的利害關係者的需求，也是品質衡量的重點工作。品質衡量的結果通常也是系統調校時的重要參考依據。

7. 建立系統文件

　　最後一個階段則需要將系統開發與操作管理的文件系統化，以利後續維護、更新與管理。對於政策性的系統工程設計問題而言，系統文件常會是一個標準作業程序，也有可能是以規範或法律的形式出現，這些規範或法律用以確保政策系統的正常運作。

第二節　系統工程設計程序

一、需求分析與管理

　　系統具有層級性，因此需求也具備了層級特性。如圖 7.8 所示，利益關係者的需求會逐步的被分解並衍生出不同設計層級的需求，層級最上方為系統工程設計的核心，可稱為「任務層級」需求，是整個系統工程最終設計的目標。設計目標下是系統工程設計過程中相關利

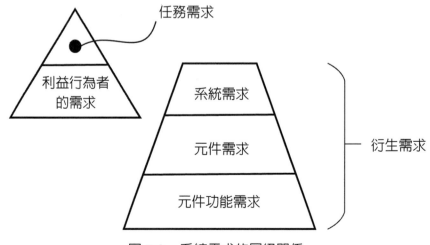

圖 7.8　系統需求的層級關係

害關係者的需求，系統工程設計師必須確認如何在系統工程設計過程中，將不同利害關係者的需求引入系統內，利害關係者的需求與目標會與他們自身的利益、經驗以及他們在系統中的角色有關。

利益關係者的需求將會在任務需求的脈絡下逐步向下發展，建立出系統需求、元件需求以及元件的功能需求，發展過程中抽象性的任務需求會被翻譯成具體的工程術語以及可以量化的效率與效能目標。在需求轉化與分解的過程中，不同層級的需求便被不斷的衍生出來。系統工程設計的目的是為了建立系統的規範，並將此規範發展成為系統元件，並且再細分為系統的功能項目或元素。

每一個利益關係者對於系統以及系統需求皆會有不同的看法，如果將某一個看法當作系統的唯一觀點，而忽視了其他重要的資訊，可能會導致該系統的失敗。以河川整治為例，偏重防洪的水利工程整治或是只重視光觀休閒的藍帶規劃，都可能導致系統工程設計的內容背離其他利害關係者對河川的期待。開發並創造一個新的系統需付出相對高的成本。因此，系統工程師需要盡可能分析所有利益關係者所委任的需求，並依照經驗找出解決方案，這個過程就像洋蔥剝皮，系統工程師需要利用由上而下（Top-down）的解析方式，針對每一個層級架構內的系統特徵（或資源）進行了解與分配，因此通常會耗費大量的時間。每一個系統的元素、元件、部門或系統通常都會有各自的性能要求（Performance requirements），性能要求指的是最低可接受的性能門檻或是設計目標的範圍。透過性能要求的約束可以快速排除某些不合適的設計。以環境工程的單元設計為例，可以去除效率、處理容量與設備技術規範進行篩選。績效指數（Performance index）是另一個系統工程設計常用的評鑑工具，用來評估元素、元件、部門或

系統的效能。

利害關係者的期待經過一系列的轉化和分解後，會解構成為不同型態的需求，有的是抽象的概念，有的則是具體的要求（如：成本、時間、技術與性能等限制），這些不同型態的需求被用來規範不同層級系統的發展內容。系統工程師可以利用以下幾種方式來定義需求：

- 輸入／輸出需求：從系統的觀點來看，系統是由輸入、輸出、系統（系統功能與特性）以及外部環境限制所構成。因此可由這四大類的系統元素來定義系統需求。

- 系統的技術需求：從系統的技術需求、系統的成本與時程（發展的時間與系統運作的生命週期），以及系統的適宜性進行需求規範。

- 互斥需求之間的妥協：很多的需求是衝突的。在環境資源有限的情況下，系統工程是必須進行不同需求目標之間的妥協與交易（如：績效與成本之間的妥協），並在這過程中產生新的需求目標。

圖 7.9 是需求分解與管理的案例，在不同的利害關係者提出系統的需求後，系統工程師可以根據這些需求來界定系統邊界以及外部環境限制，並在確認系統概念模型後，定義出不同層級系統的功能與目標。一旦確認功能目標，系統工程師便可接續發展下一層次的實體系統，進行更細部的功能函數（Functions）與要素設計。設計元件的功能與要素時，必須同時考量元件的成本與可行性，必要時對上一階層的需求進行修正。同時，在設定每一個層級系統的需求與目標時，品質系統也必須同步被建立起來，以作為後續系統、子系統、元件、功能與要素的效能及效率查核之用。最後，在系統架構與功能設計完成

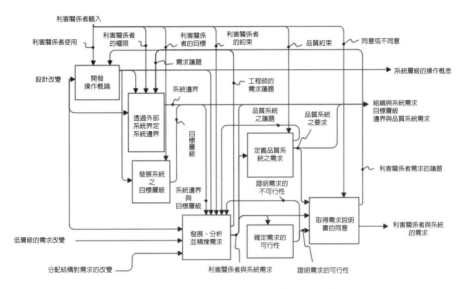

圖 7.9 系統工程設計的需求分解與管理

後，便可製作系統文件，將元件的設計、維修、操作與評量程序文件化，使不同的利害關係者可以有效的使用或管理該系統。

可以發現，需求管理的目的是在各種外部環境的限制下，盡可能滿足不同利害關係者的需求。需求管理是系統工程設計最重要的元素之一，它被視為系統工程設計的基礎。因為需求可被用來定義設計問題，一旦系統問題被明確的定義出來，系統工程師便可進一步設計系統內的元件以及元件的功能與要素。同時，需求也被作為驗證（verification）與確認（validation）系統效能以及後續系統改善的參考依據。從生命週期的觀點而言，需求被用於以下階段的系統品質控制上：

- 評估計畫：如何估算出每個系統範圍對輸出／輸入的需求，也就是測試、分析、模擬、檢查或示範。
- 驗證計畫：如何透過數據資料分析真實系統符合所開發的設

計。確認計畫亦能夠驗證結構元件的完整性，該計畫的最後步驟能夠決定驗證步驟通過與否。

- 確認計畫：如何透過數據驗證真實系統與利害關係者的需求是否吻合，透過認證計畫可以確定系統是否發揮真正的效用。
- 接受計畫：如何使用數據分析利害關係者對於真實系統的可接受性。這個接受的測試需求提供利害關係者對於整體系統性能可接受的定義。有時候，該計畫以認證需求為基礎，也可以是認證計畫的同義詞。

二、系統功能的分解

如圖 7.4 所示，在確認不同利害關係者的需求之後，便必須將這些需求拆解並具體化成為下一個系統層級的需求。一般而言，系統工程師可以利用輸入、回饋與控制、系統邊界、外部制約條件以及輸出等幾個系統元件進行系統功能的分解（Functional decomposition）。其中，回饋與控制是系統理論最重要的精神，藉由比較系統實際輸出與期望輸出之間的差異，系統工程師可以透過反覆性的回饋與控制程序來調整系統輸入或系統元件的運作機能，使系統的真實輸出更符合不同利害關係者的期待。回饋與控制程序至少包含：比較實際輸出與期待輸出的特性差異（包含質性與量化比較）；透過差異比較（Comparison）控制調整系統的輸入與系統元件功能這兩個關鍵子程序。如圖 7.10 展示了系統回饋控制的程序，系統可以根據輸入訊號的變動進行系統的調節，例如以水庫進流量來調解水庫的放流量，也可以根據系統的輸出來調整系統的輸入或改變系統單元的功能函數，以達到

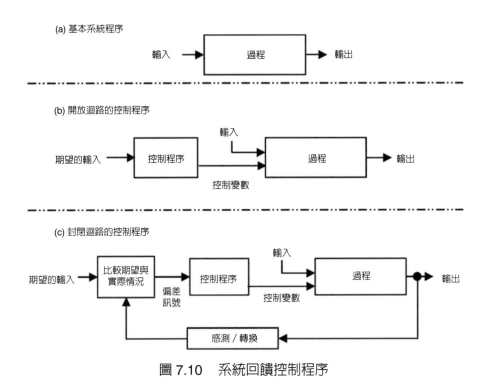

(a) 基本系統程序

輸入 → 過程 → 輸出

(b) 開放迴路的控制程序

期望的輸入 → 控制程序 → 過程 → 輸出

輸入

控制變數

(c) 封閉迴路的控制程序

期望的輸入 → 比較期望與實際情況 → 控制程序 → 過程 → 輸出

偏差訊號

輸入

控制變數

感測／轉換

圖 7.10 系統回饋控制程序

控制系統的輸出目的，例如依據環境品質進行系統投入（如：能源、物質、人力等各項資源）的調整。

三、功能函數的定義

功能函數用來說明元件在系統中的功能，指的是將輸入項轉變為輸出項的過程。系統可能是一個具有單一功能（函數）的實體或模型，但對於一個複雜系統而言，系統或是系統中的元件則可能同時具備多種功能。進行系統更成設計時，需將頂層系統的功能函數分解為具有層級關係的子函數（Subfunctions），並依據每一個子函數的

任務角色發展出不同的函數結構。雖然每一個元件會有不同的函數結構，但它們都具有相似的功能，就是將外部輸入項以及（包含一些內部的整合輸入項）的子集轉變為輸出項（包含一些內部的整合輸出項）的子集。一般而言，這種底層系統分解的過程並不是由利害關係者所主導，而是系統工程師為了解決設計過程中的問題所建立的。分解（Decomposition）通常是一種由上而下的解構過程，從最頂層的需求開始，由需求確認系統的功能目標，根據系統的功能目標劃設子系統以及子系統的功能，並根據子系統的功能任務，決定系統元件以及元件的功能函數，這一連續的過程便稱為分解。不論是在最上層或是基礎等級的功能設計，分解過程都會保留所有與系統有關的輸出與輸入項。而成功的分解過程必須能夠保留層級之間以及層級內輸出、輸入與單元的連結，以便清楚地標示出元件間數據與物質資源在內部界面的流動狀況。

組合（Composition）是指系統元件由下而上的整併過程，在功能層級中，所有的功能都與系統內部最低層級的功能相關。也就是說，最低層級中的元件表現會直接或間接的影響上一個層級功能展現。對一個複雜系統而言，不同元件的功能歸類、分組是一個相當繁雜的工作，在完成每一個系統元件的功能定義後，便可開始將類似的功能歸類、分組，這個過程會持續進行直到產生了一個完整的層級結構。一般而言，組合過程可以和元件的結構開發並行，如此可以確認功能結構與物理結構相吻合。如圖 7.11 是系統分解與組合的典型案例，系統可以分解成樹狀結構來說明系統單元的層級關係，也可以利用物質、訊息與能源的流動狀況，將系統分解成水平式的結構關係，也可利用相同的概念將每一個子系統再細分成更小的子系統。水平式

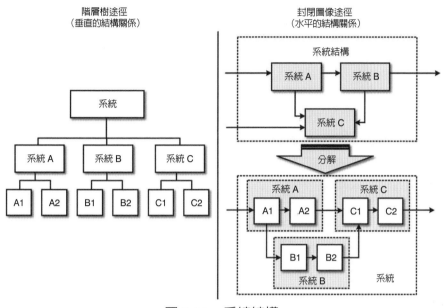

圖 7.11　系統結構

的系統結構關係，可以更清楚的展示不同系統的層級關係，也更容易利用系統之間的輸入與輸出關係，來描述系統單元之間的互動與制約關係。

四、系統項目的確認

項目（Items）是指系統的輸入、將輸入轉化成輸出的處理程序以及最終的系統輸出。一般而言，系統的輸出會是另一個系統的輸入，物質、能量與訊息經由處理程序的整合與轉換作用後，不斷地在不同系統、不同的元件之間傳遞，項目有時是數量龐大的實質物體，有時是指具有實質效益的資訊。以圖 7.12 為例，系統工程師將利害關係者的目標需求轉譯成系統的總體需求與系統功能需求之後，可以

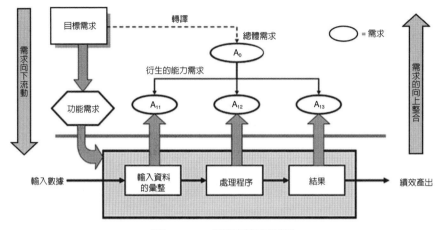

圖 7.12　系統項目類型

　　將目標需求向下分解成不同的功能需求。這些需求有的針對系統投入
（如：人力、時間與資源）、有的針對處理程序（如：清潔生產）、
有的則針對系統輸出（如：數量與品質內容）進行要求，在列出每一
個對應的系統項目（輸入、系統程序以及輸出）後，進行下一階段的
元件設計與開發。

五、系統元件的設計

　　系統元件是指系統架構中具有特殊功能的元件。在真實系統中，
系統元件可以是一個硬體設備、一套軟體、一群人或是具備某些特殊
功能的工具。事實上，系統是由一群具有共同目標的元件所組成，這
些元件擔負著各種不同的功能，為了共同的目標而協同運作，而系統
工程師的任務就是定義元件的功能與限制並設計一個實體或虛擬的介
面來連接每一個元件，使系統的整體效能滿足不同利害關係者的需

求。當系統工程師完成系統項目的確認後，便可進一步確認系統元件的層級架構以及它們之間的連結與互動方式。如圖 7.13 所示，每一個元件的建置都區分成設計、製造、組合與測試等四個主要的步驟。當所有元件通過功能測試後，便可進行系統的整合／組裝的階段，不同元件的整合與組裝，也同樣必須經過一系列訓練、整合與測試的過程，用以修正元件或系統的性能。系統內的元件會利用物質、能量與資訊流進行串接，對一個複雜系統而言，串接的數量將相當龐大。為了增加整體系統的效能，系統工程師必須利用數據管理進行元件、子系統以及整體系統的績效評估，以作為系統調教與修正的依據。同時為了降低時間與開發成本，利用專案管理方式來控管系統的進度與品質，也是系統工程設計與管理的必要手段。

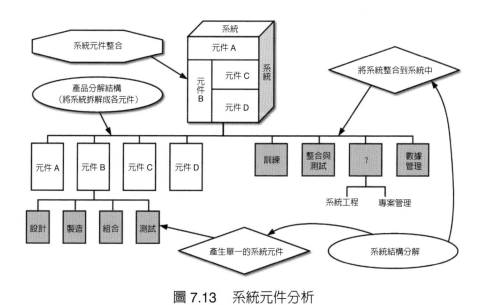

圖 7.13　系統元件分析

六、元件開發與效能驗證

元件開發與效能驗證的目的在確認系統元件的要素以及驗證每一個元件的功能表現。元件開發是系統工程的細部內容，一個複雜系統的元件數量可能成千上萬，為了有效配置系統資源，除了元件的要素分析與性能驗證外，系統排程也是這一個階段的重點工作，以下就針對要素分析、性能驗證與作業排程進行說明。

1. 系統要素分析

所謂要素，是指元件內重要功能或特性，系統的要素可以是實體的物件、可以是軟體，也可以是抽象的程序與概念。如圖 7.14 所示，進行要素分析時，必須考慮元件在系統內的位階和功能目標，元件的操作特性、品質要求與可能產生的副產品等特徵。除此以外，元件的功能範圍和界線、相關的設計標準、後續的操作與維護、驗證的方法、設計與結構的限制以及所需要的技術與資源支撐都必須納入考量。為了簡化要素分析的複雜性，管理者可以利用圖 7.14 所示方式進行元件要素的分析工作。

2. 元件開發程序控制

要素分析的目的則是在確認系統元件的要素類型、要素特性，並界定每一個要素的系統位階以及要素之間的實體關聯。以焚化廠操作管理的要素分析為例，系統工程師可以將與焚化廠操作管理有關的要素層級化，並以魚骨圖或組織圖的方式進行要素的分類（如圖 7.15 所示）。圖 7.15 中把要素分成四大類，每一大類的要素又可進一步

區分成主要要素與次要要素等不同層級的要素。這樣的資訊可以提供系統工程師進行後續的系統規劃與設計、進行元件開發的時程安排，規劃後續績效評估的指標項目，也唯有了解每一個要素在系統內的角色、特性以及性能要求，才能有效地進行系統的整合、問題的診斷以及效能的提升。

　　系統具有層級性，元件的設計與開發也具有層級性，系統化設計並不只侷限於工程系統，制度、組織與程序的設計也是一種廣義的系統工程設計。除了規範元件與要素在系統內的功能角色外，也需要從元件的輸入與輸出的角度，利用物質、訊息與能量的流動串聯系統內的不同元件。而為了減少系統開發與測試所需要的資源，同時也達成

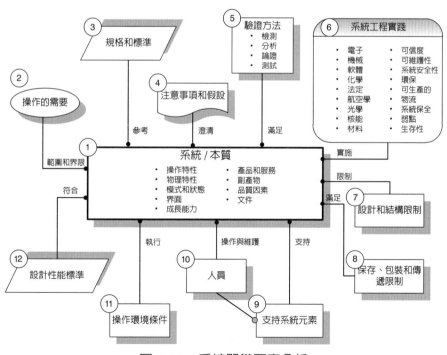

圖 7.14　系統關鍵要素分析

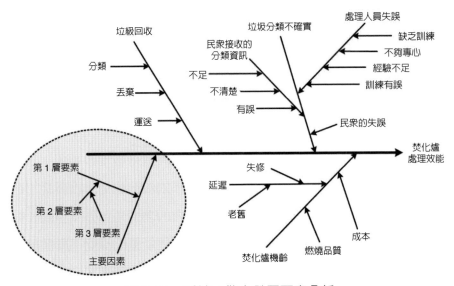

圖 7.15　系統元件之發展要素分析

系統品質控制的目的，元件的開發與測試也具有層級性與次序性，因此有效率的元件開發與品質控制也需要有系統化的程序控制。以環境政策發展為例，管理者可以利用圖 7.16 所示的過程網路圖，將環境政策發展程序流程化，並利用投入、處理程序與產出的概念，說明每一個處理程序所需要的投入以及產出，在明確定義每一個處理程序所需要的投入與產出後，管理者便可依據實踐產出與目標產出之間的差異，評估該處理程序的績效。如此，無論是系統的技術效率或是整體效率便可被有效地進行分析。在有限的資源下，設計、開發或管理一個複雜系統，程序性的管理相當重要，因此專案管理（Project management）、優化技術（Optimization technology）等資源配置與管理技術也常被用來解決這類的問題，這些科學性的規劃與管理技術有助於負責性地的開發與管理。

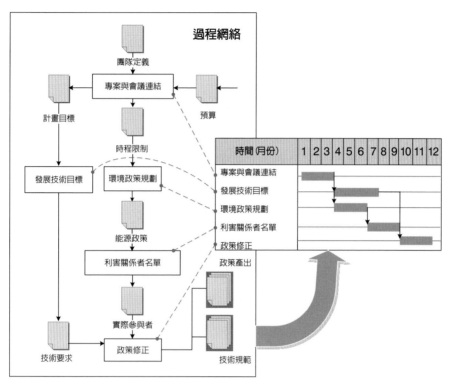

圖 7.16　系統發展之程序控制

3. 元件效能的驗證與確認

　　透過元件效能的驗證與確認，管理者可以了解系統有沒有被正確的發展，因為系統績效應包含效能與效率兩大項，效能的確認必須回歸到利害關係者的需求滿意度上，亦即是不是解決了利害關係者想解決的問題上。因此，在整合與品質提升的階段中，「確認」可以用來驗證系統的設計與運作是否確實符合利害關係者的需求是最重要而關鍵的一個步驟。換言之，系統效能的驗證與確認應包含系統整體效能，利用檢查、測試、分析、模擬或論證以確保每一個要素、元件與

系統皆能符合設計階段所賦予的技術性或系統性需求。一般而言，檢查與測試經常出現於元件開發的階段中，而分析、模擬與論證則用於了解系統的整合運作能力。

在圖 7.4 的 V 模型中，整合與品質管控代表一個由下而上的過程，系統是由無數個細小的單元或子系統所組成，系統的效能建立在這些能夠正常運作並充分發揮功能的單元或子系統上。在整合與確認的程序開始之前，系統工程師必須先確認利益關係者（如：管理者、使用者、製造者、維修人員等）的需求是否反映在單元或子系統的設計裡，並使單元或子系統能具有一定的效能與效率品質。因此，在整合與品質管控的過程，必須反覆的進行驗證和確認，以確保系統效能與效率的達成。進行驗證與確認時，系統工程師可以進行系統目標的拆解，並在定義各分項目標的元件後，進行元件的特性與效能分析。以電梯系統工程設計為例（如圖 7.17 所示），系統工程師根據利害關係者需求，將系統目標定義為成本與營運效能兩大部分，並列出這兩大效能目標的子目標，以及各項子目標的績效評量項目。由此也可以看出系統目標通常是多目標，且這些目標也經常是互相衝突的，此時目標之間的衝突管理與妥協便顯得相當重要。系統工程師必須決定目標之間的相對重要性，並利用元件效能的分析結果，與利害關係者反覆地修正系統目標並重新設定元件性能要求。

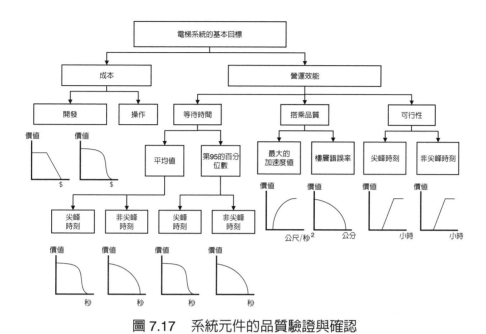

圖 7.17 系統元件的品質驗證與確認

七、系統文件的發展

為了後續的追蹤改善、查核與管理，系統文件的製作也必須具備系統性。以圖 7.18 為例，系統工程師可以將系統文件發展區分成三個階段，第一階段描述系統概況、定義系統的功能與目的、說明系統範疇與環境限制；第二階段根據系統元件特性與程序，篩選主要的功能元件並進行章節規劃；第三階段依據前兩個階段的成果架構系統文件的目錄架構。如前所述，系統理論認為，一個系統裡面必包含其他子系統，也會是更大系統的子系統。如果將章節視為系統文件的子系統，則每一個章節也應該包含其他的子章節（子系統）。因此，系統工程師可以重複上述步驟拆解子章節（子系統）成為更細的單元或次

子系統，如此反覆的運作，一個完整的系統文件便可被建立起來。

可以發現，系統工程設計包含概念設計、初步設計、整體設計、整合與品質提升以及文件製作、量測與持續改善等幾個主要內容（如表 7.3 所示）。每一個階段都具備不同的功能與目的，其目的在於明確定義系統目標、系統限制、進行系統目的與功能的拆解、系統單元設計以及系統單元的組合，每一個過程均重視單元、子系統之間的層

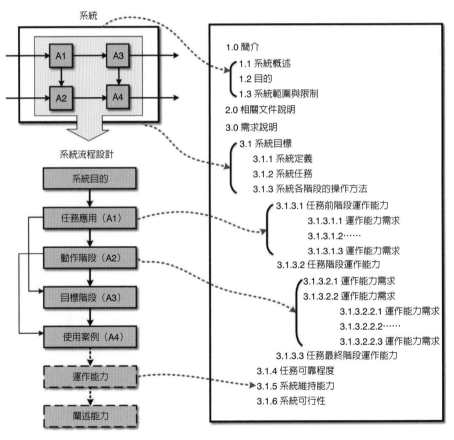

圖 7.18　系統文件的發展

表 7.3 系統工程設計的決策方法

發展	系統工程決策的案例
概念設計 Conceptual design	1. 是否需要採行概念設計？ 2. 何種系統概念可作為設計的基礎架構？ 3. 對於給定的次系統而言，何種技術較為合適？ 4. 可使用何種現存的軟體、硬體？ 5. 就成本、時間與性能而言，該假想的概念是否可行？ 6. 在決策產生前，是否需採取額外的研究？
初步設計 Preliminary design	1. 是否需要採行初步設計？ 2. 何種特定的物理結構（Physical architecture）可從多種選項中獲選？ 3. 如何將特定功能有效的分配給物理資源（Physical resource）？ 4. 需要開發樣板嗎？如是，應該開發到何種程度？ 5. 如何建立驗證和驗收機制？
總體設計 Full-scale design	1. 是否需要採行總體設計？ 2. 應購買而非製造哪些配置項目？ 3. 基於單一或多元的性能要求，應採用何種細部設計？
整合與品質提升 Integration and qualification	1. 何種行動最符合成本效益？ 2. 應測試什麼問題？ 3. 應使用什麼設備、人員、設施來測試問題？ 4. 為了加強整合的成效，應採用／發展何種系統模型？ 5. 每個問題應該被重複測試幾次？ 6. 何種適應性測試應被採用？（失敗時的回推測試）
文件製作、量測與持續改善 Document, measurement and refinement	1. 應在這個時期進行產品改良嗎？ 2. 應該利用何種技術進行基礎的產品改良？ 3. 何種修正設計最適合用來改善系統的缺陷？ 4. 如何在現有的時間、性能、成本效益中修正（改良）現有的運作系統？

級關係與互動關聯，使單元或子系統能在整體系統中發揮最大的效能與效率。系統理論特別強調回饋控制的機制，亦即利用實際產出與預期產出的差異，來調整系統單元的效能或改變系統單元之間的聯繫來達成系統持續改善的目的，因此系統文件以及效能量測系統也必須同時被建立起來。

第三節　生態化設計與清潔生產

　　無論是產品、程序、政策或組織的設計，都必須先確認利害關係者的角色以及系統工程設計的目標。例如：建築設計時，除考慮室內設計與戶外的景觀設計外，是否加入節能目標、節水目標；進行河川整治時，除考慮防洪以及遊憩功能外，是否將河川的生態功能納入整治的目標之中？系統目標的確認是重要的，因為系統工程師會根據不同的決策目標設計出不同的產品、程序、政策或組織。系統理論認為任何的評估、規劃、設計與管理，除了確認系統目標外，也必須清楚界定系統評估、規劃、設計與管理的範疇，這範疇包含了系統的時間與空間範圍。

一、生態化設計的精神

　　在生產和服務的過程中，常會伴隨著資源耗損與環境汙染等問題，為了降低生產或服務過程造成的環境損害，環境學家希望企業在產品（或服務）的設計或生產過程便融入環境化目標，以降低人類活動對環境造成的傷害。因此，各國政府陸續制定產品相關之環保規

範，採取以經濟手段促進企業發展環保新技術、開發低汙染及對環境友善的產品。其中，「生態設計（Ecological design）」是指將減少資源浪費、促進資源永續循環、維護棲地安全以及人類與生態健康列為系統工程設計的目標，設計出最小化環境衝擊的產品或服務。生態化設計讓系統工程師重新思考他們對投入資源、製程設計、產品設計、產品使用以及產品回收再利用方式的選擇。生態化的系統工程設計提供了一個相互連貫的架構，使系統工程師可以從小單元、子系統到大系統等不同的尺度面向進行要素、元件、子系統與系統的開發及整合，如：在建築設計中考慮建築物與附近地貌、城市與能源系統、水資源系統、建築程序以及建築廢棄物回收利用的關係。其他的例子包含：汙水處理廠透過沼澤地淨化水質，沼澤地除了回收營養鹽以外，還提供了一個生物的棲息地；在農業系統中融入自然生態系統的概念，除可營造當地自然景觀外，能有效降低對肥料和農藥的依賴；藉由設計提升各階段的效能，可有效減少資源的浪費並降低汙染。

　　保護（Conservation）、再生（Regeneration）與管理（Stewardship）是生態化設計的關鍵問題。保護是指降低資源消耗量以及汙染的排出量，它被認為是一種比較消極的作為；再生則是指修復或更新有生命的組織，如：生態設計工作便是希望透過環境設計恢復環境原本的樣貌，又比如讓受侵蝕的土地恢復原有的生產力、棲地的再生或土壤汙染的復育工作。因此再生是一種比較積極的作為，用以復原生態系統與群體，並擴大自然資產的數量；管理則是一種持續且穩定的反饋過程，讓保護與再生過程持續而穩定的存在。生態化設計的精神就是將環境當成一個重要的利害關係者，並將保護、再生與管理作為產品與服務設計的系統目標，將這些目標轉化系統設計時的各種「約

束」條件，以減少資源的浪費以及各項的環境衝擊，生態化設計與傳統設計之間的差異比較如表 7.4 所示。

表 7.4　傳統設計與生態設計比較

議題	傳統設計	生態設計
能源的來源	通常是不可重複利用、具有破壞性的，並仰賴石化燃料，消耗自然資產	具有彈性的、可重複使用的：太陽、風、小規模的水力、生態多樣性；靠太陽能維繫生活
資源運用	沒有充分運用高品質的原物料，導致汙染與有毒物質擴散到空氣、土壤與水體	廢棄材料循環再利用；設計可重複利用的、容易修復的、耐用的產物
汙染	大量的、地區的	極小化；廢棄物的規模和成分可以被生態系統吸收
有毒物質	從農藥到塗料等常見且具有破壞性的產品	在非常特殊的情況下使用
生態會計	僅遵守強制的要求，例如環境影響評估	複雜的、內置的；在整個產品生命週期中防範生態衝擊
生態與經濟	被視為反對；短視近利	被視為兼容的；有長期遠光
設計準則	經濟、顧客與便利性	人與生態健康、生態經濟
生態的敏感度	標準模板全球通用。從紐約到開羅的摩天大樓都長得一樣	與生態相互呼應：整合當地土壤、蔬菜、原物料、文化、氣候、地形；解決方案符合地方脈絡
文化的敏感度	試圖建立同質性的全球文化、破壞地方價值	尊敬並培育當地的傳統知識、傳統技術與價值
生態、文化與經濟多樣性	透過能源、原物料來設計工作標準，破壞生態、文化與經濟多樣性	維持生態多樣性，並採取適合當地文化與經濟的需求

（接下頁）

表 7.4（續）

議題	傳統設計	生態設計
知識基礎	注重狹隘的學科發展	整合多樣的設計學科、擴大科學的研究範圍；全面性的
空間尺度	在同一時空尺度下工作	將設計整合到多元尺度中，小尺度可以影響大尺度，反之亦然
整體系統	劃分系統邊界，且不反映自然的程序	和整個系統一起工作；擴大產品設計與國際接軌的可能性
自然的角色	必須將設計自然；透過人類的需求提供控制與預測	自然好比夥伴，盡可能的保留自然原始的設計智慧
潛在的隱喻	機器、產品與分開	細胞、有機與生態系統
參與程度	依賴那些不想與公眾團體溝通、反對公眾批評的專家與行話（術語）	公開的承諾與辯論；每個個人皆有權力參與設計過程
學習的類型	隱藏自然與技術，並不隨著時間的流逝教導設計	自然與技術是可見的，設計是為了讓我們更接近系統
回應永續危機	認為文化與自然相牴觸，透過溫和的保護手段、不容質疑的假設，試圖減緩事情變得更糟的速度	認為文化與自然是潛在的共生關係，超越分類，尋找人類與生態健康重新整合的辦法

二、生態化設計的層級與範疇

從系統具有層級性與關聯性的角度來看，生態化設計的內容會依據系統尺度的大小，而有不同的設計內容與設計重點。如圖 7.19 所示，小尺度系統強調綠色製程、綠色工廠以及清潔化生產的規劃

與建置，中尺度系統考慮產品的生命週期評估與綠色供應鏈（Green supply chain, GSC）管理，大尺度系統則包含工業生態學（Industrial ecology）、循環型經濟（Recycling economy）等相關議題。事實上，從系統的角度來看，可以把產品生命週期、綠色供應鏈、綠色工廠以及清潔化生產看成是循環型經濟系統的子系統與單元，這些元件的規劃、設計與管理都可納入生態化設計的概念，使人類在生產與服務的過程中，避免資源的耗竭以及汙染的累積問題。

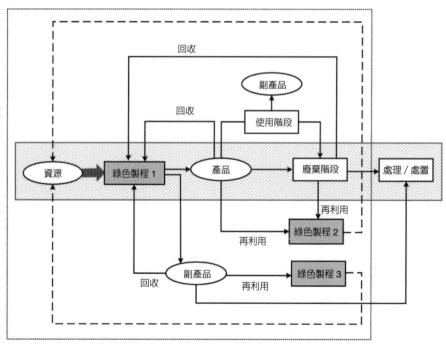

說明：▨LCA； ▨綠色工廠； ☐生業生態學

圖 7.19　生態化設計的範疇與內容

1. 清潔化生產

　　為了推廣生態化設計與清潔生產的概念，聯合國環境規劃署（United Nations Environmental Protection, UNEP）將「清潔生產」（Cleaner production, CP）定義為「持續地應用整合式預防性環境策略於製程、產品及服務，以提升效率和減少對人類及健康的危害」。清潔生產的核心要素就是透過「避免、清潔或是管末處理」等方法減低環境汙染、保障人類免於健康風險威脅的同時，也必須確保資源能被有效的利用。事實上，清潔生產可以降低營運成本、改善利潤與工作安全性，且能減低商業發展對環境的衝擊。對於企業而言，清潔生產具有以下的優點：

- 降低廢棄物的處理成本。
- 降低原物料成本。
- 降低健康安全環境（Health safety environment, HSE）的損害成本。
- 改善公共關係與形象。
- 改善公司的執行效益。
- 改善地方與國際市場的競爭力。
- 協助遵守環境保護規則。

　　從清潔生產的內涵來看，清潔生產的內容主要涵蓋製程、產品及服務等三方面，說明如下：

(1) **製程方面**：以低危害的原料搭配廢棄物較少之生產程序及高效生產設備，減少生產過程中各種危險因素和有害的中間產品，並降低廢棄物數量及毒性，達到能資源使用的最大化。製程的改善策略主要包含：

- 改變投入原料：以毒性較低、可再生、壽齡較長的原料，取代原本有害或是非再生性的投入原料。

- 改善製程控制：調整工作流程、設備使用指引、製程紀錄等，使製程效率提升並降低廢棄物生成量與汙染物排放量。

- 設備調整：調整製程設備即可提升效率，並降低廢棄物生成量與汙染物排放量；

- 技術改變：為使製程的廢棄物產量與排放量最小化，改採用新的技術、製程工序、合成方法等取代現行技術。

- 廠區內的資源回收與再利用：將廠區內的廢棄材料回收再利用。

- 提升副產品的使用價值：將原本被視為廢棄物的副產品，經其他程序使其具有再利用的價值。

- 調整產品設計：調整產品特性以使產品使用以及廢棄過程的環境衝擊最小化。

- 良好的作業準則：避免生產過程的洩漏，設定適當的標準作業程序。

(2) **產品方面**：產品本身及在使用過程中，應盡可能減少對生態環境的不良影響和危害。在產品壽命結束時，應考量易於回收、再生與重複利用等特點。此外也需進行產品生命週期評估，考量從開發、規劃、設計、原料加工、產出、使用直到廢棄處理等各階段須採取的措施，讓產品生命週期達到資源和能源消耗的最小化。

(3) **服務方面**：將環境元素納入產品設計和所提供的服務中，盡可能減少因提供服務對環境造成的危害。

因應聯合國環境規劃署所提出的全球綠色新政（A Global Green New Deal, GGND）倡議，經濟部工業局於 2010 年推動「綠色工廠制度」，將工廠區分成綠建築以及清潔生產兩大部分，整體架構如圖 7.20 所示。其目的在建立綠色製程與生產綠色產品，同時將綠色創新、綠色管理與企業社會責任納入整體的架構之中，期望透過創新與服務建立持續改善的永續企業。

在推動產品生態化設計的過程中，政府扮演重要角色。政府的功能是利用經濟或行政的手段，制定強制性環保規範及環保產品的最低標準，促使企業建立屬於自己的清潔生產制度，使企業製造符合最低門檻標準的環保產品，達到確保環境永續與民眾健康的目的。一般而言，根據國家的現況與需求，推動清潔生產可採取的工具包含：

(1) **制定法規**：法規應明確指出環境目標、達成方法與技術。

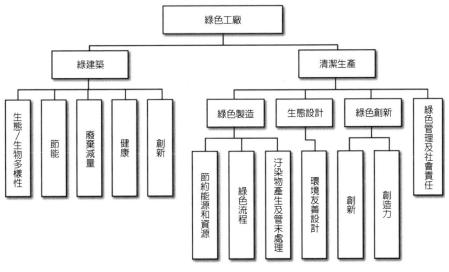

圖 7.20　綠色工廠制度架構

(2) **經濟手段**：透過經濟手段使汙染的成本高於清潔生產的成本。該手段包括兩種形式—獎勵及處罰。

(3) **提供協助**工具：可以展現在五大領域

- 提供與清潔生產相關的資訊。
- 提供企業開發管理工具的援助。
- 組成訓練工作坊。
- 在技術學校、大學與研究機構推廣相關概念。
- 依照不同企業單位提供與成本效益分析相關的案例分析。

(4) **提供外部協助**：協助的形式有很多種，如：經濟支援、依照部門提供發展案例、技術轉移、專業技術交流。

(5) **提供執行清潔生產的方針**：成功的啓動清潔生產有三個主要的步驟：

- 結構方法論。
- 管理的承諾。
- 經營者的參與。

在清潔生產的推動上，企業大都處於符合法規的被動角色，但部分具有永續發展概念的企業則會採取主動之方式，逐年訂定企業永續與環境目標，將自身產品的環保規格提高優於現行的法令規範，或訂定自願的遵循規範（如：產品環境資訊揭露），作業界的領頭羊，以增加其企業之環保形象，落實企業社會責任。近年來，隨環保意識的覺醒，愈來愈多的民眾在選購產品時，開始注意產品的永續性，因此若是企業能維持綠色形象，逐步實現產業永續發展經營願景，在有足夠的經濟誘因下，清潔生產的推動將更順利。

2. 產品生命週期評估

　　減少資源浪費以及降低環境衝擊是生態化設計的核心目的。從產品和服務的角度來看，減少產品在原料取得、製造、運輸、使用及廢棄等不同的生命階段對環境的傷害，是生態化設計的核心概念。生命週期評估（Life cycle assessment, LCA）可以幫助我們了解一個產品、活動、服務所消耗和排出的各種資源組合評估，它被用來描述、評估產品在每一個生命週期階段中對環境的衝擊（如圖 7.21 所示），被認為是一種綜合性的系統性評估工具。生命週期評估量化了產品在原料取得、製造、運輸、使用及廢棄等不同階段的資源需求與環境衝擊，決策者可以根據估算的數據評估單一產品的資源耗用量與汙染產出量；也可以作為方案選擇的依據；作為綠色產品設計、管理的依據，因此生命週期評估手段除可量化環境衝擊量之外，也可以做為綠色績效評估、綠色產品設計以及綠色環境管理與控制的綜合性決策管理工具。

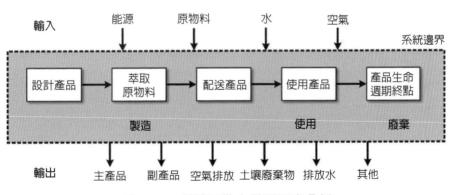

圖 7.21　系統元件之發展要素分析

　　生命週期評估被認爲是一種系統管理工具，生命週期評估主要分成：目的與範疇界定、盤查分析、衝擊評估、結果闡釋等四個評估階段，各階段的評估內容重點說明如表 7.5 所示，可以清楚看出生命週期評估與系統理論之間的關聯。如同本章第二節所敘述的內容，若系統工程師在系統設計的階段，便將環境衝擊納爲目標管理的範疇之內，則生態化設計的概念便可落實在產品與服務當中。

3. 綠色產品的設計原則

　　爲了達成生態化設計的目的，生態化設計的產品，應該具備靈活（Flexible）、可靠（Reliable）、耐用（Durable）、適應性強（Adaptable）、減物料化（Dematerialized）、減毒化（Detoxification）及可重複使用（Reusable）等產品特性。爲了推廣生態化設計產品，生態化產品的設計除了具備上述的基本功能外，還必須具有經濟誘因，普遍地被大眾所接受。常見的生態化產品設計應用，如 3C 產品使用較高品質或低汙染性的元件，使得產品有更強大的功能外，也兼具耐用及實用等品質保證。

　　爲了推動綠色產品的設計與生產，歐盟於 2003 年發布「整合性產品政策（Integrated product policy, IPP）」，推動產品的生命週期評估並要求企業必須負責產品使用後的回收、再生或棄置，產品相關之生態化設計（Eco-design）規範（如 RoHS、WEEE、ErP 等）也相繼被發展出來（如表 7.6 所示）。爲了推動生態化設計規範，歐盟與幾個主要的經濟市場透過市場導向的機制限制不符合規範的產品將不得於該市場內進行販售，期望藉此提升產品的綠色競爭力與環境績效。這樣的措施迫使企業在進行產品設計時，必須將靈活、可靠、耐用、

表 7.5　生命週期評估作業的精神與內涵

系統理論	生命週期評估階段	評估內容之重點說明
資料收集與問題定義	-	-
確定系統目標、系統與限制	目的與範疇界定階段	1. 這個評估階段應視作業主題與其預期用途進行系統界定，並確定評估系統的單元內容與應評估的詳細程度。 2. LCA 作業的深度與廣度，視特定 LCA 之目的可有顯著的差異。 3. 確認衝擊的定義與內涵，常見的評估項目包含： • 資源使用。 • 人體健康。 • 生態影響。
確認系統內部子系統、物件與要素	盤查分析階段（Life Cycle Inventory, LCI）	1. 確認系統物件單元。 2. 利用系統的投入／產出關聯，確認盤查清單。 3. 必要資料的蒐集與分析。
評估系統內部子系統、物件與要素之特性與互動關聯	衝擊評估階段（Life Cycle Impact Assessment, LCIA）	1. 利用投入／產出分析結果，計算系統內每一個單元的衝擊。 2. 計算單元、子系統與系統的環境衝擊量。
綜合評估	闡釋階段	1. 歸納並討論每一個單元、子系統或系統的環境衝擊量，確認造成衝擊量上升的關鍵因子。 2. 討論各種不確定因子對評估結果的影響。 3. 作為結論事項、建議事項及達成決議的基準。
回饋控制	綠色設計、管理與控制	-

適應性強、減物料化、減毒化以及可重複使用等特性作為產品系統工程設計的目標。所延伸的效益是：企業為了確保產品符合環保法規，提升企業環保形象，綠色產品的開發策略已擴展至其供應鏈，透過綠色供應鏈的管理與採購，帶動更多企業共同加入生態化設計的製造市場中。

表 7.6　歐盟立法簡介：EuP、WEEE、RoHS

能耗產品之生態設計 EuP	廢電子電機設備指令 WEEE	電器及電子設備使用某些有危害物質限制指令 RoHS
目標		
產品生命週期優化 考量產品生命週期各階段對環境的影響	改良對電子產品生命週期終點之管理 擴大生產者的責任	限制電子產品的有害物質（鉛、汞、鎘、鉻、PBB、PBDE）
範圍／產品		
總體而言： • 產品代表了銷貨量與貿易，它會對環境造成衝擊，且可以被改善 討論中的產品實施措施： • 加熱設備 • 電子馬達系統 • 家庭與第三部門的照明 • 家庭設備 • 辦公室設備 • 消費者電子產品 • 加熱通風空調系統	• 大小型家庭設備 • IT 與電子通訊產品 • 消費者設備 • 照明設備 • 電子產品與電子工具（特別是大型工業用工具） • 玩具、娛樂與運動設備 • 醫療設備 • 監控與控制儀器 • 自動分配儀	• 大小型家庭設備 • IT 與電子通訊產品 • 消費者設備 • 照明設備 • 電子產品與電子工具（特別是大型工業用工具） • 玩具、娛樂與運動設備 - - • 自動分配儀

（接下頁）

表 7.6（續）

狀態與期限		
框架適用於 2005 年 4 月歐洲議會的原則 以 EuP 為基礎的產品才能適用 在特定情況下，某些產業可用自願協議代替	2003/01/27 2002/96/EC 指令 2003/02/13 正式發布 歐盟成員於 2005/8/13 前調換 WEEE 2005/8 以前準備（部分國家延遲） 2006 年底前達成回收配額	2003/01/27 2002/96/EC 指令 2003/02/13 正式發布 2006/07/01 始受限制 審查歐洲委員會的豁免權
要求		
要求建立產品的生態檔案 設計合適的控制會環境管理系統 CE 要求符合 EuP 標準 指示後需要定義一般的（改善）與特殊的（有限價值 / 閾值）	• 分配與生產應符合要求，而非供應商 • 單獨蒐集每年大於四公斤的家庭 • 每種產品類別皆制定修復 / 回收 / 再利用的額度 • 生產者金融回收 • 生產者須提供 B2B 消費者合適的備案 • 生產者有責任整理和回收相關的資訊	• 2006/06/30 以後，限制含有 RoHS-6 物質的產品進入市場（適用的某些豁免權）
生態設計相關		
EuP 實施 IPP 產品設計必須考量完整的產品生命週期	產品設計應涵蓋維修、回收、再利用（WEEE 的組件與材料應擁有回收再利用的優先權）產品設計應易於拆解（PCBs、電池、溴化阻燃劑、塑料）生產者應對回收付費，回收是個經濟議題	生產原料至少必須列出 RoHS-6 的含量 供應鏈需遵守法規 減少 / 消除有害物質

　　整體而言，生態化設計強調減少資源浪費以及避免汙染物質以任何形式進入環境系統。若從產品生命週期的觀點來看生態化設計，則系統工程師必須在產品的設計過程中，將「物質最佳化」、「材料使用最佳化」、「最佳生產技術」、「最佳銷售系統」、「降低使用期間的衝擊影響」與「廢棄物資源利用最佳化」等內涵納入系統工程設計的目標或限制之中。從歐盟的 EuP、WEEE、RoHS 指令當中也可以清楚發現，歐盟希望在產品設計中，將「降低能／資源消耗」、「提高可回收性」、「無毒化（化學物質管理）」作為生態化產品設計的目標或準則。如上所述，系統工程師在設計產品、服務、程序時，必須先了解系統的目標與限制，才能做出良好的設計。

4. 工業生態學與循環型經濟系統

　　為了滿足生活上的需要，人類將自然資源、動植物、礦產等資源轉換為各式的產品。當這些產品被消耗、損壞時便會被丟棄，這樣的行為被認為是一個開放性的物質流系統，開放性的物質流系統會造成資源的快速耗竭以及汙染的累積。工業生態學（Industry Ecology）是一門新興的綜合型學科，它以自然生態系統為師，希望將開放性的物質流系統轉換成封閉循環型的系統，期望在這個封閉的循環系統中，每一個系統單元皆能有效利用本身或他者所排放的廢棄物，使物質及能源皆在一個複雜的互動網絡中持續循環。於是，可以避免開放型物質流系統所造成的資源耗竭與汙染累積的問題。清潔生產是生態化設計的重要工具，但是它面對的通常是小尺度的系統工程問題，清潔生產大多重視個人活動或單一生產流程對環境的衝擊，忽略了總體工業活動所帶來的影響。如同上述的系統工程設計內涵，當決策管理的尺

度被放大到一個工廠、一個工業區、一個區域乃至一個國家，我們就必須利用圖 7.4 的 V 型架構，將系統逐一拆解成子系統、單元與要素後進行生態化設計，完成後再逐一將這些具有清潔生產特性的元件組合成一個具有生態化特性的龐大複雜系統。

　　工業生態學是一種大尺度的系統工程設計，它利用物質流、能量流與訊息流串聯所有的工廠（子系統）與製程（單元）成為一個仿自然的人為生態系統。在這個系統中，製程單元之間是相互關聯的，若僅僅藉由單一設備的技術改良，常常無法發揮系統的最大效能，考慮系統單元之間的競合與制約，才能發揮系統的整體效能，因此一個完整的工業生態系統，通常是「零汙染排放」、「清潔生產」、「生命週期分析」、「物質流分析」等各種生態化設計元件相互作用後的結果。事實上，工業生態學與清潔生產具有相同的概念，不同的是他們面對不同的系統尺度，清潔生產強調獨立的企業所屬的生產程序、產品與服務的永續性，而工業生態學則偏重於大系統的單元整合，強調系統內能資源的有效整合，以及系統性的汙染減廢。生態工業園區是工業生態學的具體案例，這種工業聚落的型態是透過易貨貿易（內部）與銷售廢棄物（外部）的方式將能源與原物料的浪費情況降到最低。

　　生態工業園區被定義為「在某個特定區域內選擇性地集合某些工業產業，以減低環境衝擊與工業生產成本」。除了降低原物料的貯存與使用外，利用最低的運輸成本運送某間工廠所產生的廢棄物，並將這些廢棄物轉化為其他工廠的原物料等，都是達成目標的方法。與生態工業園區相關的定義有很多，但是絕大多數脫離不了三個準則就是：(1) 環境、經濟、社會與永續發展；(2) 強調工業生態園區是工業

生態學的一個工具；(3) 最終目的是為了達成永續發展。

　　根據以上的說明推斷，生態工業園區就好比是一個製造與服務的社群（Community），它透過保護自然與經濟資源，達成降低生產成本、保護環境與維繫社會大眾健康的目標。「社群」可以被定義為擁有相同設備的地方社群；工廠林立的社群；或是跨越疆界的全球社群。但是全球社群因為距離的關係，並沒有探討。這可以在兩個未經過生態工業園區設計的社群內實行，也就是某些廢棄物可以和另外兩個社群相互媒合。生態工業園區在經濟、環境、社會與政府等面向所欲達成的效益分別如下：

- **經濟**：降低原物料與能源成本、廢棄物管理成本、處理成本、法規負擔；提升國際市場的競爭力與公司規模。
- **環境**：減低對有限資源的需求、回收再利用天然資源、減低廢棄物與排放、遵守環境法規、建立永續發展的環境。
- **社會**：透過地方自然資源的利用與管理創造新的就業機會。發展商業機會並促進不同工業間的合作。
- **政府**：降低環境消融的成本、對資源的需求、對基礎建設的需求；增加政府稅收。

　　丹麥的 Kalundborg 工業園區便是一個充分運用廢棄能源與原物料的例子，該園區內設有石油煉廠、發電廠、製藥廠、牆板製造商及養魚場，在這些工廠之間建有廢棄物（包括熱能）流通的管線，故能將這些廢棄物供給其他設備使用或轉做肥料。這個成功的模式是仰賴於創新能力、才智、市場與成本效益結構的充分整合，還有園區內各個工廠與設備的合作。建立一個工業生態系統通常需要包含擬生物化、系統思維、科技轉換、產業角色、開源節流以及生態效益等幾個

重要概念：

- **擬生物化**：極像食物鏈系統，其涵意為當一個資源投入至一個系統時，而系統內的元件部分會將此資源進行循環型利用，將總體廢棄物降至最低，使得投入的資源量及產出的廢棄量最小化。

- **系統思維**：是指當每一物質進入到每一系統內的元件／子系統時，所可能產出的產品／廢棄物是否可供下一個元件／子系統再利用或是對於環境上有什麼樣的影響。而這些系統元件則可視為在系統中的產業角色，在此階段的影響評估，則可以利用生命週期評估、物質流分析、系統模擬及跨領域的研究進行了解及評估；

- **科技轉換**：則是針對過去一些工業製程進行轉換為以生態角度為出發點的設計，最主要目的為降低環境的影響或減低對環境傷害之成本、注重在使用有害物質，最大限度地減少能源消耗或廢棄物的管理，通過回收便利化和再利用的減少、依賴於生命週期的角度來觀察整個系統對環境的影響。根據上述，科技的轉換及系統評估，間接就可以減少資源的使用及提高生態效益。

從以上可以了解到工業生態園區對永續環境的重要性，目前工業生態園區主要分成三大類，分別為綠色工業、工業生態園區、區域性的產業生態網絡。綠色工業，其概念是指在一工業區內，針對某幾家廠商進行建立廠商間之投入產出關係，並且讓廠商了解其永續工業之必要性，如圖 7.22 所示。在建構此綠色工業時，政府部門可提供一政策獎勵來補助有創新及利用過剩的能源或物質的產業，或是設置新

針對一些產業之投入產出
關係設立綠色生態工業

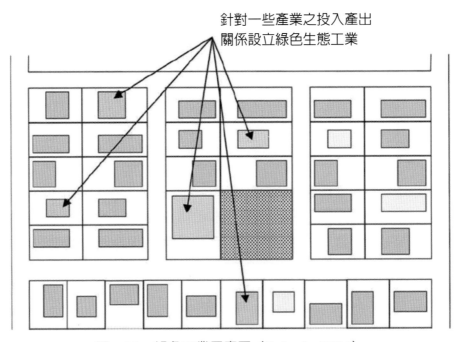

圖 7.22　綠色工業示意圖（Roberts, 2004）

的工業進入；學者可以協助當地產業的副產品藉由廢棄物流動及能量
盡可能地改善至最佳方式或是利用回收，增加其價值或是提供一媒介
來產生協同反應，並且促進清潔生產技術及廢棄物管理來達到永續產
業發展。同一產業部分，可以利用貿易或交換廢棄物或副產品來獲取
利益。

　　了解綠色工業的狀況後，工業生態園區其對資源永續利用要求更
加嚴格，工業生態區最主要是指在此工業區的工廠皆有關聯，首先，
必須評估當地之廢棄用水、物質、能源之使用層級，藉由行業細分及
廢棄物連結來鑑定現況及潛在廢棄物量是否有進行商業交易，選定之
工業族群的商業利益來鑑定典型的廢棄物量，各類型廢棄物在空間上

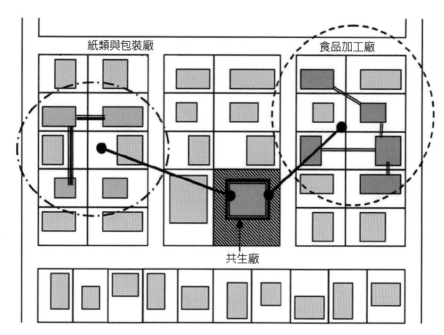

圖 7.23 完整的工業生態園區示意圖（Roberts, 2004）

的傳輸，然後針對當地對於廢棄物、水及能源過程的環境敏感度進行一系列評估，概念如圖 7.23 所示。

區域型工業生態網絡，則是放大版的完整的工業生態園區，先設定其區域為一工業區的系統邊界，將當地產業聚落與其他區域的產業聚落設定為系統元件，而連結相似於完整的工業生態園區，如圖 7.24 所示。當這些產業聚落所排放出廢棄物進行清運或輸送至需求聚落時，這一部分即是達成資源再利用的概念，而這樣的區域性的工業生態網絡，除了比照工業生態園區之規則外，還必須考量永續產業定位區域發展的管理及策略擬定、環境儲存及廢棄物處理之監控、評估政策跟地方政府實施間的差異，以及環境政策標準對當地回收產業的影

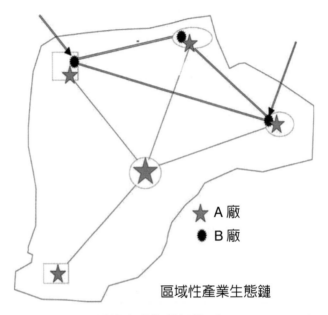

區域性產業生態鏈

圖 7.24 區域性產業生態網絡（Roberts, 2004）

響、評估內區域和被汙染地區對環境政策的支持程度，以及對綜合產業發展的看法。以上，可以看出工業生態學提出了許多對於永續環境的具體理念及作法，但在執行上卻面臨許多問題，以下則針對工業生態學的阻礙，進行一一的探討。

5. 工業生態學的阻礙

即使工業生態學對於國家的社會、經濟、環境帶來很多好處，但在建立工業生態園區上仍然有很多阻礙。這些阻礙主要分為五大項：技術、市場與資訊、財務金融、法規、區域策略。

- **技術障礙**：技術障礙是建立工業生態園區中主要的挑戰。首先，必須先確切了解廢棄物的轉化機制或是製程零廢棄之創新

理念，才能使廢棄物轉化爲更有價值的物料或是金錢。物料永續循環利用的技術問題勢必要解決的，包含物料品質、物質供應量等。但此問題卻也面臨著經濟發展過程可能因回收的成本降低（或增加），導致其物料轉化產生斷層，進而影響到市場經濟的變化。

- **市場與資訊障礙**：市場與資訊是經濟學的重要元素。在政府沒有直接干預的情況下，市場內的廢棄物量取決於廢棄物在經濟市場的價格。工業生態系統或循環型經濟將廢棄物視爲一般的商品，並使之能在市場上交易，市場資訊的透明程度決定了廢棄物在市場上的流通狀況。例如：Chicago Board of Trade（CBOT）與多個政府部門、貿易單位合作，建立廢金屬交易的金融機制。其他的交易機構，如：廢棄物交易網（National materials exchange network, NMEN）與全球回收網（Global re-cycling network），皆促進了城市廢棄物的流通與工業廢棄物的交易。

- **財務金融障礙**：私人企業是最基本的經濟單元，除了政府利用直接命令的方式規範企業必須從事的汙染防治行爲外，企業應該必須利用各種經濟組織來規範企業的商業行爲。對於某些公司而言，環境議題在公司的決策過程中扮演關鍵性的角色。若經濟市場或組織可以研擬各項的環境規範（如：環境成本會計系統），將有助於打破財務金融障礙。

- **法規障礙**：環境法規對於公司的環境治理具有很大的影響力。企業必須回應地方、國家與國際的法規制度，以確保環境保護的品質。雖然環境法規在某種程度上已經建立起環境保護的規

範，但是有更甚者則認為環境保護的範圍應該更廣泛，並且應降低法規的成本、提升法規的品質。而對於國家間的廢棄物回收再利用法規中，可能因規範不同，導致運輸、儲存及處理上，有所障礙。而這樣的做法會阻礙廢棄物再利用的措施。

- **區域策略障礙**：地理位置通常會提供工業生態學建立的基礎。工業發展在某些特定的區域以空間聚落的形式增長、擴大，這通常與某些因素有關，如：取得原物料的管道、方便的運輸紐、技術專家與市場，這種現象對於重工業而言更是如此，因為他們需要輸入大量的原料，還會產生大量的廢棄物。再者，支持大型工業園區的產業和他們客戶的距離通常在合理的範圍內，由於地區具有獨特性，故可以針對各地區的工業部門進行個案探討。

6. 其他國家之循環經濟概況

建立生態工業園區是一個複雜的過程，因為這需要整合各種資訊、技術、創新，並且需擴大生產者的責任、為環境設計並制定策略。許多國家皆採取了類似的措施，只是方法有些微不同。例如：1996 年德國聯邦政府針對循環經濟制定相關法案，不久後，日本政府便根據產品設計與資源再利用執行循環經濟理念，緊接著實施循環經濟的是中國政府。循環經濟途徑是一個廣泛整合清潔生產與工業生態學以提升資源使用效能的系統，這個系統涵蓋了工廠、工業網絡、工業鏈、生態工業園區與區域基礎建設，目的在達成資源的最佳化利用。

　　德國：德國政府於 1996 年通過了一項新法案，促使德國朝向循環經濟發展，該法案根據產品、消費、回收與廢棄的生命週期所制定，目的是為了最小化生產過程所產生的浪費，並且鼓勵透過設計讓回收變得更簡易。廢棄物防治與加強回收的溯源策略是德國循環經濟法案的主要方針，並透過建立大量的生態工業園區與廢棄物交換計畫實踐目標。支持德國政府實施該項計畫的研究機構及部門提供與清潔生產、生命週期分析和設計等相關的策略建議，並且停用戶工業部門與環境相關的設計工具。

　　日本：根據日本環境局（1998）的統計，日本每年平均消費了 1950 百萬噸的天然資源，並且進口超過 700 百萬噸。與此同時，每年廢棄的總額約 450 百萬噸，其中 60% 的廢棄物被掩埋或焚燒。藉此日本政府根據一系列促進回收體制的基本法與促進有效利用回收資源的法案，達成循環經濟的計畫。1999 年 7 月產業結構委員會發布與回收法案相關的基本原則架構。此外，也有其他法案用來支持循環經濟。

　　中國：中國政府利用循環經濟來證明近年來他們在永續發展上的努力，他們主要透過國際社群（international communities）來實現永續理念。惟中國針對永續發展的立法基礎明顯不足，故需透過立法草案協助建立一個原物料回收再利用的社會體制（中國網路資訊中心，2005）。循環經濟的理念在中國被用來作為減低消耗天然資源或傷害自然環境的策略。循環經濟的概念是提高自然資源的使用效能，並以此改善自然資源的生命週期達成永續發展的目標。中國的計畫經濟屬於由上而下的途徑，該架構與多數開發中的國家相似。循環經濟是針對企業、工業園區與服務所建的廣大系統，該系統結合乾淨生產技術

與工業生態學的策略，目的在促進自然資源的最佳化利用。一個完整的社群組織，無論是企業、政府或大眾，都應該扮演達成循環經濟理念的角色，其基礎行動始於下列各點：

- **第一個行動**：始於獨立的公司組織，其管理者應尋求符合循環經濟的階層體制。
- **第二個行動**：建立工業園區內資源回收再利用的系統，該行動能確保資源將在當地的工業園區範圍內被循環使用。
- **第三個行動**：整合不同產品與消費系統，該行動能使資源在工業體系與社群間相互循環。

循環經濟一開始的目的是為了吸引跨國企業投資，其方法透過上述三個行動展開，透過資源回收再利用、清潔生產企業與公共設施等達到工業循環經濟之目的。第三個區域層級指的是整合郊區、都市和農村地區的物質流管理。循環經濟的概念是由清潔生產與工業生態學的概念所組成且應用在工業生態學上。其主要的策略是在國家的範圍內建立生態工業園區與網絡，另一方面，工業生態園區的基礎理念是某工廠可以使用另一工廠的廢棄物，但這似乎違背了區域循環經濟的目標。國家必須注重循環經濟的需求，而非只是透過建立工業園區來達成此目的。在中國，某些區域的生態經濟園區已經可以透過清潔生產來達成循環經濟的目標，這就證明了生態工業園區是達成循環經濟的一個手段。但無論如何，這並不僅止於只要使用其他工廠的廢棄物，他所設定的範疇應該要比這方法更加廣大。

美國：回顧美國循環經濟的經驗，利害關係者是促進建立生態工業園區與網絡之要角，為了實踐健康、安全與環境法規，由上而下、由下而上的整合途徑是必要的。自 1994 年起，美國就著手推動生態

工業園區，主要由環境保護局、南加州的研究機構與設立於加州的 Indigo 發展機構三方結盟，最終促使白宮重新發表聲明，進而促進了社群經濟發展。美國環保署 Suzanne Giannini-Spohn 女士認為提升能源的使用效能、回收、汙染管制以及環境管理系統，是建立生態工業園區不可或缺的方法。1995 年美國環保署著手改善法規的效率、減低沒有必要的負擔並透過結盟、彈性的方案推動建立生態工業園區之基礎概念。與此同時，很多研究人員根據美國環保署生態工業園區的概念制定許多與生態工業學、汙染防治等相關的策略方針，其主要如下幾點所示：

- 修正現存法規。
- 改革現存的許可證，並回報進度。
- 制定以績效為本的法規。
- 促進使用設施範圍許可證。
- 促進多媒體使用許可。
- 利用市場途徑，如：排放權交易。
- 實施製造廢棄物之責任延長條例，藉此影響商品的設計、製造、使用、再利用及回收之措施。
- 促進工業部門間的技術傳播。
- 提供技術發展與交流的機會。
- 為工業生態學應用提供技術開發資助。

許多研究單位及大學皆與聯邦政府和地方政府共同合作發展工業生態園區。對於工業生態園區而言，由研究機構、大學與眾多不同的利害關係者透過合作所產出的技術與指導方針具有一定的重要性，因為它們可以提供可靠的指南。

加拿大：Peck 等人（1997）認為加拿大聯邦政府與省政府推動生態工業園區主要根據五大策略與方針，如下：

- 確保我們的未來共同計畫。
- 商業計畫與永續發展策略。
- 永續發展策略。
- 更新加拿大環境保護法案與毒性物質管理。
- 聯邦汙染防治策略。

加拿大朝向永續發展的策略主要反映在數個規劃與行動計畫上，雖然它們沒有特別強調或支持生態工業園區的發展，但是 Peck 等人（1997）認為由它們的動機、目標與結果就可略知一二。很多由聯邦政府所制定的策略、計畫、工具與倡議皆是用來協助生態工業園區的發展，雖然這些規則並非特別針對生態工業園區而立，但它們主要針對原物料與能源管理，這些都與生態工業園區的準則不謀而合，這些法案與動機再再鼓勵了生態工業園區在加拿大的發展，舉例來說：

- 透過大眾團體、專業設計團隊、簽訂計畫契約與公司企業等的協作，跳脫傳統框架的牽絆。
- 提供開發者較長的融資與借款週期。
- 比起私人企業，公部門可以承擔更多發展工業生態園區所帶來的成本與負擔，公部門也可能因為公眾利益而願意付出更多。
- 使用他人的剩餘產品做為公司生產的投入（Input）存在供應鏈不穩定或是市場風險的情況，但這可以透過管理客戶與供應商的關係解決之（如：制定合約、改變心態等）。
- 交換副產品可以避免持續依賴有毒原物料。在使用有毒原物料之前，都應先考慮材料替代的清潔生產策略或重新設計製程。

【問題討論】

一、就系統化的組織及其組成架構而言，何謂管理（management）？管理
的對象與目的為何？何謂管制或管控（managerial control）？管制的
對象與目的為何？何謂控制（control）？控制的對象與目的為何？環
境保護主管機關對事業單位是管制或控制？試舉例申論之。（環保行
政、環保技術，環境規劃與管理概要，100年普考，25分）

二、請敘述系統分析法的作業程序，有哪些步驟？（環保行政、環境工
程，環境規劃與管理，103年地方特考三等，20分）

三、環境問題非常複雜，環境系統分析利用系統性思維（system think-
ing）分析複雜的環境問題，得以較有效地解決這些複雜的環境問題，
請說明一般環境系統分析之程序與內涵。（環保行政、環保技術，環
境規劃與管理，104年薦任升等考，25分）

四、請輔以適當的工具，如環境系統分析方法，對新設工業區之納管集中
處理的廢水，詳述應如何規劃工業區廢水循環回收再利用及其相關管
理方法？（環保行政、環境工程，環境規劃與管理，104年地方特考
3等，25分）

五、行政院環境保護署日前公告了高屏地區空氣汙染物總量管制計畫，請
以空氣汙染總量管制區為例，說明如何以環境系統分析之系統性思維
（system thinking）規劃最佳化之空氣汙染排放管制策略之程序與內
涵。（環保行政、環境工程、環保技術，環境規劃與管理研究，104
年簡任升等考，25分）

六、在協助事業單位規劃與設計汙染防制設施時，排放標準、排放總量、
處理成本及可用土地面積之中，哪些是規劃與設計的限制條件？哪些

是最佳化的目標？請具體說明申論之。（環境規劃與管理，103 年環工技師，25 分）

七、吾人在解決環境問題時，常會有一個盲點，就是僅針對該問題的現象去解決，也因此常會有解決了當下的問題卻衍生了其他問題的窘境。真正釜底抽薪的辦法，應該是應用系統思考的方法（systems thinking approach），綜合考量與分析，這問題發生的緣由及相互關聯性，據以提出最佳可行的解決方案。試問：（環保行政、環境工程，環境規劃與管理，103 年高考三級，每小題 6 分，共 24 分）

1. 系統是什麼？

2. 其主要特性為何？

3. 系統思考與一般性思考的差別為何？

4. 試以垃圾處理為例，說明如何結合系統思考及系統分析來解決此一環境的問題。

八、隨著地球環境氣候變遷與異常，我國已擬定國家減碳總目標，試以台灣地區之鄉鎮或社區為範疇（如假設人口數 5 萬），試說明地方政府推動低碳或減低二氧化碳等溫室氣體所涉之環境規劃與可行的相關管理工作？（環保行政，環境規劃與管理概要，102 年身障人員特考四等，25 分）

九、基於自然界中沒有任何東西是無用之物的概念，我國正積極推動「零廢棄」政策，以及提倡永續物質管理及循環型社會的理念。（環保行政、環境工程，環境規劃與管理，103 年高考三級，每小題 9 分，共 27 分）

1. 何謂永續物質管理？

2. 何謂循環型社會？

3. 試述達到循環型社會的具體作法為何？

十、國內有許多不同性質的受汙染場址，這些場址應如何建立管理的優先次序？請說明應考量哪些因素，以及應進行之分析工作的程序與內容。（環保技術，環境規劃與管理，102 年高考一級暨二級，25 分）

十一、請說明下列三種歐盟環保指令。（環保行政、環保工程，環境規劃與管理，102 年公務人員高考三級）

1. 危害物質限用指令（RoHS, Restriction of Hazardous Substances）（9 分）

2. 廢電子電機設備指令（WEEE, Waste Electrical and Electronic Equipment）（8 分）

3. 能源使用產品生態化設計指令（EuP, Energy-using Products）（8 分）

十二、1. 試簡要說明生命週期評估中關於功能單位（functional unit），系統邊界（system boundary），分配原則（allocation）與截斷準則（cut-off）的考慮要點。（10 分）

2. 試以不同電力結構的政策環境影響評估為例，說明如何進行生命週期評估，以輔助制定國內未來電力結構的政策。（環保行政、環保技術，環境規劃與管理，101 年公務人員高考三級，15 分）

十三、環境問題主要乃由於產品與服務的需求與供給活動所致，因這些活動涉及物質能量的流動。試以繪圖輔助簡要說明環境問題的形成，以及潛在可以進行干預與管制這些物質與能量流動的切入之處。

（環保行政、環保技術，環境規劃與管理，101 年公務人員高考三級，15 分）

十四、何謂「產業生態學」（industrial ecology），並以國內工業區為例，申論推動產業生態園區之策略及步驟。（環保行政、環保技術，環境規劃與管理，101 年地方特考 3 等，25 分）

十五、二氧化碳是目前公認的主要溫室氣體之一，如果利用人為的方式將大氣中的二氧化碳捕捉並儲存至地下，是否會對生態系統造成負面影響？請根據生物地質化學循環（biogeochemical cycle）或物質循環（material cycle）申論之。（環保行政、環保技術，環境規劃與管理概要，103 年普考，25 分）

十六、事業單位在訂定一套資源善用措施時，應以資源利用活動為對象，檢討其利用需求與方式，以訂定出一套具體可執行且可檢討改善的措施。請以協助大學訂定一套具體可執行的節約用水措施為例，提出一個規劃訂定的程序步驟，並說明每一個步驟的目的、方法及產出。（環境規劃與管理，103 年環工技師，25 分）

十七、「工業生態學（IE, Industrial Ecology）」為探討工業與生態系統間之互動關係，以系統性的觀點，全面考量人類文明發展所造成的環境問題，希望能促使物質或能源之再利用，以及提升物質或能源之使用效。1.請列舉五項如何達成「工業生態」目標之方法為何？（15 分）2.請再列舉兩項可作為評估達成工業生態目標方法成效之評估工具為何？（環保行政、環保技術，環境規劃與管理概要，105 年地方特考，10 分）

十八、2015 年的巴黎氣候變遷（COP21）議定書核心價值是要建設韌性（resilient）城市，此與我國推動生態工法（ecotechnology）關聯性如何？試述其能否從過去的灰色建設（grey infrastructure）走向綠色建設（green infrastructure）？（環保行政、環保技術，環境規

劃與管理概要，105 年普考，20 分）

十九、永續發展或可持續的發展（sustainable development）是可持續改善
　　　人類生活品質而又不超出維生系統承載力（carrying capacity）的發
　　　展，因此，要確保維生系統（人類 – 自然生態系統）的承載力或永
　　　續性（sustainability），就必須以人類 – 自然生態系統的物質與能
　　　量循環作用爲對象，實施供需平衡的總量管理（注意：不是針對自
　　　然承受體或汙染源汙染排放的總量管制），爲什麼？請舉例申論
　　　之。（環保行政、環保技術，環境規劃與管理概要，100 年普考，
　　　25 分）

第八章　環境績效管理

　　績效評估的目的是為了使管理者了解系統的行為與問題並進行有效的管理，績效評估通常是為了分析政策、方案、計畫、行動或管理程序介入環境系統後，系統目標的進展情形。若實際結果與預期目標不同，則針對目標或方案進行適當的修正，以使實際的系統產出能夠符合管理者的期待。因此，透過績效評估與管理管理者可以了解我們做得如何（正確的程序表現）；方案是否已經達到我們期待的目的（確定目標和參考標準）；不同利害關係者是否滿意我們所提出的方案、系統程序是否在我們的控制範圍之內（控制組織的效能和效率參數）；程序是否有必要改進或應該改善哪些程序（辨識以及確認問題）。績效評估提供了一種系統化、結構化的方法，來評估各種策略與行動方案的效能（Effectiveness）與效率（Efficiency），因此為了讓管理者能夠根據績效評估的結果進行系統的調整與控制，績效評估必須與決策目標緊密相連，如此才能讓管理者更了解應關注的問題，迫使組織集中資源修正策略與行動方案，以實現組織預定的管理目標。

　　績效評估除了用以調整目標、策略和行動方案外，也可以用於員工的內部溝通，以及利害關係者的外部溝通上，而這些溝通都必須建立在正確、合理的績效評估結果上。事實上，在資源以及各種環境條件的限制下，評量系統通常必須經過簡化，它無法完全反映系統的行為，因此管理者必須在評量系統的準確性與環境資源限制之間取得妥協。因此，在建立績效衡量系統時，應注意資料數量積累，太多的數

據會造成分析成本的大幅上升，收集的數據量太少則可能忽略了關鍵資訊或導致資料集無法被有效使用；注意資料品質，避免收集不必要或品質不良的數據；避免側重於短期資訊的取得，忽略了長期的策略需求；應以目的為導向設計評估架構，避免與組織策略目標沒有關聯的評估項目。不同的評估對象，會有不同的評估重點。若以評估標的進行區分，則績效評估可大致區分成個人績效評估、操作管理、計畫（政策）績效評估以及組織績效評估等幾大類，管理者可制定合適的績效指標，來評估個人、操作管理、計畫（政策）、組織績效，了解是否達成既定目標，此系統化評估績效過程即為績效評估。

第一節　績效評估的內涵

正確、有效的績效評估必須建立在合理的評估架構以及可信賴的績效數值上，因此進行績效評估之前必須先定義績效的內涵、確認評估的架構以及建立有效率的績效衡量系統。一般而言，績效是管理與控制的基礎，它經常被定義為完成一項任務的能力，為了有效的量測績效，管理者通常會在任務執行前定義一個標準，作為衡量該任務執行後的實際產出與目標產出之間的差距，將此差距作為衡量該任務的績效水準。績效的評量通常包含效能（Effectiveness）與效率（Efficiency）兩大內容，它們分別代表目標的達成度以及執行過程的效率。因為績效評估的目的是為了確保組織的各種活動能獲致預期結果，並根據實際產出與預期目標之間的差距以進行組織的目標管理、行為管理與程序控制，達成持續改善的目的。在實際的管理問題中，決策者經常面臨各種不同的決策管理問題，如：政策或專案計畫執行的績效

如何是否符合當初的決策目標;如何比較不同單位(如:焚化爐等設施單元的營運)的執行績效;如何透過績效評估找出績效優良以及績效不良的原因,並進行回饋控制,以維持系統的持續改進。無論是何種績效評估問題,都可以利用系統思維的方式,以結構化、系統化的方式進行一系列的評估程序。

如前所述,系統理論認為環境系統是由各種生物與非生物物件所組成的複雜系統(Complex system),在這個複雜系統中,生物與非生物物件會利用能量流、物質流以及訊息流的方式進行非線性的交互作用,交互作用後所產生的系統特徵或反應我們稱之為系統行為。系統內的每一個物件都有它們特定的目的與功能(Function),這些功能會透過物件的狀態變數展現出來。如果我們能夠掌握這些物件的狀態變數,便能預測或控制系統的行為變化,而績效評估的目的就是藉由了解與分析這些系統狀態變數的變化,來了解一個政策或方案介入後系統特徵與行為的改變,並擬定各種決策方案使系統的運作更合乎我們的期待。指標在環境評估中扮演狀態變數的角色,它負責評估環境系統的狀態與變化。一個良好的指標系統,才能真正反映出系統的狀態與行為變化,而指標系統的架構則直接影響了監測計畫的內容與評估工具的選擇。因此,系統的評估指標通常必須在環境監測作業進行之前完成。以系統分析的觀點來說,指標的建立可以利用包含:1. 確認評估目的與內容;2. 確認評估範圍;3. 確認評估系統內的單元物件;4. 確認單元物件之間的關聯;5. 確認物件特性與評估因子在內的幾個程序來完成。

衝擊是指事件介入系統後系統特性的變化,這些變化來自政策方案或開發行為介入後對系統所產生的直接性以及間接性衝擊。所謂間

接性衝擊是指政策方案或開發行爲會經由第三者影響我們所關心的系統特性，若系統中有多個不同的間接性衝擊路徑，則會因爲傳遞的時間差造成系統特性變化的多樣性。眞實的環境系統是一個非線性的動態系統，在這樣一個複雜系統中，非線性響應造成的擴大、累積與衰減效應會使得事件對環境特徵的變化具有不可預測性，這也使得間接衝擊通常具有明顯的時間延遲效應（Time-delay），特別是與經濟、社會與生態有關的政策方案。因此在這種長時間、大範圍的評估問題中，規劃、興建、營運與廢棄的每一個階段，都可能歷時一段很長的時間，在評估的時間範圍內，受衝擊的對象常會以隨機或半隨機的方式出現在評估的空間範圍內（如圖 8.1 所示）。

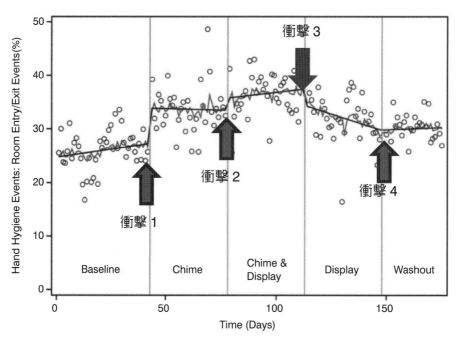

圖 8.1　間接衝擊的時間效應

　　績效評估的目的是為了了解一個事件發生前後，系統特徵或行為的變化，系統可以大如一個國家也可以小到一個設備，而事件則可以是政策、策略、行動、規範或程序。管理者可以從效益觀點、效率觀點以及品質觀點來定義績效衡量的方式。效率觀點著重在性能的表現，強調個體或組織的執行成果，評估時多將實際的產出表現與預期的目標進行比較，此時的績效評估也被認為是一種效能評估。因此，常以效能表現來代表績效（如方程式 (8.1) 所示）。從效率的觀點而言，則績效可以方程式 (8.2) 表示之，其中潛在產出指的是系統的最大可能產出；也可以傳統生產力指標（實際產出與實際投入的比值）來表示效率觀點的績效。

$$\text{效能觀點的績效} = 「實際產出」/「目標產出」 \tag{8.1}$$

$$\text{效率觀點的績效} = 「實際產出」/「潛在產出」$$
$$= 「實際產出」/「實際投入」 \tag{8.2}$$

一、績效的效益觀點

　　以成本與效益來衡量績效是最常見的一種績效評估方式。如圖 8.2 所示，利用成本與效益資訊，管理者可以了解一個政策或方案是否具有經濟效益，以及規模與經濟效益之間的關係，並從中選定最大效率的方案。但必須注意的是，環境成本與環境效益的量測必須注意外部性（Externality）問題。

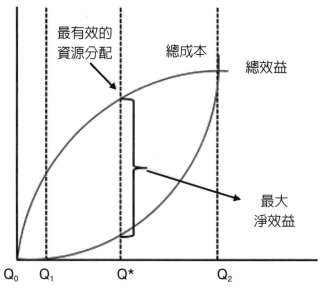

圖 8.2　以成本與效益衡量績效

二、績效的效率觀點──生產可能曲線

　　生產可能曲線（Production possibility frontier）用來描述在既定的經濟資源和生產技術條件下，各種商品的最大生產組合，它可被用來說明一個國家應該如何分配稀缺性資源，選擇各種生產組合以使生產效率最大化。如圖 8.3 所示，生產可能性曲線以內的任何一點（如圖 8.3 的 E 點），說明還有資源未得到充分利用，仍有閒置資源，若從技術、規模等不同面向進行改善，則仍有提高生產的潛力；而生產可能曲線之外的任何一點，則表示現有資源和技術條件所達不到的生產組合；只有生產可能曲線上的點，則代表資源配置最有效率的點，在這個情況下技術和資源可以發揮它們最大的效用。在生產可能曲線

上的點都可以成為無效率點（如圖 8.3 的 E 點）的標竿學習對象，協
助無效率點擬定改善的策略。生產可能曲線也說明了選擇的代價就是
機會成本，亦即在資源與技術既定的情況下，為了多生產一個單位的
特定產品，必須減少生產某些單位的另一種產品，當決策者選擇要生
產這個特定產品時，必然要付出的損失就稱為機會成本。

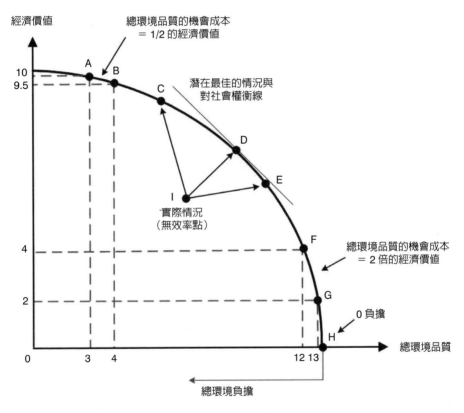

圖 8.3　生產可能曲線

　　生產可能曲線會隨著經濟增長因素（如資源投入及技術水平）而改變，如圖 8.4 所示。當系統資源投入增加或技術進步時，會使得生產可能曲線向外移動（如圖 8.4(a)）；當投入資源減少或技術退步時，則生產可能性邊界則會向內移動，而移動的大小則取決於投入資源（或技術）增加或減少的幅度。生產可能曲線的移動形式有兩種：一種是平行移動，亦即移動前後的生產可能曲線相互平行，這種狀況說明技術和投入資源的改善同時擴大或減少了不同產品的生產量；另一種是非平行的移動，這說明技術進步無法同時使每一種產品的生產產生同步的成長。技術進步快的部門，其產量增長快；反之，技術進步慢的部門，其產量增長慢。這樣的變化改變了生產可能曲線的位置和型態。

　　明確的績效目標可以提供不同利害關係者可用以討論、監控與評估的客觀標準，協助被評估單位進行有效管理。績效目標的類型很多，如：短期目標與以及中、長期目標等。無論哪一種目標類型，質量（如：環境品質）、數量（如：汙染負荷量、成本、效率和時間）是績效管理中最常被用來衡量績效水準的指標項目。指標可以根據評

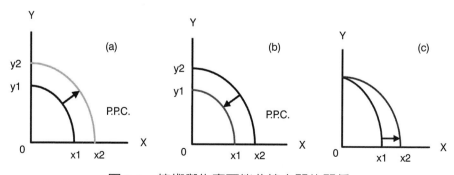

圖 8.4　技術與生產可能曲線之間的關係

估目的進行選擇，但是它們必須具備：定義清晰、具代表性以及容易量化的特性。對於多目標的管理問題，目標選取、目標之間的衝突管理也是績效評估與管理的核心問題。以圖 8.5 為例，若績效評估項目包含效益、時程與成本，可以看出基本上這些績效目標是互相衝突的，管理者必須先確認每一個管理目標的相對重要性、每一個目標的邊際效益以及他們可以折衝的範圍，並依據這些內容擬定最適化的效益目標。

真實的環境系統通常具有多個投入（如：自然資源、成本、人力資源、時間成本等）以及多個產出（如：產品、福利、汙染產生量等）的特性。為了綜合各種績效指標，管理者可以利用系統投入與產出的概念來衡量環境系統的整體績效。從系統投入與系統產出的觀點來

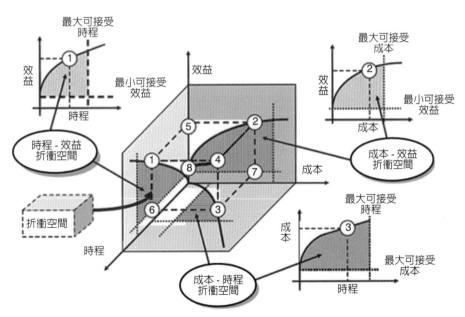

圖 8.5　技術與生產可能曲線之間的關係（Charles, 2015）

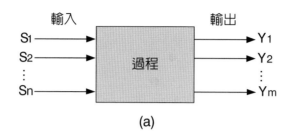

$$效率 = \frac{Sum(S_1 + S_2 + \cdots + S_n)}{Sum(Y_1 + Y_2 + \cdots + Y_n)}$$

(b)

圖 8.6　投入與產出為基礎的效率模型

看，效率可被定義為產出總和與投入總和的比值（如圖 8.6 所示），亦即投入資源的總和最小、產出總和最大時，系統將具有最大績效，這是一種相對比較的概念，因此常應用於方案的比較上。但必須注意的是利用圖 8.6 的方式進行績效評比時，受評單位必須具備同質性，若系統性質與規模不同不宜應用此方法進行評比。

　　1992 年世界可持續發展工商理事會（World Business Council for Sustainable Development, WBCSD）提出生態效率的概念，認為要實現產品的生態效率，企業在提供產品和服務的同時，也必須提高人們的生活質量，逐步降低天然資源的消耗以及汙染的產生量。以日本東芝集團為例，他們將生態效益定義如圖 8.7 所示的內容，其中分子和分母分別代表可改善生態效率的不同面向，分子表示產品所提供的價值，分母則表示產品對環境的衝擊。從績效評估類型的觀點來看，這種評估方法是一種效率觀點的績效評估方式。為了促進環境友善化設計，世界銀行文化社會發展署也於 1999 年提出七個提升生態效能的

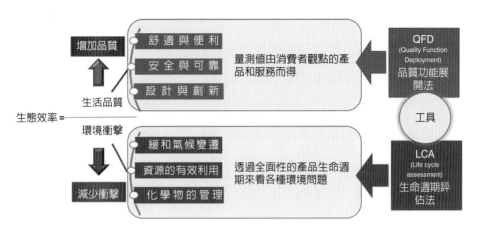

圖 8.7　生態效益

具體行動方案，包括：1. 降低商品及服務的材料密集度；2. 降低商品及服務的能源密集度；3. 減少有毒物質的傳播、擴散；4. 提升原物料回收再利用的可能性；5. 極大化使用可回收資源的永續性；6. 延長商品的耐久性；7. 提升商品及服務的強度，透過系統設計，延長其在產品生命週期中循環的可能性。這些指標都可作為系統投入或是系統產出的指標項目，並納入圖 8.7 所示的評比架構裡面。

四、品質觀點

品質也常被作為績效評比的項目，尤其是對於從事生產的單位而言，例如：產品生產的良率、實驗室分析的品質。品質的定義依據受評比單位的生產特性而定，但基本上品質討論的重點經常包含了：可靠度（Reliability）、一致性（Conformance）、耐久性（Durability）以及可操作性（Serviceability）等幾種不同的維度。從品質的觀點而言，績效可定義為方程式 (8.3)。

- 可靠度：是指產品或服務在設計的使用期限內，能夠滿足使用者所期待的使用時間與操作機能的程度。
- 一致性：無論生產量為何，產品或服務均能維持在相似的品質水準下。
- 耐久性：指產品具備一定的使用年限，不會因為外在環境的些微變化造成產品或服務無法持續使用。
- 可操作性：指產品或服務損傷時，可修復的難易程度。

$$績效 = 符合特定品質的產出比 / 投入 \qquad (8.3)$$

因為與品質管制有關的活動包含：增加製程穩定性、減少產品變異、維持產品品質等不同面向問題，因此常利用圖 8.8 所示品質管制圖，並利用系統的品質指標作為績效量測的依據。

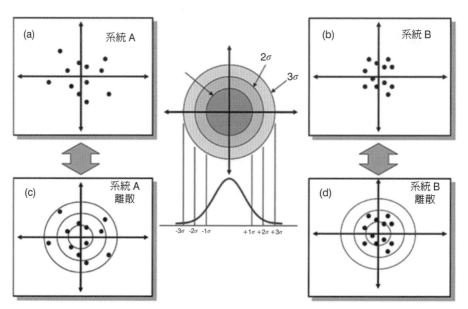

圖 8.8　品質控制的績效項目

第二節　績效評估的架構與程序

　　系統是一個由不同的功能元件為了一個共同目的所組成的實體，系統內的組成與架構會因為系統的目標與範疇而產生變化，系統理論認為系統內的組成（元件與子系統）會利用物質、能量與訊息的流動而產生彼此之間的關聯，當事件（Events）（如：政策、方案、設施與行動）介入後，系統元件的功能狀態以及元件之間的物質、能量與訊息流動便會產生變化，經過了元件之間的交互作用後，系統行為便產生了變化。績效評估的目的就在於衡量事件介入後系統行為的變化，同時找出導致系統行為變化的原因，最後藉由調整系統結構、改變系統輸入或調整系統元件的功能函數來達到管理與控制系統行為的目的。如圖 8.9 所示，一個複雜系統的行為（績效輸出）通常是多種變因（例如：設備增加、系統增能、流程變動、投入改變或是外部環境變化）共同作用後的結果。因此，建構績效評估架構前，必須清楚地了解待分析問題的系統結構，設計評估指標與量測系統。

一、績效目標與範疇界定

　　系統理論強調目標導向式的規劃與管理，因此設定績效目標是績效管理的首要工作。績效目標必須是一個具體、可衡量、可實現的要求，因為唯有明確的績效目標，管理者才能清楚地確認管理對象與內容，員工也才能明白要怎樣做才能符合企業的發展需求。在現實世界中，任何事件（如：政策、方案、設施與行動方案）介入環境系統後，都會直接或間接地影響著系統內的不同利害關係者，這些利害關

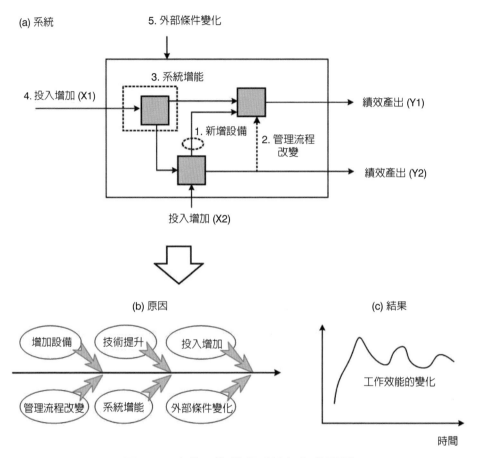

圖 8.9　事件、物件與系統行為的關係

係者通常關注著不同的議題，有著不同的績效目標。績效評估目標的
設定必須滿足不同的利害關係者，當目標互相衝突時，利害關係者之
間的溝通與目標之間的妥協便顯得非常重要，而目標的設定則直接影
響了系統的時間與實體邊界。由此可知，目標的確定是績效評估系統
的基礎。

1. 時間邊界

　　根據時間尺度的不同，評估問題可區分成長期的策略管理、中期的經營管理以及短期的操作管理三種類型的問題。中、長期管理問題偏重在效能評估，而短、中期管理問題則側重在效率評估上。如第一章所述，因為系統具有層級特性，長期目標可以分解成各種不同的中期目標，中期目標又可進一步解構成各種不同的短期目標。對於一個長期性的政策方案而言，短期的系統反應通常無法代表政策方案的真實效能，因此建置績效評估系統前，應從系統的層級觀點分別了解受評估單位的使命、目標、策略與行動方案的內容以及它們之間的層級關係，並從這樣的層級關係中找出績效評估的關鍵要素。從系統的層級觀點而言，一個完善的績效評估系統應包含如表 8.1 所示的基本資訊，透過系統化的分解於重整，管理者便可確定績效評估系統的績效評估指標以及應對應的資訊品質，同時了解被彙報的資訊是什麼？是誰負責收集和報告績效的資訊？績效評估報告的時間和頻率為何？資訊如何呈現和紀錄？以及績效指標是對誰報告？

表 8.1　策略計畫要素和績效評估屬性

策略計畫要素	績效衡量屬性
使命（Mission）	長期任務或期望「結束狀態」的屬性。
目標（Objectives）	描繪實現標的所需的策略活動。
策略（Strategies）	定義與目的相關聯的策略（長遠的）需求，通常包含日期、評估依據和績效願望（標的）。
行動方案（Actions）	辨識連接到策略的短期要求，通常包含成本、時間、里程碑、質量或安全屬性以及績效標的。

2. 實體邊界

　　除了時間邊界之外，評估目標也會改變評估系統的實體邊界，並直接影響評估系統內的指標組成。以圖 8.10 為例，一個企業在營運過程必須面對不同的利害關係者以及各式各樣的外部環境，除了組織架構和人員管理外，產品和製程管理也不容忽視。為了聚焦問題，管理者必須先確認評估的目的與具體的實體邊界，在圖 8.10 所示的案例中，管理者可以選擇大尺度的環境系統為邊界，將社會環境作為績效評估系統的實體邊界，也可以選擇小尺度系統做為評估標的，將範圍較小的公司環境或是消費者環境作為評估系統的實體邊界。在評估目標和系統邊界確認之後，管理者便可進行下一階段的工作，將評估指標與量測系統架構依次地建立起來。

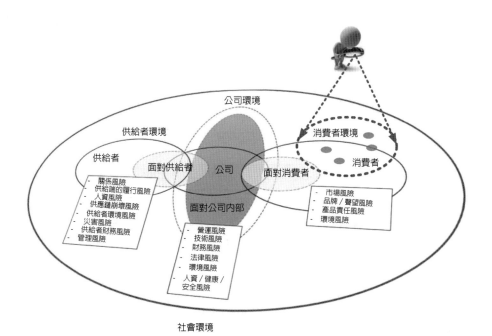

圖 8.10　評估系統的實體邊界與元件組成關係

確認系統邊界後，管理者必須進一步分析受評單位的系統架構，以及確認系統內的重要程序，常見的受評單位可能是一個實體的設備單元，也可能是抽象的管理程序與政策方案。事實上，績效評估通常同時包含了設備單元與管理程序這兩項內容，以實體系統評估為例，管理者必須清楚地了解實體系統內各項元件的目標功能與特性，確認這些實體元件是以何種流動（Flows）形式（如：物質流、能量流、金流、人力流或者是資訊流）產生連結，而介入的事件是以何種方式影響著實體元件的功能以及它們之間的流動。從這些變化管理者便可判斷一個政策、方案、設施或行動方案是以何種方式影響著整體系統的效能。因此，管理者必須清楚了解受評估單位的系統架構，以及這個系統內的關鍵元件與程序，同時選擇適切的指標以反應元件的特性以及流動的變化，如此才能建立一個有效的績效評量系統。

以實體工廠的績效評估為例（如圖 8.11 所示），在管理者確認系統邊界後，可以確認系統與外部環境的連動方式，以及外部環境對評估系統所形成的環境制約。之後，管理者可以搜尋並確認系統內部的重要元件，了解這些元件在系統中的功能以及它們的特性，並決定利用哪些指標項目來反映這些元件的功能與特性。在這個受評案例中，這些元件透過物質與能量流的方式產生網狀的交互作用，並以線性或非線性的方式彼此影響。因此，選擇合適的指標來反應元件之間的流動變化也相當重要。如圖 8.11 所示，當管理者完成定義績效目標並確認每一個元件的權責分配後，便可根據上述的原則為每一個元件設置它們各自的標的（Targets）與績效指標，最後在設置績效量測系統進行目標的量測、比較與持續改善。如此，一個完整的指標架構以及量測系統便可逐步完成。

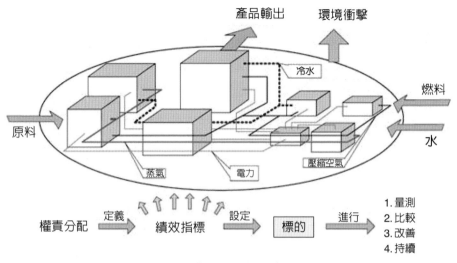

圖 8.11　實體系統之物件與流動關係

事實上在眞實系統中，實體系統通常被另一個抽象的管理與控制系統規範著，這個抽象的管理系統通常是一個由訊息流、金流和人流所組合而成的政策、制度或是管理程序。系統的整體績效表現除了受限於實體單元的功能表現外，也與管理系統息息相關，因此受評單位的總體績效表現常被區分成技術績效與管理績效兩大類（如圖 8.12 所示）。其中，技術績效著重在設備改善方案、設備功能提升以及環境衝擊控制等內容，其目的是期望藉由評量產品設計、製程設計、原料投入以及設備狀況來呈現技術面的績效表現。另一個績效評量強調管理面向，此面向主要著重於人員、組織與程序內容，因此維護機制、管理程序以及操作行爲的控管等內容是管理面向的績效評估重點，希望透過績效評估來展示管理與行爲的改善程度。事實上，管理者可以根據受評估對象的特性以及評估目的進行評估項目的調整，使績效評估發揮最大的效能。

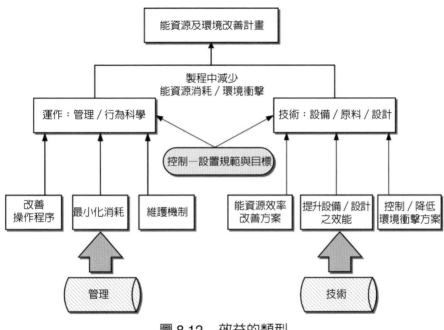

圖 8.12　效益的類型

二、元件要素的確認

1.元件要素的確認

　　在完成績效目標的定義、評估範疇的界定以及系統元件的確認後，管理者必須進一步確認足以代表元件與流動特性的要素，這些要素可能是環境限制因素（Environmental restrictions）、可能是可以改變元件特性和流動大小的控制變數（Control variables），也可能只是做為反應元件特性和流動大小的觀測變數（Observed variables）。以圖 8.13 為例，管理者根據績效評估的目的確認評估系統的邊界後，便可將影響系統運作的元件分成「外在環境」、「內部環境」、「系

統投入」以及「系統產出」等四種類型的元件。圖 8.13 中，A 代表
內部系統，並說明內部系統是由 A1～A6 等六個主要要素，每一個主
要要素則由數量不一的次要素所構成，這些主、次要要素構成了具有
層級性的要素系統。外部環境系統 B 也由四個元件（或要素）所構
成，外部環境的要素限制了系統資源的投入量、也控制著系統內部元
件的績效表現。在一個存在回饋控制機制的系統中，外部環境與系統
的投入資源則會受到系統產出的影響。系統的資源投入 C 基本上可
以區分成人為環境資源以及自然環境資源兩大類，系統資源的投入量
直接影響系統的運作效能。對於管理者來說，他可能想要了解來自系
統外部環境的制約量對系統的績效表現的影響，或是系統投入變化下
系統績效的變化，有時也想要了解系統結構或要素對系統產出的衝
擊。因此，管理者必須根據這些不同的決策目標，分別定義不同元件
的要素，並建立對應的指標項目與指標的量測計畫。

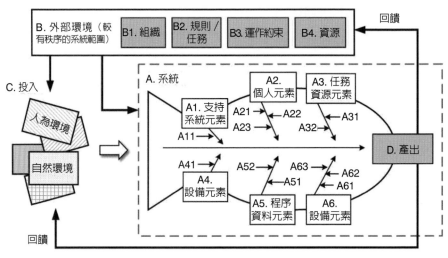

圖 8.13　層級化的系統要素分析

2. 系統程序管理

　　要素是系統的靜態組成，這些組成在不同的事件下被驅動、增強或減弱，而透過各種大大小小的程序組合，就構成了一個個的行動或策略方案。事實上，系統都是由爲數衆多的程序與子程序所組成，每一個程序對績效目標有著不同程度的影響，有些程序會產生負回饋使目標元件的輸出持續減少，有些程序則形成一個正回饋的循環使目標元件的輸出持續增加，這些具有正、負回饋效應的程序組成了一個完整的回饋控制系統。程序的掌握除了可以了解要素特性的變化外，對於系統的績效評量也有關鍵性的影響。爲了了解程序對系統要素的影響，必須清楚了解程序的主從以及層級關係。爲此，管理者可以根據評估的目的，將主程序再細分成子程序或子子程序，程序劃分的層級應根據評估的目的、程序的重要性以及量測系統的可得性來加以設計。

　　「程序圖（Process maps）」經常被用來標註程序的定性和定量資訊，程序圖大多利用圖形化的方式來展示行動、資訊流動以及程序行爲者（Process actors）之間的連結。系統理論認爲任何一個系統都包含爲數不一的子系統，同時也一定是一個更大系統的子系統。事實上，程序也具有這樣的系統特徵，因此繪製程序圖時，管理者可以根據圖 8.14 所示的方式進行系統程序的解構，繪製時先決定系統的母程序，再將母程序中重要的子系統獨立出來，進行細部分析後決定子程序的架構。理論上每一個程序都可再細分成更細的子程序，但爲了不使問題複雜化，劃分的層級數不應高於 4 或 5。母程序通常展示原則性與概念性的架構，更深層次的子程序則對應了需要利用精確指標來展示績效的基本程序，其中包含明確地界定不同行爲者（Actors）的責任以及它們在系統內的任務。建構程序圖的首要工作是定義每一個的輸入、活動（在程序圖中以分塊表示）以及輸出（結果）。之後，在定義每一個行爲者的責任，確定系統的利害關係者「誰做什

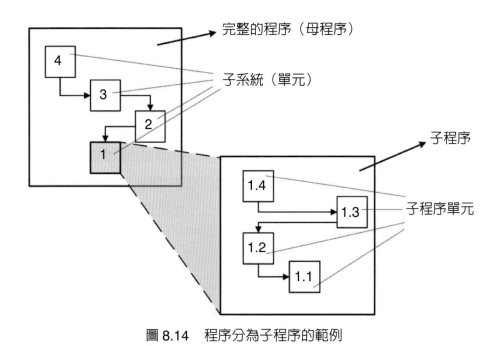

圖 8.14　程序分為子程序的範例

麼」，如此便可以透過不同的組織活動來分析資訊流。

三、指標系統規劃

　　指標常被用來衡量一個政策、方案或行動方案的執行成效，管理者可以利用質化或量化的方式來呈現指標項目的優劣，但為了可以進行方案的比較，大部分的績效指標多採用量化性指標，這種量化性指標通常必須是可衡量的。指標的選取與指標系統架構的設計應以目標導向的方式進行，因為系統內的每一個元件或流動都各自擔負著不同的功能與任務，必須根據圖 8.12 所示的績效類型進行區隔。元件或要素具有層級性，同樣的，用以衡量元件與要素效能的指標系統也具有系統性與層級性。一般而言，下級系統必須參與更高一級系統的目標制定，才能清楚受評估系統在更大系統中的位置，而上級系統的管

理者也能更明確地對下級系統進行要求，以保證制定出適切的子目標並確保子目標的達成。在層層制定出相應的目標後，便可形成一個具有階層架構的目標網絡。例如爲了加強環境管理系統與環境資訊的整合與公開，國際標準化組織（International Standards Organization, ISO）發展了環境績效評估架構（Environmental performance evaluation）將評估內容依其系統層級區分成利害關係者、組織與設備三個不同的系統層級，利用環境狀況指標（ECIs）來反映與當地性、區域性、國家性、或全球性的環境狀況的資訊；利用環境績效指標（EPIs）來反映組織的管理績效。如前所述，環境績效指標有細分成管理績效指標（MPIs）與操作績效指標（OPIs），分別用以表示管理與作業兩大類的績效項目（如圖 8.15 所示）。從環境管理實務上，管理者可以根據圖 8.15 所示的系統概念圖，發展出如圖 8.16 所示的指標架構圖，並說明待評估單位的績效水準。

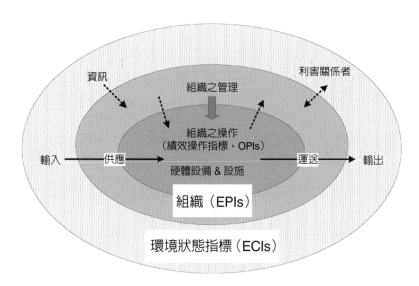

圖 8.15 績效的系統性與層級性

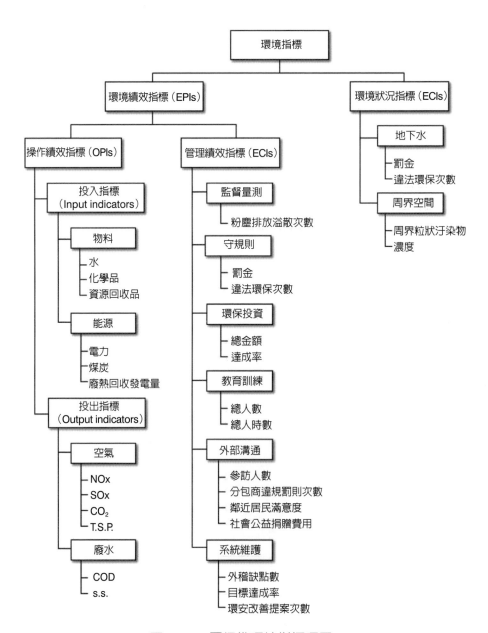

圖 8.16　層級性環境指標項目

　　圖 8.17 說明了需求、要素、流程與指標之間的關聯。在利害關係者之間的需求進行妥協後，管理者可以根據妥協的結果設置系統的性能規格，並根據性能規格規劃每一個子系統（或元件）的功能目標以及投入與產出方式，以及它們所需要的資源與環境限制。系統內的功能元件會在不同的事件驅動下產生關聯，若依據元件被觸發的程序繪製成系統程序圖（如圖 8.14），則可進一步展示出受評估單位的系統結構以及系統元件之間的互動關聯。若將圖 8.17 中的的系統結構以及 I/O 模型要求進行交叉比對，則可發展出能力與單元的關係矩陣，圖中能力 1 是由元件 A1 與元件 A2 協力完成，元件 A3 兩個擔負了兩項的系統功能，經過這樣的交叉比對，管理者可以清楚地了解，當某一項功能無法滿足決策者的期待時，應該優先檢視哪一個系

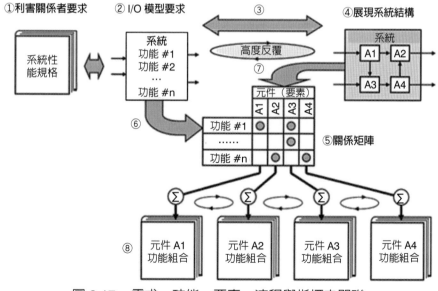

圖 8.17　需求、功能、要素、流程與指標之關聯

統元件，若決策者已針對這些元件設定了可以量測的指標時，便可根據這些指標數值進行元件功能的調整。

在管理者利用圖 8.17 進行需求、功能、要素、流程與指標關係的確認後，便可進一步利用圖 8.18 以表格化的方式呈現規劃目標、元件與指標之間的關係。以圖 8.18 為例，管理者可以將總體目標切分成不同的管理標的（Targets），列出達成該標的所需要的元件與程序，並依據元件與程序的特性，設計不同的績效評估指標。事實上，當一件任務暫時找不到可以衡量的指標時或指標一時難以量化時，管理者可以從程序圖中（如圖 8.14）挑出幾個關鍵元件，並形成多個評估標的，對這幾個重要標的進行績效評量，以代表這個待評估系統的暫時性績效表現。

事實上，「標的」和「績效評估」之間的關係也可能存在「弱、中、強」等不同的關係，管理者可以利用符號或數字來表示績效指標

目標 （Objective）	績效指標					
	元件 1			元件 J		
	指標 11	…	指標 1k	…	指標 Jk	…	…
標的（Target）1	關係矩陣					
標的（Target）2						
…						
標的（Target）i						
…						
…						

圖 8.18　績效指標矩陣

的相對重要性，計算時則可利用權重的方式進行加總。以圖 8.19 所示的智慧城市為例，此案例中為管理者使用空心圓形表示弱相關、以同心圓表示中等相關，而以實心圓形表示目標與績效指標具有高度相關性，對於目標與績效指標之間沒有明顯關係者，則空白表示之。進行指標選定時，必須確任所選定的指標能夠「涵蓋」所有標的，不能忽略任何可以影響標的的相關指標。如果採用量化性指標，則每一個

○：輕度關聯
◎：中度關聯
●：強烈關聯

目標	重要性	公眾需求	政府投資比	營運程度	管理的合適性	政府領導力	協同合作比率	社會支持程度	普及程度	市民滿意度
都市韌性	5		◎	●	◎	○				○
永續發展力	5	○	●	◎	●		◎			◎
因應氣候變遷能力	5			◎	●					
溫室氣體減排	5				●			●		
能源效率	3	○			○		◎		◎	
再生能源	3				◎			◎	◎	
物聯網技術	3	◎	●							◎
寬頻通聯性	5									●
大眾運輸電氣化	4		●	◎	◎			●	◎	
智慧商用大樓	3	◎		●	○		◎	●	●	

圖 8.19　智慧都市之績效指標關聯分析圖

指標必須定義其測量尺度、數據收集頻率與程序。

　　管理者若能依據事件的類別，並了解不同事件下系統程序的變化，便可據此規劃合適的指標系統，進行有效的績效評量作業。一般而言，有效的程序管理可以協助管理者建立一個合理的績效評估系統，而有效的績效評估系統則必須包含策略性的計劃目標、關鍵子程序分析以及利益相關者需求等三個基本內涵。

四、環境績效管理系統

　　績效管理系統對企業或組織而言，是一個用來整合內部不同管理系統的一個綜合性管理平臺，也是各種管理系統的樞紐，透過它來驗證與管理不同管理系統的運作效果。從環境規劃與管理的角度來看，績效管理的目的是為了確保各種政策或方案的有效性、確保政策或方案的執行單位能夠有效的落實政策或方案的目標，來確保管理者或其他利害關係者預期的環境品質目標。因此，如圖 8.20 所示，績效管理系統是透過績效的量測以及回饋控制系統的建立來達成績效目標的一種綜合性管理機制。績效管理必須考慮公司內部環境的條件以及外部環境系統的規則與限制，透過績效量測系統的建立與資訊流管理，管理者可以掌握系統輸入、環境系統內部單元的運作狀況以及系統輸出的狀況，經由各總資訊的彙整與分析後，下達決策命令調整系統輸入、改變系統運作模式來完成符合管理者期待的系統輸出。

　　績效的提高涉及了多樣的因素，如：管理哲學、管理制度、管理方法、管理環境和管理措施等，這些因素對環境績效管理的影響很大。一個管理者的思想觀念、行為方式會直接且顯著地影響決策、組

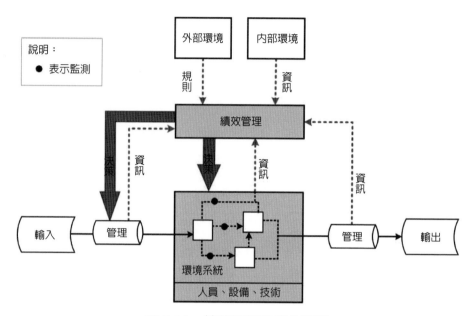

圖 8.20　績效管理的概念架構

織及領導，並能控制的一系列活動，對管理績效產生直接的作用。對環境規劃與管理的問題而言，環境績效管理必須面對複雜的、變動的環境系統，同時涉及到自然、經濟與社會等各種因素其複雜度更勝於一般的企業治理。因此，在建立環境績效管理系統時，管理者必須注意以下幾項內容：

1. 以永續發展原則建立環境績效管理系統

　　任何管理活動都必須以社會效益為前提，以經濟效益為根本，同時考量這兩種效益的平衡。管理者在提高效益的過程中，必須考慮企業與環境的可持續性發展（永續發展原則請參閱第二章）。亦即，透過外部環境創造出一種具有約束力的激勵狀態，促使企業或組織能夠

在生產產品和服務的同時，平衡經濟與社會效益、考量局部效益與整體效益、短期效益和長期效益、間接效益和直接效益之間的關係，把過程與結果、動機與效果系統性地結合起來。如何透過政府、經濟或社會組織建立有效的環境績效指標，形成企業的外部環境限制則是目前環境管理的重要內容（請參閱第二章）。

　　進行績效評估或績效管理時，必須建立資料流系統以掌握元件功能以及流動單元的變化狀況。如圖 8.21 所示，縱向代表控制流（程序流），以一個實體元件為例，控制流包含了系統輸入、系統以及系統輸出三大內容，在一個實體系統內元件之間彼此依賴、協同合作並互相制約，元件不可能單獨存在並獨立運作。因此，任何一個方案執行時，並有其他的系統進行支援。進行績效監測時，管理者必須針對每一個重要元件或流動的特性建立一個監測網路，並規劃這個監測網絡的資料流管理策略。為了整合數據流與控制流，監測網絡中的監測變數通常包含觀測變數（Observable variables）與控制變數（Controllable variables）兩大類，觀測變數用來觀察物件或流動的變化，控制變數則是透過調節系統輸入與輸出以及改變元件功能來調整系統的整體功能，透過資訊流與控制流的協同合作，才能使績效管理發揮最大的效用。

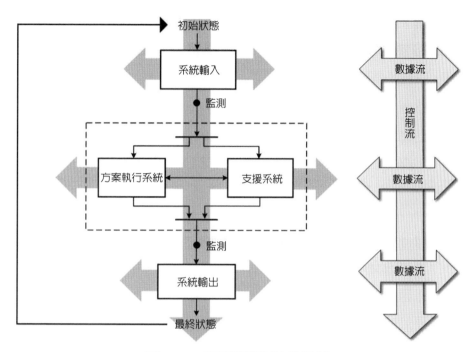

圖 8.21　程序與資料流動關係

2. 提高管理工作的有效性

管理力求有效，有效的管理應著重管理的效率（Efficiency）與效果（Effectiveness），以及兩者之間的統一和協調。為此，績效評估與管理系統必須是一個以目標為導向、並具有層級系統架構的評價體系。具體而言，在這個評價體系內，績效管理目標與績效評估架構必須非常明確。管理者除了重視管理動機外，更必須講求實效，並分清主客觀條件對工作績效的影響，以目標導向方式進行績效定義、衡量與管控，不能當一名忙忙碌碌的事務主義者。為了提高整體性的績效，確保管理工作的有效性，績效評估需要進行縱向和橫向的整合

（如圖 8.22 所示）。所謂縱向整合是指目標式的績效管理，從組織的策略目標上進行努力，促使經營績效的改善，這個過程中必須注意：指標的時間校準、明確定義亦的標的值、績效評估和系統產出之間的整合、確定組織框架中各級的職責；橫向式的績效管理，水平面向則是確保所有橫向程序及組織邊界有最佳化的工作流程，如圖 8.21 所示，提供了在組織內不同級別指標如何部署於各個層級較簡化的圖示。

3. 以整體性效益最大化為原則進行績效管理

應以整體性效益最大化為原則，管理者應重視全局效益著眼進行由上而下（Top-down）的規劃，從局部效益著手進行由下而上（Bottom-up）的管理，以追求整體效益的最佳化。整體（Global）效益遠比局部效益更為重要，如果整體效益很差，局部效益便不容易維持；局部效益則是整體效益的基礎，若局部效益沒有辦法提高，則難以提升整體效益。當局部效益與整體效益發生衝突時，管理必須把整

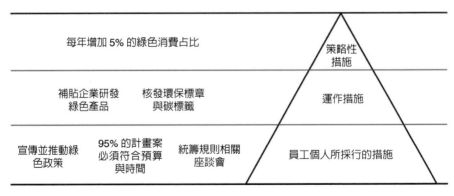

圖 8.22　部署組織內不同層級指標的例子

體效益放在首位，並使局部效益服從在整體效益之下。實際執行時，必須遵循整體優化原則，利用第七章與本章所述的系統分解和整合程序，提出各種方案、途徑和辦法，並從選擇出的最佳方案中設置適當的績效評估系統，以評估局部性與整體性的系統效能，因事、因時、因地制宜作出整體而科學的評價與決策管理。任何系統的運作都是由物質流、訊息流、能量流、金流與人流所推動，爲了使系統發揮最大的整體效能，管理者除了要激發系統內外的重要元件外，也必須透過科學手段來處理系統內可能產生的矛盾，並充分激發這些要素使系統內各要素各盡所能，爲組織創造更多、更好的經濟效益與社會效益。因此，能夠充分反應要素特性與功能的評量及控制機制在績效管理系統之內。

4. 追求組織長期穩定的高效益

應將長期目標與當前任務相互結合，增強工作的預見性、計劃性，減少盲目性、隨意性，達到事半功倍的效果。管理者要追求組織長期穩定的高效益（包含：經濟、社會與環境效益），不僅要「正確地做事」，更爲重要的是要「做正確的事」。這是因爲效益與組織的目標方向息息相關：如果目標方向正確，工作效率愈高，獲得的效益便愈大；如果目標方向完全錯誤，雖然工作效益高，但效益卻會出現負值。因此，管理者在管理工作中，首要的問題是確定正確的目標方向，做好組織的策略管理，在組織目標下提高工作效率，並利用PDCA 的管理循環進行持續的進行績效改善。

第三節　環境指標與績效評比

　　績效指標大致可區分成量化績效指標與質化績效指標兩大類。其中，量化指標通常是指可以利用統計數據來表示績效程度的指標，如單位成本、產出比例、投入產出比等；質化指標則涉及主觀的價值評斷，僅能以主觀感受來表示對一件事物或績效的看法，如：抱怨分析、滿意水準、個案評鑑、例外報告等，故績效指標的設定應兼顧量化與質化指標才能有效反映出系統的績效。指標是最常被用來進行績效衡量的一種工具，根據對象與目的的不同，績效評估的指標與架構會有很大的差異。由於組織是一個精心設計的結構，並且集結了具有共同管理目標的人，因此績效評估的對象通常包含了人員、組織結構（如：政策、策略、程序、方案、組織環境與組織文化）以及管理目標等幾大類。對環境規劃與管理而言，我們除了需要了解環保組織的執行績效外，也需了解環保組織的管理目標以及這些目標的達成度。因此，在實務管理上，我們可以看到各式各樣的環境績效指標，如：用來衡量環境品質的河川汙染指標（River pollution index, RPI）、空氣品質指標（Air quality index, AQI）、卡爾森優養指數（Carlson trophic state index, CTSI）。這些指標除了被用來衡量環境品質的狀況，也被用來說明環境品質目標的達成度，它們衡量的對象不包含系統投入與系統操作的層面，就像大部分的指標系統一樣，是一種利用系統產出來衡量系統績效的方法。

　　除了以系統產出來表示系統效能外，很多的評估系統希望將資源投入與系統操作一併納入績效評估體系，其中最典型的就是生命週

期評估，它考慮產品或服務從規劃、設計、生產、運輸、使用到廢棄等不同階段的各種環境績效，除了從系統產出考慮產品與服務的環境績效外，也將投入、操作、維護與管理一併納入績效指標系統內，進行指標選取時必須先檢視系統的評估範疇。例如，管理者在評估一個企業的環境績效時，可從設計、製造、管理與創新等四個面向著手，並定義四個面向的關鍵議題，從議題中尋找合適的指標來表示該面向、議題的關鍵內涵，並根據指標的重要性與必要性程度，區隔出核心指標與輔助性指標（如圖 8.23 所示）。指標必須有目的性和針對性，管理者必須定義指標背後可能代表的行動方案，才能依據指標的評估內容，進行策略、管理或行動方案的調整。以圖 8.23 為例，管理者在定義指標系統時必須思考以下幾個常見的決策目的，並進行指標系統的規劃：

- 針對能源與原物料消耗進行優化和控制。
- 優化廢棄物管理與排放的處理成本。
- 降低運輸、囤放與包裝的成本。
- 防範洩漏意外，減低對環境造成的危害，努力維持環境清潔。
- 減低環境風險面向的保險政策。
- 與銀行維持好的借貸關係。
- 減低違規罰款的金額與數量。
- 減低意外風險以便分割成本。
- 與客戶、行政體系、員工、投資者、環保團體等建立良好的公共關係，藉此強化企業形象。
- 運用環保標章加強行銷。
- 在政府推動的環境規範還沒上路前，優先採用並納入企業的營

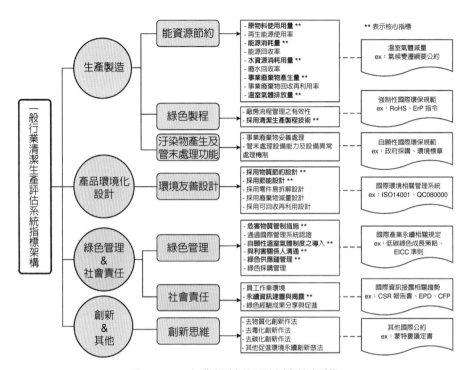

圖 8.23　企業經營的環境績效架構

運規章中。

- 爭取並利用公共基金推動環保運動。
- 促進系統內員工追求並達成共同目標。
- 增加員工訓練。

一、永續發展指標體系——DPSIR 指標系統

系統理論強調系統的回饋控制（如圖 1.6 所示），因此指標系統的設計必須有目的性與針對性，如此才能有效地建立回饋控制機制。事實上，真實的環境系統是一個相互制約的動態系統，指標之間除了

有層級關係外，也常存在因果關聯，對於這類具有多目標、跨領域特性的環境問題時，一個能夠反應因果關聯的系統性指標架構便顯得重要。因應這樣的需求，加拿大統計局（Statistics Canada）於 1979 年制定了「狀態 - 回應（State-respond, SR）」的指標框架，其中回應類別中包括環境和社會兩大回應項目。之後經濟合作暨開發組織（Organization for economic cooperation and development, OECD）於 1993 年發展了 PSR（Pressure-state-response）指標系統（如圖 8.24 所示），這個系統內將指標區分成壓力 - 狀態 - 回應三大類的核心指標。1995 年聯合國永續發展委員會針對「二十一世紀議程」內容，並參考 PSR 指標系統的觀點，以及永續系統內的角色特性，發展了 DSR（Driving force-state-response）的永續發展指標架構。在橫向結構上，指標體共分為社會、經濟、環境與組織制度等四個主要層面，縱向上則分為驅動力（Driving Force）、狀態（State）與回應（Response）三個類型的核心指標。以「永續台灣評量系統」為例，在考量資料取得的可行性及穩定性、與公共政策的連結、國際接軌的可能等因素後，「永續台灣評量系統」選出涵蓋生態資源、環境汙染、社會壓力、經濟壓力、制度回應、都市永續發展等六個領域共 42 項指標，建構出「台灣永續發展指標系統」。該系統區分成海島台灣（Island Taiwan）和都會台灣（Urban Taiwan）二大系統。其中，海島台灣下以壓力 - 狀態 - 回應（PSR）架構，下設 34 個指標；都會台灣（Urban Taiwan）則是採驅動力 - 狀態 - 回應（DSR）為架構下設 8 個指標，見圖 8.25。

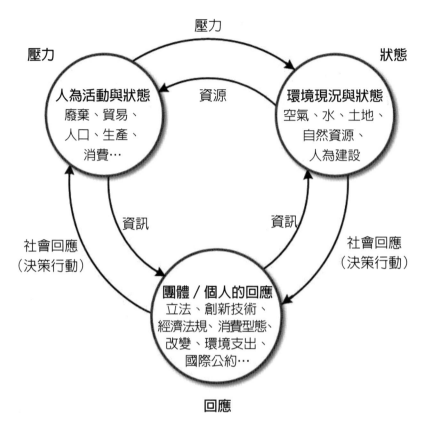

圖 8.24　PSR 架構（OECD, 1993）

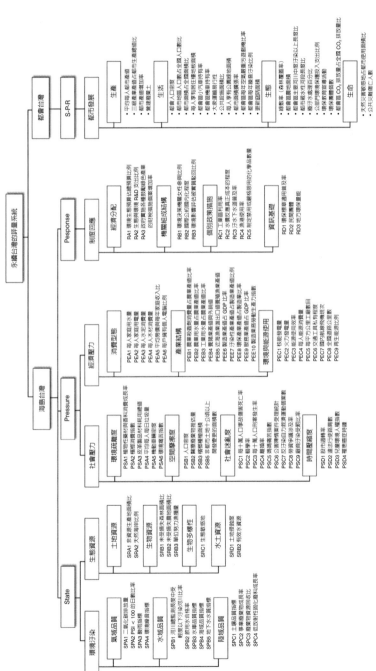

圖 8.25 永續台灣評量系統（葉俊榮，2000）

1999 年，「歐洲環境署」（European environmental agency, EEA）與「歐盟統計局」（Statistical office of european communities, Eurostat）二單位共同修正了 PSR 與 DSR 指標系統，並共同發布了 DPSIR（Driving Force- Pressure- State- Impact- Response）指標系統，這個指標系統將指標區分成：驅動力、壓力、狀態、影響、回應等五種類型，其定義如下：

1. **驅動力**：驅動力描述社會中的人口、經濟發展以及生活方式，他是驅使環境產生直接影響的活動，也是導致環境壓力的根本原因，如農地、能源、工業、交通等。

2. **壓力**：壓力是指在人為發展引起的直接壓力，或是自然環境中的相關影響。一般來說，可用資源的枯竭、過度開發和氣候變化等都可以被認為是系統的「壓力」，如：物質排放、資源的利用以及土地的利用。

3. **狀態**：狀態描述了一個區域內主要由人類活動引起的環境狀況和趨勢，包括物理狀態（如：溫度）、化學狀態（如：大氣 CO_2 的濃度）和生物狀態（如：魚類數量）。

4. **影響**：是指由於自然環境狀況的變化而造成對人為系統的影響，如：人類和生態系統健康、資源可用性、製造資本損失和生物多樣性。環境的影響在不同系統會隨著地理、經濟和社會狀況，其變化趨勢以及適應變化的能力會有所不同。

5. **回應**：回應是指社會中的群體或是個人為了修改驅動力的行為、減少或是預防壓力、恢復或影響狀態、減輕或減少影響，所採取的補償、改善或適應行動。

　　DPSIR 指標模型建立了這五種指標類型的因果框架（如圖 8.26 所示），來描述社會與環境之間複雜的相互作用，目前被應用於永續發展的管理與規劃。透過框架的五個面向，可以連結出環境事件中各個組成之間的因果關係：環境或是社會的驅動力會產生出壓力，而環境的壓力會影響狀態，進而對社會與環境造成了影響，這樣的影響則會刺激社會做出相對的回應，以修改或是替代驅動力，並且消除、減少或是預防壓力的產生，使狀態能夠維持並減少影響的程度。

　　DPSIR 架構的優點是將環境問題的因果關係用簡單的方式來描述，它可以作為利益相關者、研究者以及決策者之間的溝通工具，同時也能使管理者做決策時更加容易。也因此，DPSIR 的模型框架被

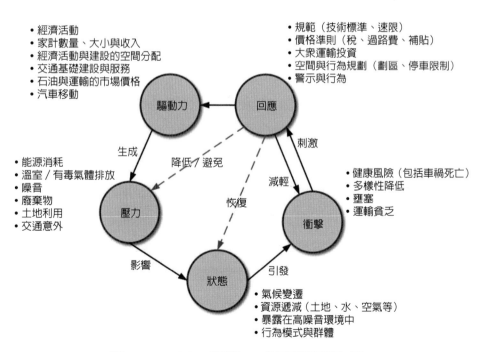

圖 8.26　DPSIR 架構──以交通部門為例

研究人員廣泛運用於永續發展、水資源管理以及生物多樣性等各式的環境相關議題的研究中。例如應用 DPSIR 模型探討區域農業的永續發展，將造成農業系統發生變化的原因作爲驅動力，並且分成自然驅動力以及經濟驅動力。而壓力則是其他經濟活動在資源利用上與農業的競爭，特別是水土資源的競爭。在驅動力以及壓力下農業系統環境的狀況則爲狀態的表現。而影響是描述出農業系統變化對人類生產與生活的反應，由於影響可能會對人類健康造成危害。因此爲實現系統的永續發展，人類調整自身的行爲社會的回應，這些調整包括直接調整和間接調整，諸如農業結構調整、消費結構調整以及改變農業稅收等策略。DPSIR 框架模型已經被廣泛運用於各項環境管理，DPSIR 能使環境與經濟模式之間形成關聯，並引導學者和決策者思考之間的因果關係，非常適合做爲大尺度系統的環境管理，也因此它是有助於將環境保護與社會經濟發展相結合的一種工具。無論是哪一種指標架構，在選擇永續評估指標時都必須考量：

適合國內永續發展需要，定義國家永續評估的規模或範圍。

- 評估永續發展主要目標。指標的定義、計算方法等理論必須符合永續發展的概念，而且在永續發展指標體系內指標與指標之間需相互協調並具一貫性。
- 可理解的方式，意思表示清楚、簡單與不含糊。
- 符合主觀與客觀相互結合原則，指標必須具有可實現性。
- 符合科學性原則，並充分利用數據。
- 保持未來發展的彈性與可適應性。
- 涵蓋二十一世紀議程永續發展的全部觀點。
- 國際指標之間一致性。

- 符合動態與靜態相互結合原則,並符合可比較性原則。
- 利用容易獲取的資料或在合理的成本效益下獲取之資料。
- 符合定性與定量相互結合原則,指標盡量選擇可量化的指標,遇到不可量化的指標應以定性指標來描述此指標的原則。
- 符合空間性原則。

二、相對績效評估——資料包絡分析

標竿學習(Benchmarking)是指一個組織就某一個特定的過程,與其他相似的系統進行這個程序的績效比較,然後選擇績效最佳者為學習對象,比較組織本身與標竿組織的績效差距,並藉由觀察、模仿與創新方式達成持續提升自我績效,以縮短組織訂定目標的差距的一種方法。一般而言,標竿學習的對象可以利用人為選定的方式決定,也可以利用客觀評定的方式決定,如:常見的資料包絡分析(Data envelopment analysis, DEA),資料包絡分析是一種基於系統投入與系統產出的相對效率比較法(如圖 8.2 所示)。一般而言,傳統的績效評估法,是以各種因素的單一投入與單一產出之比值來做為績效衡量的方法(如方程式 (8.2) 所示),藉此了解決策單位(Decision making unit, DMU)是否具備效率,而資料包絡分析法則是一種藉由生產邊界(Production possibility frontier, PPF)以衡量決策單位的績效優劣的方法(如圖 8.3 所示)。利用資料包落分析法進行績效評估時,決策者必須先定義系統的投入與產出變數,並運用圖 8.6(b) 所示的公式求出相對效率,在比較不同決策單位的績效值之後,求得生產邊界並計算績效不良單位應改善的目標。必須注意的是,當系統的投

入與產出變數不同時，其「相對效率」的程度也會隨之產生變動。利用資料包絡分析進行績效比較時，假設每一個決策單位具有相似的系統行為，因此可以利用系統產出與系統投入的比值衡量系統的績效，但若系統的規模或運作的方式不同，則不能用資料包絡分析進行不同決策單位的績效比較。

　　「相對效率」是利用圖 8.6(b) 所示的公式將決策單位區分成有效率單位以及無效率單位兩種，有效率單位代表該決策單位的營運狀況處於最佳的投入、產出組合，亦即位於效率邊界上。而無效率單位即代表該決策單位偏離效率邊界，相較於有效率單位它們具有可改善的空間。若假設以資料包絡分析進行八個決策單位的績效評比（如表 8.2 所示），在這個評比案例中，選擇二項投入變數（X_1, X_2）以及一項產出變數（Y）作為績效評比的依據，在計算績效組合（$X_1/Y, X_2/Y$）後會製程成如圖 8.27 所示的效率邊界分布圖。其中，E、H、C 三點所構成生產曲線即稱為效率邊界（資料包絡）線。坐落在效率邊界線上者，其相對效率值為 1（如圖 8.27 中的 E、H、C 三個決策單位）；而其餘 A、B、D、F、G 五點因為落在邊界曲線外，其相對效率值小於 1，為相對無效率單位，與 E、H 兩點比較下，決策單位 A 點投入資源過多。若從原點劃一直線至無效率點 A，會與效率邊界線相交於 A* 點，此時線段 OA* 表示在既有的產出下，決策單位 A 的最佳投入組合。因為，因此 A* 點坐落在 E、H 線上，E、H 兩個決策單位可視為決策單位 A 的參考集合（標竿學習對象）。其他無效率的決策單位（B、D、F、G）可參照 A 點的尋找效率參考集合，結果如表 8.2 所示，可看出在八家決策單位中，共有三家可出現在其他單位點的參考組合中，並可做為標竿學習對象。

表 8.2　八家決策單位之投入產出資料表及效率參考表

決策單位	投入變數		產出變數	效率參考組合表	參考次數
	X_1	X_2	Y		
A	4	3	1	E、H	0
B	7	3	1	C、H	0
C	8	1	1	-	4
D	4	2	1	C、H	0
E	2	4	1	-	1
F	2	2	1	C、H	0
G	6	3	1	C、H	0
H	3	2	1	-	5

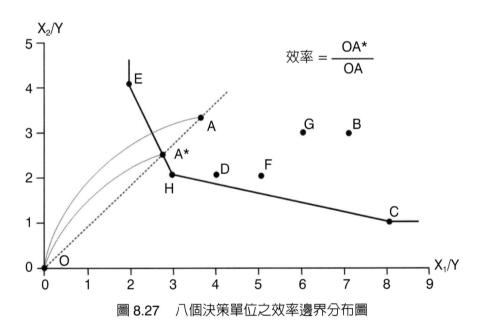

圖 8.27　八個決策單位之效率邊界分布圖

　　Farrell 於 1957 年率先提出以生產邊界衡量技術率及價格效率，隨之 Charnes、Cooper 與 Rhodes，將 Farrell 效率觀念加以應用，以「固定規模報酬」衡量多項投入、多項產出時之生產效率，正式提出 CCR 模式，定名為資料包絡分析法。Banker、Charnes & Cooper 繼以 CCR 模式進而以「變動規模報酬（Variable returns to scale, VRS）」推出 BCC 模式。隨後許多數學家亦發展出不同研究來修正資料包絡分析模式。因此，利用資料包絡分析進行相對效率評估時，一般多利用產出最大化以及投入最小化的觀點進行之，亦即利用投入導向（Input-oriented）模型計算在一定的產出量時，投入量可以減少的比例，或利用產出導向（Output-Oriented）模型計算在一定投入量下，產出量可以增加的比例（如圖 8.26 所示）。

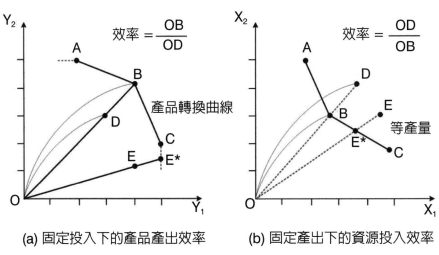

(a) 固定投入下的產品產出效率　　(b) 固定產出下的資源投入效率

圖 8.28　以投入導向以及以產出為導向的效率計算

　　因此，當決策單位爲最佳生產單位時，其規模效率則整體效率
與純粹技術效率需相等。在 CCR 模式中所求得相對效率即爲整體效
率，卻無法看出各決策單位規模差異；而 BCC 模式所求得即爲純粹
技術效率，可看出各決策單位調整至相同具有效率廠的規模效率。以
下簡單介紹 CCR 模式與 BCC 模式的基本概念。

1. CCR 模式

　　於 1978 年 Charnes 等人將 Farrell 提出的多項投入與單一產出的
效率衡量概念發展爲多項投入與多項產出，並利用線性組合來推估
決策單位的效率前緣，衡量各決策單位在固定規模報酬（Constant re-
turns to scale, CRS）下的相對效率，即爲增加一部分之投入，同時也
會使產出有相對一部分的增加，並判別各決策單位是處於規模報酬固
定、規模報酬遞增或規模報酬遞減等情況。若假設有 N 個同質性的
決策單位進行績效評比，每一個決策單位有 M 個投入項以及 S 個產
出項，因爲需要評估第 K 個決策單位的效率時，可用資料包絡分析
的分數規劃（Fractional programming, FP）模式來衡量第 K 個決策單
位的效率（DMU_k）的效率值，如方程式 (8.4) 至 (8.7) 所示，其方法
敘述如下：

(1) CCR- 分數規劃模型

$$Max \quad E_k^* = \frac{\sum_{j=1}^{s} u_j y_{jk}}{\sum_{i=1}^{m} v_i x_{ik}} \tag{8.4}$$

　　Subject to：

$$\frac{\sum\limits_{j=1}^{s} u_j y_{jk}}{\sum\limits_{i=1}^{m} v_i x_{ik}} \leq 1 \ , \quad k = 1, \dots, n \tag{8.5}$$

$$u_j, v_i \geq \varepsilon > 0 \tag{8.6}$$

$$j = 1, \dots, s \ ; i = 1, \dots, m \tag{8.7}$$

　　以 CCR 模式為投入導向，並遵守效率等於總產出除以總投入為原則；令 DMUs_k 為 N 個決策單位中的一個（$1 \leqq K \leqq N$）；其 M 個投入項記為 X_i（$I = 1, \dots, M$）項，S 個產出項記為 Y_j（$J = 1, \dots, S$）。資料包絡分析模式認為第 K 個決策單位（DMUs_k）的績效值（E_k^*）可以利用線性組合轉換成單一的投入及產出比例加以表示（方程式 (8.4)），對於任意一個 DMUs_k 其績效值必須介於 0～1 之間（方程式 (8.5)），其中 v_i 及 u_j 分別代表投入變數與產出變數的相對權重，取得績效評估指標的相對權重後，便可計算出參與評估的受測單位的相對績效值。由於分數規劃中每個 DMUs_k 都是目標式及限制式中函數，因此會產生 N 個線性規劃模式，為非線性模式而運算不易與無窮解之慮。因此，轉換成為線性規劃模式（Linear programming, LP）以便執行，如方程式 (8.8) 至 (8.12) 所示。

　　(2) CCR- 線性規劃模型

$$Max \quad E_k^* = \sum_{j=1}^{s} u_j y_{jk} \tag{8.8}$$

　　　　Subject to：

$$\sum_{i=1}^{m} v_i x_{ik} = 1 \tag{8.9}$$

$$\sum_{j=1}^{s} u_j y_{jk} - \sum_{i=1}^{m} v_i x_{ik} \leq 0 \tag{8.10}$$

$$u_j, v_i \geq \varepsilon > 0 \ ; \ k = 1, \ldots\ldots, n \tag{8.11}$$

$$j = 1, \ldots\ldots, s \ ; \ i = 1, \ldots\ldots, m \tag{8.12}$$

方程式 (8.8) 目標在追求最大的實際產出。將方程式 (8.4) 目標式中的分母，加入限制中爲方程式 (8.9)；及方程式 (8.10) 則是原方程式 (8.5) 不等式中，分母與分子各別相乘 $\sum_{i=1}^{m} v_i x_{ik}$，其目的是受限於單位實際投入且不超過於實際產出的修件。因此，可藉由減少投入項數量或增加產出數量，達成最大效率值的增加而滿足經濟學上 Pareto 最佳化條件。任何一個線性規劃均會有對偶（Dual）問題的存在，雖方程式 (8.8) 至 (8.12) 已轉換成線性的資料包絡分析模式，但在求解過程繁複，故轉換成對偶模式求解過程，亦可以經濟學角度去探討。因此在轉換過程以差額變數觀念來修正與評估 DMU 的前緣效率，且不影響目標函數的最適解，如方程式 (8.13) 至 (8.17) 所示。

(3) CCR- 對偶模型

$$Min \quad \theta_k - \varepsilon \left(\sum_{i=1}^{m} s_{ik}^{-} + \sum_{j=1}^{s} s_{jk}^{+} \right) \tag{8.13}$$

Subject to：

$$\sum_{k=1}^{n} \lambda_k x_{ik} - \theta x_{ik} + s_{ik}^{-} = 0, \quad i = 1, \cdots, m \tag{8.14}$$

$$\sum_{k=1}^{n} \lambda_k y_{jk} - s_{jk}^+ = y_{jk}, \quad j = 1, \cdots, s \tag{8.15}$$

$$\lambda_k, s_{ik}^-, s_{jk}^+ \geq 0 \tag{8.16}$$

$$k = 1, \ldots, n \tag{8.17}$$

在對偶模式中，方程式 (8.15) 中，s_{ik}^- 為第 I 個過多的投入項之差額變數，s_{jk}^+ 為第 J 個不足的產出項之差額變數。$DMUs_k$ 的效率值可由目標函數求其值，若 $\Theta_K = 1$，且 $s_{ik}^- = 0$，$s_{jk}^+ = 0$，則 $DMUs_k$ 效率值為 1，為具有效率並可達到效率邊界。

2. BCC 模式

BCC 模式於 1984 年 Banker、Charnes 和 Cooper 等人將 CCR 模式中的固定規模報酬限制轉換成變動規模報酬（variable returns to scale, VRS）的假設，以生產可能組合與 Shephard 距離函數所導出衡量「純粹技術效率」。由於 CCR 模式是用來衡量決策單位的整體效率，因此無效率單位產生的原因可能是因為組織規模問題，而不是不當使用資源所造成。因此，BCC 模式將 CCR 模式中之固定規模報酬假設去除，改用變動規模報酬取而代之，以便能夠順利衡量決策單位的純粹技術效率；若將 CCR 模式所得的效率值除以 BCC 模式的效率值，也可求得決策單位的配置效率，使決策單位了解規模報酬的情況，作為未來資源配置調整方向參考。在 BCC 模式以變動規模報酬前提假設將 CCR 模式定規模報酬取代，其模式來衡量決策單位的效率值，如方程式 (8.18) 至方程式 (8.22) 所示。

(1) BCC 分數規劃模型

$$Max \quad E_k^* = \frac{\sum\limits_{j=1}^{s} u_j y_{jk} - u_k}{\sum\limits_{i=1}^{m} v_i x_{ik}} \tag{8.18}$$

$$Max \quad E_k^* = \frac{\sum\limits_{j=1}^{s} u_j y_{jk} - u_k}{\sum\limits_{i=1}^{m} v_i x_{ik}} \tag{8.19}$$

Subject to：

$$\frac{\sum\limits_{j=1}^{s} u_j y_{jk} - u_k}{\sum\limits_{i=1}^{m} v_i x_{ik}} \leq 1 \text{，} \quad k = 1,......,n \tag{8.20}$$

$$u_j, v_i \geq \varepsilon > 0 \tag{8.21}$$

$$j = 1, ..., s \text{；} i = 1, ..., m \tag{8.22}$$

　　由於分數規劃為非線性模式而運算不易與無窮解之慮。因此，轉換成為線性規劃模式，如方程式 (8.23) 至 (8.27) 所示。

(2) BCC 線性規劃模型

$$Max \quad E_k^* = \sum\limits_{j=1}^{s} u_j y_{jk} - u_k \tag{8.23}$$

Subject to：

$$\sum_{i=1}^{m} v_i x_{ik} = 1 \tag{8.24}$$

$$\sum_{j=1}^{s} u_j y_{jk} - \sum_{i=1}^{m} v_i x_{ik} - u_k \leq 0 \tag{8.25}$$

$$u_j, v_i \geq \varepsilon > 0 \text{；} k = 1, \dots, n \tag{8.26}$$

$$j = 1, \dots, s \text{；} i = 1, \dots, m \tag{8.27}$$

任何一線性規劃均有對偶（Dual）問題的存在，雖方程式 (8.23) 至 (8.27) 已轉換成線性的資料包絡分析模式，但在求解過程繁複，為了簡化運算，故轉換成對偶模式求解過程，亦可以經濟學角度去探討。因此在轉換過程以差額變數觀念來修正與評估決策單位的前緣效率，且不影響目標函數的最適解，方程式 (8.28) 至 (8.32) 所示。

(3) BCC- 對偶模型

$$Min \quad \theta - \varepsilon \left(\sum_{i=1}^{m} s_{ik}^- + \sum_{j=1}^{s} s_{jk}^+ \right) \tag{8.28}$$

Subject to：

$$\sum_{k=1}^{n} \lambda_k x_{ik} - \theta x_{ik} + s_{ik}^- = 0, \quad i = 1, \cdots, m \tag{8.29}$$

$$\sum_{k=1}^{n} \lambda_k y_{jk} - s_{jk}^+ = y_{jk}, \, j = 1, \cdots, s \tag{8.30}$$

$$\sum_{k=1}^{n} \lambda_k = 1 \text{，} k = 1, \cdots, n \tag{8.31}$$

$$\lambda_k, s_{ik}^-, s_{jk}^+ \geq 0 \tag{8.32}$$

BCC 模式中多增加一個 U_k 變數爲凸性性質的限制，其意義界定爲規模報酬之程度指標，可分爲三種狀況：

- $U_k < 0$，即爲在最適的生產規模狀態下小於生產決策單位，屬於在規模報酬遞增（Increasing returns to scale, IRS）之單位，其生產規模處於：每增加一單位投入量，其產出量會增加大於一個單位。亦即，此單位應該考量增加投入量，或是擴大規模，以求最佳的報酬。

- $U_k > 0$，即爲在最適的生產規模狀態下大於生產決策單位，屬於在規模報酬遞減（Decreasing return to scale, DRS）之生產單位，其生產規模處於：生產狀況與「遞增生產規模」情況相反，此時可考量縮減投資糧，以免浪費過量的規模成本。

- $U_k = 0$，即爲在最適的生產規模狀態下的決策單位，有最適解出現，屬於在固定規模報酬（Constant returns to scale, CRS），其生產規模處於：每增加一單位投入，即會增加一單位產出。因此，此一單位不必特別考慮增加投入的經費，也不必費心再積極地求增加產出量。

3. 資料包絡分析法之應用程序

第 I 階段：確立適當的評估對象

資料包絡分析使用的第一步驟就是選擇同質性高的 DMU 作爲評估對象。其同質性單位須具有下列特質：

1. DMU 具有相同的組織目標，與執行相同的工作任務。

2. DMU 必須具有相同之投入與產出項目。

3. 所有的 DMU 須在相同的環境下營運。

雖衡量績效的 DMU 愈多，較能找出投入與產出項之間的關係且易建立效率邊界；但卻會使同質性降低，且結果分析亦受外因素影響干擾；若某 DMU 偏離，則須去除極端的樣本，故選取適當的 DMU 以避免影響結果分析是必要的。

第 II 階段：投入與產出項變數的選取

初步選擇，納入考慮範圍愈廣愈好，可藉由模式中的投入與產出項變數選擇相關研究文獻、管理經驗等方法實行變數相關性分析與篩選。若引入過多變數，會導致 DMU 具高效率靠近生產效率邊界，失去衡量績效意義；若變數太少，不易找出生產效率邊界，則會喪失資料包絡分析的鑑別力。因此，變數適當的引入將是直接影響資料包絡分析使用的成敗關鍵，故可運用專家學者的經驗法則，DMU 的數量至少應為投入與產出項目個數總和之兩倍。

第 III 階段：資料包絡分析選擇與建立模式

資料包絡分析模式主要選取方式係以決策者之目的、投入與產出項變數的特性以進行績效的評估，其目的在於了解各 DMU 的營運操作的表現及資源是否達到有效的應用。而一般使用資料包絡分析進行績效評估，可分為技術效率及規模效率兩種，在固定規模報酬（CRS）下的 CCR 模式可評估出所有 DMU 的整體效率；而變動規模報酬（VRS）下的 BCC 模式可評估出純技術效率，此兩種是最常被選用做為評估模式。但並非所有的案例都適用於資料包絡分析模式，故本研究配合研究目的、投入與產出項變數等特性，藉由資料包

絡分析相關文獻將此兩種模式修改,並套入計算機中執行。

第IV階段:資料包絡分析結果分析

當決定適當的 DMU、投入及產出項之變數與資料包絡分析模式的選擇與建立後,即可利用計算機執行資料包絡分析模式,將資料包絡分析評估的結果加以分析與解釋,並針對無效率單位進行改進方向及幅度大小的分析,並針對個別因素的分析結果,以提供相關管理資訊,建立有效的回饋系統、採取矯正管理控制為目的。故資料包絡分析在進行實證分析時,通常應包括下列分析結果:

1. 效率分析:以了解造成 DMU 無效率之原因。

2. 差額變數分析:顯示 DMU 無效率之改善方向與幅度。

3. 敏感度分析:以了解改變 DMU 的數目與投入產出的產出項數時,對於該 DMU 的相對效率的影響。

案例 8.1　焚化爐績效評估

第 I 階段:確立適當的評估對象

資料包落分析的決策單位需符合同質性要求,亦即每一個決策單位都必須具有相同或極為相似的屬性,才能進行相對效率的比較。在這個案例中,選擇了國內 19 座大型焚化爐為對象進行績效評比,此 19 座大型垃圾焚化爐的基本資料如表 8.3 所示。

表 8.3　台灣地區大型焚化廠基本資訊研究一覽表

編碼	完工時間 (民國)	設計處理量 (公噸/日)	設計發電量 (千度/日)	編碼	完工時間 (民國)	設計處理量 (公噸/日)	設計發電量 (千度/日)
A	81	900	144.00	K	84	900	312.00
B	88	1,800	1,080.00	L	89	900	542.40
C	83	1,500	324.00	M	90	900	600.00
D	88	900	612.00	N	87	300	60.00
E	88	1,800	1,176.00	O	88	900	379.20
F	90	1,350	858.50	P	90	1,350	912.00
G	84	1,350	595.20	Q	89	1,350	808.80
H	83	900	391.20	R	89	900	594.00
I	89	900	576.00	S	90	1,350	840.00
J	89	900	600.00	-			

第 II 階段：投入與產出項變數的選取

　　利用 ISO-14031 標準規範，並將環境績效評估指標首區分為環境狀況指標、操作績效指標及管理績效指標等三大項，管理績效指標以總成本做為代表，環境狀況指標包含 NOx、SOx、COx、HCl、灰渣量、落塵量、不透光率及戴奧辛排放量；操作績效指標包含廠內處理量、實際用電量；管理績效指標包含操作時數、停爐時數、建廠成本、操作運轉費、維護費、回饋金。為了進行變數的篩選，本案例利用相關性分析的結果進行變數篩選，相關性分析結果如表 8.4 所示：

1. 在投入項間關係

　　實際用電量與廠內處理量（0.84）、操作成本與設備操作時數（0.80）具有高度相關性。其餘皆為中度相關性。

2. 投入項與產出項間關係

灰渣量與實際用電量、廠內處理量（0.81、0.94）具有高度相關性；操作成本與灰渣量（0.34）呈現中度相關性。其餘懸浮固體與操作成本、實際用電量、廠內處理量、設備操作時數、停爐時數（−0.28、−0.03、−0.10、−0.18、−0.14），不透光率與操作成本、廠內處理量、設備操作時數（−0.16、−0.01、−0.07）呈現負相關，屬於低相關性。

3. 在產出項間關係

戴奧辛排放量與懸浮微粒（0.82）具有高度相關係性；HCl 與其他產出現大都呈現中度相關性；戴奧辛排放量與 NOx 大都與其他產出項呈現低相關性。

經由上述分後，模式中將相關係數值低於 0.3 的變數視為彼此獨立、不具有因果關聯，因此不選擇它們作為模式的決策變數，因此投入變數選擇操作成本、實際用電量、廠內處理量、操作時數等四項；產出變數選擇 NOx、SOx、COx、HCl、灰渣量、戴奧辛排放量等六項作為模式的決策變數。

表 8.4 焚化爐投入與產出之相關係數表

研究變數	I_1	I_2	I_3	I_4	I_5	O_1	O_2	O_3	O_4	O_5	O_6	O_7	O_8
操作成本 -I_1	1.00	-	-	-	-	-	-	-	-	-	-	-	-
實際用電量 -I_2	0.61	1.00	-	-	-	-	-	-	-	-	-	-	-
廠內處理量 -I_3	0.53	0.84	1.00	-	-	-	-	-	-	-	-	-	-
操作時數 -I_4	0.80	0.47	0.45	1.00	-	-	-	-	-	-	-	-	-
停爐時數 -I_5	0.57	0.39	0.03	0.42	1.00	-	-	-	-	-	-	-	-
NOx-O_1	0.04	−0.03	0.23	0.08	−0.42	1.00	-	-	-	-	-	-	-
SOx-O_2	−0.03	0.10	0.11	−0.13	0.17	0.27	1.00	-	-	-	-	-	-

（接下頁）

表8.4（續）

研究變數	I_1	I_2	I_3	I_4	I_5	O_1	O_2	O_3	O_4	O_5	O_6	O_7	O_8
COx-O_3	0.22	0.28	0.13	0.13	0.43	-0.07	0.52	1.00	-	-	-	-	-
HCl-O_4	0.09	0.23	0.34	0.08	–0.18	0.59	0.53	0.33	1.00	-	-	-	-
懸浮微粒 -O_5	–0.28	–0.03	–0.10	–0.18	–0.14	0.08	0.23	0.19	0.47	1.00	-	-	-
不透光率 -O_6	–0.16	0.09	–0.01	–0.07	0.01	0.24	0.43	0.39	0.27	0.54	1.00	-	-
灰渣量 -O_7	0.34	0.81	0.94	0.28	–0.01	0.23	0.28	0.26	0.42	–0.03	0.12	1.00	-
戴奧辛排放量 -O_8	–0.14	0.16	0.08	–0.13	–0.13	0.22	0.11	0.08	0.48	0.82	0.21	0.14	1.00

第Ⅲ階段：資料包絡分析選擇與建立模式

1. 效率評估方面

　　DEA 的效率評估可分為整體效率與純粹技術效率等兩種。整體效率由 CCR 模式所求，其效率值為1的焚化爐包括：A、D、J、K、L、N、O、Q 及 R 共計 9 廠，屬較高績效之焚化爐；而整體效率值小於1的焚化爐包括：B、C、E、F、G、H、I、M、P 及 S，則顯示仍具有改善的空間。焚化爐整體效率表現，共有 10 座未達效率值，其平均效率值為 0.789；在經濟學上的意義為現在的產出水準下，平均多使用了 21.1% 的資源。另外，可利用被參考單位及次數中找出本案例的標竿學習對象，其標竿廠分別為 A、D、J、K、L、N、O、Q 及 R，結果彙整如表 8.5。

表8.5　焚化爐績效評估效率結果一覽

編碼	整體效率	參考集合				被參考次數	純粹技術效率	規模效率	規模報酬類型
A	1.00	A				11	1.00	1.00	CRTS
B	0.81	A	J			0	1.00	0.81	DRTS
C	0.79	A	J	N	Q	0	0.80	0.99	IRST

（接下頁）

表 8.5（續）

編碼	整體效率	參考集合				被參考次數	純粹技術效率	規模效率	規模報酬類型
D	1.00	D				2	1.00	1.00	CRTS
E	0.56	A	J	Q		0	0.61	0.92	IRST
F	0.55	A	J	O	Q	0	0.63	0.88	IRST
G	0.71	A	K	L	Q	0	0.75	0.98	IRST
H	0.80	A	K	O	Q R	0	0.96	0.83	IRST
I	0.90	A	J	Q		0	0.97	0.93	IRST
J	1.00	J				7	1.00	1.00	CRTS
K	1.00	K				4	1.00	1.00	CRTS
J	1.00	J				3	1.00	1.00	CRTS
M	0.97	A	D	J	K R	0	0.99	0.97	IRST
N	1.00	N				2	1.00	1.00	CRTS
O	1.00	O				3	1.00	1.00	CRTS
P	0.86	A	L	Q	R	0	0.87	0.99	DRTS
Q	1.00	Q				8	1.00	1.00	CRTS
R	1.00	R				4	1.00	1.00	CRTS
S	0.91	A				0	0.96	0.95	IRST

　　BCC 模式所求得即為純粹技術效率，若純粹技術效率值達 1 時，則表示對於投入要素能有效的運用，達到產出極大化的目標；反之，效率值愈小愈不佳。純粹技術效率值為 1 的焚化廠包括：A、B、D、J、K、L、N、O、Q 與 R 共計 9 廠；而整體效率值小於 1 的焚化廠包括：C、E、F、G、H、I、M、P 及 S，顯示該廠的投入要素未能有效地達成最適產出量（如表 8.6 所示）。

表 8.6 整體無效率的焚化廠結果一覽

編碼	整體效率	Σ_λ	純粹技術效率	規模效率	規模報酬
B	0.807	1.142	1.000	0.807	DRTS
C	0.798	0.987	0.802	0.995	IRST
E	0.562	0.825	0.609	0.923	IRTS
F	0.554	0.797	0.629	0.881	IRTS
G	0.739	0.839	0.751	0.984	IRTS
H	0.799	0.747	0.958	0.834	IRTS
I	0.896	0.832	0.966	0.928	IRTS
M	0.966	0.936	0.992	0.974	IRTS
P	0.857	1.046	0.869	0.986	DRTS
S	0.912	0.870	0.960	0.950	IRTS

　　若將所有的決策單位區分為強勢效率單位、邊緣效率單位、邊緣非效率單位以及明顯非效率單位等四種分類（如表 8.7 所示）。各類整體效率值統計結果為：

• 強勢效率單位（The robustly efficient units）

　　此類的決策單位的整體效率、技術效率與規模效率均皆為 1，除非投入與產出項皆發生重大變動，否則此類的決策單位能維持其現有的效率狀態，並處於固定報規模報酬階段。因此，本次研究中整體效率值達 1 的 A、D、J、K、L、N、O、Q、R 等 9 座焚化廠，這些焚化廠將可組成參考集合，被無效率的焚化廠做為改進的參考對象。

• 邊緣效率單位（The marginal efficient units）

此類的 DMUs 的整體效率、技術效率與規模效率均爲 1，但決策單位不曾出現或僅有出現一次在其他無效率廠之參考單位中，形成決策單位中外圍值，其通常隱含該決策單位存在若干個獨樹一格特色，以形成獨具特有風格的決策單位，但只要投入與產出項出現小幅度的增減，即可能造成效率值降低至 1 以下。因此，本研究結果分析尚未發現此現象。

• 邊緣非效率單位（The marginal inefficient units）

此類 DMUs 效率值介於 0.9～1 之間，雖然處於此類的決策單位是屬於無效率單位，但只要在投入或產出項改善調整幅度即可達到總效率值爲 1 的水準。案例中 M (0.966) 及 S (0.921) 兩座焚化爐是屬於邊緣非效率單位。

• 明顯非效率單位（The distinctly inefficient units）

此類決策單位效率值通常是小於 0.9 以下，表示此類的無效率單位之經營效率不彰，難以至短期內提升其營運績效。案例中的 F(0.554)、E(0.562)、G(0.739)、C(0.798)、H(0.799)、B(0.807)、P(0.857)、I(0.896) 等 8 廠焚化爐屬於明顯非效率單位。

表 8.7　焚化廠整體效率分類表

整體效率類別	範圍	編碼		個數	平均效率值	百分比
強勢效率單位	$E_k^* = 1$	A (1.000) D (1.000) J (1.000) K (1.000) L (1.000)	N (1.000) O (1.000) Q (1.000) R (1.000)	9	1.000	47.4%

（接下頁）

表 8.7（續）

整體效率 類別	範圍	編碼	個數	平均 效率值	百分比
邊緣 效率單位	$E_k^* = 1$	-	-	-	-
邊緣 非效率單位	$0.9 < E_k^* < 1$	M (0.966)　　S (0.912)	2	0.939	10.5%
明顯 非效率單位	$E_k^* < 0.9$	F (0.554)　H (0.799) E (0.562)　B (0.807) G (0.739)　P (0.857) C (0.798)　I (0.896)	8	0.752	42.1%
合　計			19	0.889	100%

2. 規模效率評估方面

　　因為規模效率＝整體效率／純粹技術效率，規模效率即為衡量在效率前緣上的組合，其規模報酬的狀況，意即是否為最適生產規模，規模效率值為 1 者達到最佳效率，規模效率值愈小則愈需要改善。規模效率值為 1 者達到最佳效率，為最適生產規模亦是規模報酬固定（CRTS）包括：A、D、J、K、L、N、O、Q 與 R 等 9 廠焚化爐；若規模效率值小於 1 時，均屬效率較差，狀態又可分為規模報酬遞增（IRTS）包括 B 及 P 等 2 廠，其整個規模屬於過大，應減少投入量來調整規模大小，以達最適生產的規模；及規模報酬遞減（DRTS）包括：C、E、F、G、H、I、M 及 S 等 8 廠，其整個規模屬於過小，應增加投入量來調整規模大小，以達最適生產的規模。

　　由 BCC 投入導向評估模式所求的技術效率，又可稱為純粹技術效率（Pure technology efficiency, PTE），即為在既定的產出組合下所投入的最少組合效率。因此為了能進階地衡量規模效率，將固

定規模報酬改爲變動規模報酬，因此可細分爲純粹技術效率與規模效率。當純粹技術效率值達 1 時，則表示對於投入要素能有效的運用，達到產出極大化的目標；反之，效率值愈小愈不佳。在此本研究的純粹技術效率主要檢視焚化廠是否能對於投入的資源要素有效的運用，以達產出的目標值，若效率值愈高則表示其投入資使用情形愈有效率。由表 8.8 可看出，其純粹技術效率值最小的焚化廠分別爲 F(0.609) 及 E(0.629)，占所有焚化廠的 10.5%；而整體效率值小於 1 的焚化廠爲：C(0.802)、E(0.609)、F(0.629)、G(0.751)、H(0.958)、I(0.966)、M(0.992)、P(0.869)、S(0.960)，占所有 DMUs 焚化廠的 47.4%。在經濟學上意義爲不管各焚化廠位於規模報酬遞增（IRST）或規模報酬遞減（DRST）階段，其投入資源並非爲最佳組合，需重新調整分配便能達到效率。其主原因可能來自各焚化廠操作技術及管理品質不當所引起，因此可針對無效率的焚化廠內的操作績效與管理績效二方面決策分析加以修正。

表 8.8　純粹技術無效率的焚化廠結果一覽

編碼	整體效率	Σ_λ	純粹技術效率	規模效率	規模報酬
C	0.798	0.987	0.802	0.995	IRST
E	0.562	0.825	0.609	0.923	IRTS
F	0.554	0.797	0.629	0.881	IRTS
G	0.739	0.839	0.751	0.984	IRTS
H	0.799	0.747	0.958	0.834	IRTS
I	0.896	0.832	0.966	0.928	IRTS
M	0.966	0.936	0.992	0.974	IRTS

（接下頁）

表 8.8（續）

編碼	整體效率	Σ$_\lambda$	純粹技術效率	規模效率	規模報酬
P	0.857	1.046	0.869	0.986	DRTS
S	0.912	0.870	0.960	0.950	IRTS

3. 參考集合評估方面

　　用參考集合分析找出位於生產邊界上具有效率焚化爐的標竿廠，可被做為無效率的焚化爐用來參考情況與次數，其中 A 被其他無效率焚化爐參考的 11 次頻率最高；其次為 Q 被其他無效率焚化爐參考的 8 次，J 的 7 次，K 與 R 各 4 次，L 與 O 各 3 次，D 與 N 各 2 次（如表 8.9 所示）。

表 8.9　整體無效率焚化廠之參考集合表

編碼	整體效率值	參考集合				被參考次數
A	1.000	A				11
B	0.807	A	J			0
C	0.798	A	J	N	Q	0
D	1.000	D				2
E	0.562	A	J	Q		0
F	0.554	A	J	O	Q	0
G	0.739	A	K	L	Q	0
H	0.799	A	K	O	Q	R	0
I	0.896	A	J	Q		0
J	1.000	J				7
K	1.000	K				4

（接下頁）

表 8.9（續）

編碼	整體效率值	參考集合					被參考次數
L	1.000	J					3
M	0.966	A	D	J	K	R	0
N	1.000	N					2
O	1.000	O					3
P	0.857	A	L	Q	R		0
Q	1.000	Q					8
R	1.000	R					4
S	0.912	A					0

4. 差額變數評估方面

　　差額變數主要目的是針對無效率決策單位，為目前資源使用的情形及投入與產出提出改善空間。位於生產邊緣上的有效率單位，即代表所有的投入與產出的資源以達到最適規模，故有效率決策單位投入與產出的差額變數必為零；但未達生產邊緣的無效率決策單位投入與產出皆可減少投入或增加產出，以期達到生產邊緣。CCR Model 的差額變數分析屬於整體效率層面，其包含純粹技術及規模效率，即代表長期改善變動幅度的大小範圍；BCC Model 的差額變數分析屬於技術層面，並可透過管理階層的控制在短期內達到純粹技術有效率，即代表長短期應立即改善的情況（如表 8.10 與表 8.11 所示）。

表 8.10　短期改善變動幅度大小之差額變數

編碼	Efficiency	操作成本	廠內用電量	處理量	操作時數	NOx	SOx	COx	HCl	灰渣量	戴奧辛排放量
A	1.00	0.0%	0.0%	0.0%	0.0%	0.0%	0.0%	0.0%	0.0%	0.0%	0.0%
B	1.00	0.0%	0.0%	0.0%	0.0%	0.0%	0.0%	0.0%	0.0%	0.0%	0.0%
C	0.80	−43.5%	−34.1%	−22.5%	−16.8%	0.0%	0.0%	−3.6%	0.0%	−1.3%	−179.0%
D	1.00	0.0%	0.0%	0.0%	0.0%	0.0%	0.0%	0.0%	0.0%	0.0%	0.0%
E	0.61	−54.8%	−82.4%	−77.4%	−31.6%	−0.8%	0.0%	−1.6%	−66.4%	−5.5%	−89.3%
F	0.63	−47.5%	−75.3%	−78.8%	−31.3%	−4.1%	0.0%	−13.6%	−35.7%	−18.3%	−30.9%
G	0.75	−33.8%	−44.5%	−53.5%	−16.9%	−9.9%	0.0%	0.0%	−0.2%	−37.5%	−230.4%
H	0.96	−42.2%	−28.2%	−42.8%	0.0%	−16.3%	0.0%	−49.1%	−29.6%	−24.0%	−18.0%
I	0.97	−13.4%	−36.6%	−36.9%	0.0%	0.0%	45.1%	0.0%	44.4%	−34.1%	−37.3%
J	1.00	0.0%	0.0%	0.0%	0.0%	0.0%	0.0%	0.0%	0.0%	0.0%	0.0%
K	1.00	0.0%	0.0%	0.0%	0.0%	0.0%	0.0%	0.0%	0.0%	0.0%	0.0%
J	1.00	0.0%	0.0%	0.0%	0.0%	0.0%	0.0%	0.0%	0.0%	0.0%	0.0%
M	0.99	−8.2%	−4.4%	−18.6%	0.0%	0.0%	−23.4%	0.0%	−1.8%	−4.3%	0.0%
N	1.00	0.0%	0.0%	0.0%	0.0%	0.0%	0.0%	0.0%	0.0%	0.0%	0.0%
O	1.00	0.0%	0.0%	0.0%	0.0%	0.0%	0.0%	0.0%	0.0%	0.0%	0.0%
P	0.87	−7.6%	−50.1%	−45.2%	0.0%	−9.5%	0.0%	−21.4%	0.0%	−5.5%	−225.1%
Q	1.00	0.0%	0.0%	0.0%	0.0%	0.0%	0.0%	0.0%	0.0%	0.0%	0.0%
R	1.00	0.0%	0.0%	0.0%	0.0%	0.0%	0.0%	0.0%	0.0%	0.0%	0.0%
S	0.96	−16.0%	−40.1%	−61.9%	0.0%	−17.4%	−17.3%	−52.2%	−26.6%	0.0%	−18.2%

表 8.11 長期改善變動幅度大小之差額變數分析

編碼	Efficiency	操作成本	廠內用電量	處理量	操作時數	NOx	SOx	COx	HCl	灰渣量	戴奧辛排放量
A	1.000	1.000	0.0%	0.0%	0.0%	0.0%	0.0%	0.0%	0.0%	0.0%	0.0%
B	1.000	0.807	-44.7%	-71.5%	-61.5%	-9.5%	-27.9%	-12.2%	0.0%	-48.7%	0.0%
C	0.802	0.798	-39.6%	-47.9%	-40.7%	-9.3%	-12.0%	0.0%	-3.5%	0.0%	-35.9%
D	1.000	1.000	0.0%	0.0%	0.0%	0.0%	0.0%	0.0%	0.0%	0.0%	0.0%
E	0.609	0.562	-55.0%	-82.3%	-77.4%	-32.3%	0.0%	0.0%	0.0%	-63.4%	-4.6%
F	0.629	0.554	-48.9%	-74.4%	-78.8%	-35.9%	0.0%	0.0%	0.0%	-18.6%	-13.5%
G	0.751	0.739	-33.8%	-44.5%	-53.4%	-16.9%	-9.7%	0.0%	0.0%	0.0%	-37.2%
H	0.958	0.799	-41.9%	-44.2%	-56.9%	-10.0%	-22.3%	0.0%	-5.2%	0.0%	-29.0%
I	0.966	0.896	-15.5%	-50.6%	-48.3%	0.0%	0.0%	-37.8%	0.0%	-46.9%	-32.2%
J	1.000	1.000	0.0%	0.0%	0.0%	0.0%	0.0%	0.0%	0.0%	0.0%	0.0%
K	1.000	1.000	0.0%	0.0%	0.0%	0.0%	0.0%	0.0%	0.0%	0.0%	0.0%
L	1.000	1.000	0.0%	0.0%	0.0%	0.0%	0.0%	0.0%	0.0%	0.0%	0.0%
M	0.992	0.966	-7.5%	-34.4%	-40.4%	0.0%	-5.4%	-13.2%	0.0%	0.0%	0.0%
N	1.000	1.000	0.0%	0.0%	0.0%	0.0%	0.0%	0.0%	0.0%	0.0%	0.0%
O	1.000	1.000	0.0%	0.0%	0.0%	0.0%	0.0%	0.0%	0.0%	0.0%	0.0%
P	0.869	0.857	-4.2%	-51.1%	-49.6%	0.0%	-21.7%	0.0%	-13.9%	0.0%	-28.9%
Q	1.000	1.000	0.0%	0.0%	0.0%	0.0%	0.0%	0.0%	0.0%	0.0%	0.0%
R	1.000	1.000	0.0%	0.0%	0.0%	0.0%	0.0%	0.0%	0.0%	0.0%	0.0%
S	0.960	0.912	-19.2%	-60.0%	-74.5%	-8.8%	-19.7%	-9.9%	-11.9%	-4.7%	0.0%

　　所有無效率的 DMU_s 中，大都呈現操作成本、廠內用電量及處理量，故需要調整縮減；而 COx、NOx、HCl、灰渣量及戴奧辛排放量等汙染物產出過多，故需擬定策略使焚化廠的汙染物降低。所以，不論是長期或短期的改善計畫，操作成本、廠內用電量、處理量、COx、NOx、HCl、灰渣量及戴奧辛排放量等投入產出因素，均為各無效率焚化廠的努力方針，藉此用來達到環境目標。

【問題與討論】

一、重大開發案件事前均需做環境影響評估，請列舉其評估內容。（90 年環境工程技師高等考試，環境規劃與管理，20 分）

二、何謂環境品質指標？其目的為何？請簡述常用的三種指標。（90 年環境工程高考，環境規劃與管理，25 分）

三、請說明：（91 年環境工程高考，環境規劃與管理，25 分）

    1. 何謂生命週期評估（LCA）？為何有些看似環保的產品，由 LCA 來看反而不環保？

    2. 請舉例說明。ISO14000 中 Environmental Performance Evaluation（EPE）之目的與內容。

    3. Environmental Accounting 之目的與內容。

四、試以環工技師的角度，從 ISO14000 之理念與方法，申論我國產業環境管理之方法與要領（可從工業區整體區域，單一產業或單一工廠，擇一對象詳述之）？（92 年環境工程技師高等考試，環境規劃與管理，20 分）

五、ISO14041 主要與：（94 年環境工程高考，流體力學、環境規劃與管理，1.25 分）

    A. 「環境績效評估」有關

    B. 「環境稽核」有關

    C. 「環境管理系統」有關

    D. 「生命週期評估」有關

六、請簡要說明 ISO14040（生命週期評估）系列標準規範之內容，以及其在環境管理上之可能應用領域。（94 年環境工程高考，環境規劃

與管理，20 分）

七、解釋爲何無法透過市場機制有效地分配環境資源及維護環境品質。

（95 年環境工程、環保技術高考，環境規劃與管理，25 分）

八、生態評估中常會用到下列準則：1.物種多樣性（Species Diversity）與生態穩定性（Ecosystem Stability）；2.棲息地評估程序（Habitat Evaluation Procedure）及適宜性指數（Suitability Index）。請說明其內容。（93 年環境工程高考，環境規劃與管理）

九、若要推動焚化飛灰和底渣的資源化及再利用，應考慮哪些因素？如何建立資源化及再利用的管理規範？（96 年環保行政、環保行政地方特考，環境規劃與管理概要，25 分）

十、假設有五位居住在市郊同一社區的台北市政府員工（距離約 10 公里），請以系統分析的方法分析比較該五位員工共乘一部車或各自騎腳踏車上班的環境效益、經濟效益及社會效益。（97 年環保行政、環境工程、環保技術三等考，環境規劃與管理，25 分）

十一、請就永續發展（Sustainable Development）與環境管理（Environmental Management）的原則界定「永續」與「綠色」的意義與目的，並進一步申論爲何企業、社區及校園等資源使用與汙染排放者，在能夠符合環境法規或所謂的環境義務之前提下，應以綠色企業、綠色社區及綠色校園而非以永續企業、永續社區及永續校園爲其善盡環境責任的訴求。（98 年環保行政、環境工程、環保技術高等三級考，環境規劃與管理，25 分）

十二、依據國際標準組織（International Organization For Standardization, ISO）ISO 14040 系列國際標準之規範，「生命週期評估（Life Cycle Assessment）」之四項執行步驟爲何？進行產品生命週期評

估時，一般須考量產品那些「生命週期階段」？請簡要說明之。另外，近期國內積極推動之「產品碳足跡標籤」，你認為該如何應用生命週期評估計算產品碳足跡？請簡要說明你的看法。（99 年環保行政、環境工程高等三級考，環境規劃與管理，25 分）

參考書目

1. Adisa Azapagic et al. (2004), *Sustainable Development in Practice*, John Wiley & Son, Ltd: England, pp. 149.

2. Alison Tedstone (2015), Designing a 'whole systems approach' to prevent and tackle obesity, 網址：https://publichealthmatters.blog.gov.uk/2015/10/14/designing-a-whole-systems-approach-to-prevent-and-tackle-obesity/

3. Brian Nattrass, Mary Altomare (1999), *The Natural Step for Business*, New society publisher: Canada, pp.16

4. Chen, H.W., Chang, N.B., Yu, R.F., Huang, Y.W. (2009). Urban land use and land cover classification using the neural-fuzzy inference approach with Formosat-2 data., J. of Applied Remote Sensing, 3(1)

5. Chen, W.Y., Chen, H.W., Chang, C.N., Lin, Y.H., Chuang, Y.H., Lin, Y.C. (2015), Particles and Metallic Elements near a High-Tech Industrial Park: Analysis of Size Distributions. *Aerosol and Air Quality Research*, No. 15, pp. 1787-1798.

6. Chuang, Y. H., Chen, H. W., Chen, W. Y., Teng, Y. C. (2016), "Establishing Mechanism of Warning for River Dust Event Based on an Artificial Neural Network." Lecture Notes in Computer Science. Vol. 9947. pp. 51-60.

7. David D. Kemp (1994), *Global Environmental Issues-A Climatological Approach*, Routledge: London and New York, pp.22.

8. David D. Kemp (2004), Exploring Environmental Issues: An Integrated Approach, Routledge: London.

9. Foster Wheeler Environmental Corporation (1998), *RBCA Fate and Transport Models: Compendium and Selection Guidance.*

10. Guido Sonnemann (2003), *Integrated Life-Cycle and Risk Assessment for Industrial Processes*, Lewis Publishers: Washington D.C., 2003

11. Hans G. Daellenbach and Donald C. McNickle (2005), *Management Science Decision Making Through Systems Thinking*, Palgrave Macmillan: New York,

12. Huang, W.J., Chen, W.Y., Chuang, Y.H., Lin, Y.H., Chen, H.W. (2014), Biological toxity of groundwater in a seashore area: Causal analysis and its spatial pollutant pattern. *Chemosphere*, No. 100, pp. 8-15.

13. IPCC (2007), Climate Change 2007: The Physical Science Basis. Contribution of Working Group I to the Fourth Assessment Report of the Intergovernmental Panel on Climate Change.

14. Leah P. Cameron, Colleen Totz Diamond, Laura Miller, GIS For Dummies (2009), Wiley Publishing, Inc.: Indianapolis.

15. M. Munasinghe (2009), *Sustainable Development in Practice-Sustainomics Methodology and Applications*, Cambridge University Press.

16. Project Management Institute (2013), *A Guide to the Project Management Body of Knowledge* fifth edition

17. Ralf Seppelt (2003), *Computer-Based Environmental Management*, WILEY-VCH Verlag GmbH & Co. KGaA: Weinheim.

18. Ralf Seppelt (2003), *Computer-Based Environmental Management*,

Wiley-VCH Verlag GmbH & Co. KGaA: Weinheim.

19. Robert A. Fjeld, Norman A. Eisenberg, Keith L. Compton (2007), *Quantitative Environmental Risk Analysis for Human Health*, John Wiley & Sons, Inc., Hoboken: New Jersey.

20. *Systems Engineering Fundamentals*. Defense Acquisition University Press, 2001.

21. Thomas Haduch (2015), Commentary: Model Based Systems Engineering，網址：http://armytechnology.armylive.dodlive.mil/index.php/2015/07/01/15-3/

22. Tom Bosschaert (2010), Systems Mapping & Circularity analysis，網址：http://www.except.nl/en/services/161-systems-mapping

23. U.S. EPA, "Guidance for Data Quality Assessment Practical Methods for Data Analysis" (EPA QA/G-9 / July, 2000)

24. 台北縣空汙專責人員複訓教材，2008，空氣品質模式模擬與容許增量限值相關法規說明。

25. 台灣永續能源研究基金會，2008，永續發展與能源，瀏覽日期：2017 年 09 月 20 日，網址：http://www.taiseen.org.tw/publications-show.php?id=162&cid=53&cid2=40。

26. 交通部中央氣象局，全球暖化與氣候變遷，查詢日期：2017 年 10 月，網址：http://www.cwb.gov.tw/V7/climate/climate_info/back-grounds/backgrounds_2.html。

27. 江旭程，2008，淡江大學水資源及環境工程學系，空氣品質模式介紹。

28. 行政院環境保護署，2013，《邁向綠色永續未來》。

29. 李涵茵，企業永續經營的環境成本會計基礎，台灣綜合展望，台灣綜合研究院，2002/11。

30. 阮國棟等人，全方位透視國際環境公約，環保署環境人員訓練所全方位環保專業訓練班，2005 年 5 月。

31. 林建三，2006，《環境規劃與管理》，文笙書局，頁 7-48。

32. 施奕暉，2005，歐盟環境立法與環境罰，財團法人國家政策研究基金會國政研究報告。

33. 洪德欽，2012，歐盟氣候變遷政策的規範、策略與實踐，《科技法學評論》，9 卷 2 期，頁 97-128。

34. 梁瀞云，2007，《移動汙染源空氣汙染減量之政策工具有效性分析—台灣地區實證研究》，國立政治大學財政研究所。

35. 清華網路文教基金會，〈雪霸國家公園保育成效評估期末報告〉，105 年 12 月 13 日。

36. 黃宗煌、蔡攀龍、李顯峰、蕭代基，1996，〈國際環保公約、貿易組織與協定之概述〉，《農業金融論叢》，第 36 輯，頁 43-92。

37. 黃鎮江，2010，我國推動節能減碳之策略規劃，國政基金會網站，網址：http://www.npf.org.tw/3/7102?County=%25E5%2598%2589%25E7%25BE%25A9%25E7%25B8%25A3&site。

38. 黃鎮江，2010，我國推動節能減碳之策略規劃，國政基金會網站。

39. 葉俊榮，2000，永續台灣的評量系統，國科會計畫編號：NSC-89-2621-z-002-036。

40. 葉俊榮，施奕任，2005，〈從學術建構到政策實踐：永續台灣指標的發展歷程及其對制度運作影響〉，《都市與計畫》，32 卷 3

期，頁 103-24。

41. 廖朝軒、丁澈士、鄒禕、陳亮清，1999，水土資源永續指標體系
及其評量與評價方法之建立。

42. 張世豪、胡原誌、張玉城，一顆一兆美金的金蘋果──物聯網介
紹，參考網址：http://www.bpaper.org.tw/strateg/ 物聯網總體概論，
瀏覽日期：2017 年 11 月 22 日。

43. 劉翠溶，2011，《中華民國發展史 · 經濟發展》，台北：國立政
治大學，聯經。

44. 關鍵評論網站，2015 世界水資源日水資源 15 年內恐減少 40% 全
球將陷缺水危機，2015 年 3 月 23 日，網址：https://www.thenews-
lens.com/article/14351。

索引

國家圖書館出版品預行編目資料

環境規劃與管理／陳鶴文著. －－初版.－－

臺北市：五南，2018.04

面； 公分

ISBN 978-957-11-9659-6 （平裝）

1.環境工程 2.環境保護 3.環境規劃

445　　　　　　　　　　107004354

5G44

環境規劃與管理

作　　者 ― 陳鶴文（247.8）

發 行 人 ― 楊榮川

總 經 理 ― 楊士清

主　　編 ― 王正華

責任編輯 ― 金明芬

封面設計 ― 謝瑩君

出 版 者 ― 五南圖書出版股份有限公司

地　　址：106台北市大安區和平東路二段339號4樓

電　　話：(02)2705-5066　　傳　　真：(02)2706-6100

網　　址：http://www.wunan.com.tw

電子郵件：wunan@wunan.com.tw

劃撥帳號：01068953

戶　　名：五南圖書出版股份有限公司

法律顧問　林勝安律師事務所　林勝安律師

出版日期　2018年4月初版一刷

定　　價　新臺幣700元